数学の杜 6

コンパクトリー群と対称空間

松木敏彦 著

関口次郎・西山 享・山下 博 編

数学書房

編集委員

関口次郎
東京農工大学

西山 享
青山学院大学

山下 博
北海道大学

数学の杜にようこそ
シリーズ刊行にあたって

　本シリーズは，数学を専門に学び始めた大学院生や意欲のある学部学生など，数学の研究に関心のある人たちに，セミナーのためのテキストあるいは自習書として使用できる教材を提供するために企画された．

　現代数学は高度に発展し，分野も多様化している．このような現状では現代数学のすべての分野を網羅することは困難であろう．そこで，シリーズ『数学の杜』では分野にこだわらずに話題を選択し，その方面で特色ある研究をされている専門家に執筆を依頼した．

　シリーズの各巻においては，大学の数学科の授業で学ぶような知識を仮定して，ていねいに理論の解説をすることに力点が置かれている．執筆者の方には，仮定された知識についてはきちんと参考書をあげるなどの配慮をこころがけ，読者が戸惑うことがないようお願いした．

　本シリーズだけで数学の面白いトピックスがすべてカバーできるわけでない．しかし，この緑陰の杜には，数学がこれほど面白いということを読者に伝えるに十分な話題が用意されている．ぜひ自分の手を動かし，自ら考えながらじっくり味わっていただきたいと思う．

2010 年 10 月

編集委員一同

はじめに

コンパクトリー群は非常に具体的なものであって，わかりやすい構造を持つ．したがって，本書の意図を説明するために，簡単な具体例をあげてみたい．

最も簡単なコンパクト単純リー群である 2 次特殊ユニタリ群

$$G = SU(2) = \left\{ \begin{pmatrix} a & -\overline{b} \\ b & \overline{a} \end{pmatrix} \,\middle|\, a, b \in \mathbb{C},\ |a|^2 + |b|^2 = 1 \right\}$$

について考察しよう．この定義からわかるように，G は 3 次元球面と同相な（よって単連結な）3 次元リー群である．線形代数の標準的方法により，G の任意の元 g は次のようにある $h \in G$ によって

$$h^{-1} g h = \begin{pmatrix} \lambda & 0 \\ 0 & \overline{\lambda} \end{pmatrix}$$

($|\lambda| = 1$) と対角化できる[1]ので，G の 1 次元部分群（極大トーラス，2.4 節）T を

$$T = \left\{ \begin{pmatrix} a & 0 \\ 0 & \overline{a} \end{pmatrix} \,\middle|\, |a| = 1 \right\}$$

で定義すれば

$$G = \bigcup_{h \in G} h T h^{-1}$$

---

[1] $\mathbb{C}^2$ のエルミート内積 $(\ ,\ )$ を $\mathbf{u} = \begin{pmatrix} u_1 \\ u_2 \end{pmatrix}$, $\mathbf{v} = \begin{pmatrix} v_1 \\ v_2 \end{pmatrix}$ に対し，$(\mathbf{u}, \mathbf{v}) = \overline{u_1} v_1 + \overline{u_2} v_2$ で定義すれば，$G = \{ g \in SL(2, \mathbb{C}) \mid (g\mathbf{u}, g\mathbf{v}) = (\mathbf{u}, \mathbf{v})$ for all $\mathbf{u}, \mathbf{v} \in \mathbb{C}^2 \}$ である．これによって，$g \in G$ の固有値 λ について $|\lambda| = 1$ であり，固有空間 V_λ のこの内積に関する直交補空間 $V_\lambda^\perp$ は $g V_\lambda^\perp = V_\lambda^\perp$ を満たす．（以上の議論は一般のユニタリ群 $U(n)$ で成り立つ．）$\lambda \neq \pm 1$ のとき，$\begin{pmatrix} u_1 \\ u_2 \end{pmatrix} \in V_\lambda$ と $\begin{pmatrix} v_1 \\ v_2 \end{pmatrix} \in V_{\overline{\lambda}}$ を $|u_1|^2 + |u_2|^2 = |v_1|^2 + |v_2|^2 = u_1 v_2 - u_2 v_1 = 1$ となるように取り，$h = \begin{pmatrix} u_1 & v_1 \\ u_2 & v_2 \end{pmatrix}$ とおけばよい．$\lambda = \pm 1$ のときは $g = \pm \begin{pmatrix} 1 & 0 \\ 0 & 1 \end{pmatrix}$ だから問題ない．

である．さらに $t_s = \begin{pmatrix} e^{is} & 0 \\ 0 & e^{-is} \end{pmatrix}$, $G \circ t = \bigcup_{h \in G} hth^{-1}$ とおけば，

$$G = \bigcup_{0 \leq s \leq \pi} G \circ t_s \tag{0.1}$$

であり，$s=0,\pi$ のとき $G \circ t_s = \{t_s\}$, $0 < s < \pi$ のとき $G \circ t_s \cong G/T$ である．これを一般のコンパクトリー群について示すのが前半（第 2 章〜第 4 章）の目標である．しかしながら，この「一般のコンパクトリー群について」の内容が多いので，簡潔に要点を説明しよう．

一般に，リー群 G の単位元における接空間 $\mathfrak{g} = T_e(G)$ に括弧積 $[\ ,\ ]$ が定義され，$\mathfrak{g}$ は G のリー環と呼ばれる．$G = SU(2)$ の場合は

$$\mathfrak{g} = \mathfrak{su}(2) = \left\{ \begin{pmatrix} ia & -b+ic \\ b+ic & -ia \end{pmatrix} \,\middle|\, a,b,c \in \mathbb{R} \right\}$$

であり，括弧積は

$$[X,Y] = XY - YX$$

である．コンパクトリー群のリー環 $\mathfrak{g}$ は次のように既約なリー環の直和に分解される．

$$\mathfrak{g} = \bigoplus_{j=1}^{m} \mathfrak{g}_j$$

$\mathfrak{g}$ が単純[2]のとき，G はコンパクト単純リー群と呼ばれる．$G = SU(2)$ は最も次元の低いコンパクト単純リー群である．

コンパクト単純リー環（コンパクト単純リー群のリー環）は古典型の

$$\mathfrak{su}(n), \quad \mathfrak{o}(n), \quad \mathfrak{sp}(n)$$

（それぞれ，特殊ユニタリ群 $SU(n)$, 直交群 $O(n)$, コンパクトシンプレクティック群 $Sp(n)$ のリー環）および 5 つの例外型コンパクト単純リー環

$$E_6, \quad E_7, \quad E_8, \quad F_4, \quad G_2$$

に分類されている[3]．さらにこれらは「ディンキン図形」に 1 対 1 に対応する

---

[2] 一般に，可換でない既約リー環は単純リー環と呼ばれる．

(第 3 章).

G の自己同型 $\theta : G \to G$ が $\theta^2 = \mathrm{id.}$ (恒等写像) を満たすとき，θ を G の対合 (involution) という．さらに，ある $h \in G$ によって定義される G の自己同型

$$\rho_h : g \mapsto hgh^{-1}$$

を内部自己同型という．$G = SU(2)$ の自己同型はすべて内部自己同型である．ρ_h が対合になるための条件を調べよう．(0.1) により $h = t_s$ $(0 \leq s \leq \pi)$ のときを調べればよい．G の中心 $Z = \{z \in G \mid gz = zg \text{ for all } g\}$ は

$$Z = \{t_0, t_\pi\} = \left\{ \pm \begin{pmatrix} 1 & 0 \\ 0 & 1 \end{pmatrix} \right\}$$

であるので，$\theta = \rho_h$ が $\rho_h^2 = \mathrm{id.}$ (すなわち $h^2 \in Z$) かつ $\rho_h \neq \mathrm{id.}$ を満たすのは

$$h = t_{\pi/2} = \begin{pmatrix} i & 0 \\ 0 & -i \end{pmatrix}$$

のときだけである．さらに，(0.1) により，G の自明でない対合はすべて

$$g \mapsto f\theta(f^{-1}gf)f^{-1}$$

$(f \in G)$ の形であることがわかる．第 5 章でこのようなコンパクト単純リー群の対合について考察し分類を行なう．前半で内部自己同型を調べ，後半でそうでないもの（外部自己同型）を調べる．上記の $\theta = \rho_h$ $(h = t_{\pi/2})$ について $K = G^\theta = \{g \in G \mid \theta(g) = g\}$ を求めると

$$K = T$$

となる．（注意：K が極大トーラス T と一致するのは $G = SU(2)$ の場合だけである．）このような $K = G^\theta$ は G の対称部分群と呼ばれる．第 5 章ではこのような対称部分群の形についても調べる．

[3)]歴史的には，最初に Killing [19] および Cartan [5] によって複素単純リー環の分類が行なわれた．その後，Cartan [6] によって実単純リー環の分類が行なわれた．その中ですべての複素単純リー環の中に必ず（同型を除いて）1 つのコンパクト単純リー環が「実型 (real form)」として含まれていることが示されたのである．このように，数学の研究においては抽象論よりも具体的な計算の方が先である．

商空間 $M = G/K$ はコンパクト対称空間と呼ばれる[4]. 第 6 章ではこのようなコンパクトリー群の対称空間の構造を調べる. G のリー環 $\mathfrak{g}$ は対合 θ によって

$$\mathfrak{g} = \mathfrak{k} \oplus \mathfrak{p}$$

と $+1, -1$ 固有空間分解される. $\mathfrak{p}$ の 1 つの極大可換部分空間（極大トーラス）を $\mathfrak{a}$ とする.（一般に $\dim \mathfrak{a} \leq \dim \mathfrak{t}$ である.）$G = SU(2)$, $K = T$ のとき,

$$\mathfrak{p} = \left\{ \begin{pmatrix} 0 & -b+ic \\ b+ic & 0 \end{pmatrix} \,\middle|\, b, c \in \mathbb{R} \right\}$$

であり,

$$\mathfrak{a} = \left\{ \begin{pmatrix} 0 & -b \\ b & 0 \end{pmatrix} \,\middle|\, b \in \mathbb{R} \right\}$$

としてよい.

$$a_s = \exp \begin{pmatrix} 0 & -s \\ s & 0 \end{pmatrix} = \begin{pmatrix} \cos s & -\sin s \\ \sin s & \cos s \end{pmatrix}, \quad A = \exp \mathfrak{a} = \{a_s \mid s \in \mathbb{R}\}$$

とおくと G の分解

$$G = KAK$$

が成り立つ. さらに詳しく

$$G = \bigsqcup_{0 \leq s \leq \pi/2} K a_s K$$

と書くこともできる[5]. 第 6 章後半ではすべての既約な (G, K) について $\mathfrak{a}$ を構

---

[4] Cartan [7] のもともとの定義はリーマン多様体 M であってその曲率テンソル R がすべての平行移動によって不変なものであった ([15] Chapter IV). 単連結かつ既約なものについて, 正曲率のときはある単純コンパクトリー群 G とその対合 θ によって $M = G/K$ ($K = G^\theta$) と書け, 負曲率のときは非コンパクト実単純リー群 G とその極大コンパクト部分群 K によって $M = G/K$ と書ける.

[5] $g \in G = SU(2)$ に対し $\mathbb{C}^2$ の 1 次元部分空間 $g\mathbb{C}\begin{pmatrix}1\\0\end{pmatrix}$ を対応させることにより, G/K と 1 次元複素射影空間 $P^1(\mathbb{C})$ は同一視できるので, $P^1(\mathbb{C})$ 上の K-軌道を分類すればよい. $\mathbb{C}\begin{pmatrix}1\\0\end{pmatrix} = a_0 \mathbb{C}\begin{pmatrix}1\\0\end{pmatrix}$, $\mathbb{C}\begin{pmatrix}0\\1\end{pmatrix} = a_{\pi/2} \mathbb{C}\begin{pmatrix}1\\0\end{pmatrix}$ であるので, $\mathbb{C}\begin{pmatrix}z\\1\end{pmatrix}$ ($z \in \mathbb{C} - \{0\}$)

成し，制限ルート系 $\Delta(\mathfrak{g}_\mathbb{C}, \mathfrak{a})$ を求める (Cartan [9] 参照)．

$$G_\mathbb{C} = SL(2, \mathbb{C}) = \left\{ \begin{pmatrix} a & b \\ c & d \end{pmatrix} \middle| a, b, c, d \in \mathbb{C},\ ad - bc = 1 \right\}$$ の対合 τ を

$$\tau(g) = {}^t \overline{g}^{-1}$$

で定義すれば $SU(2) = (G_\mathbb{C})^\tau$ である．さらに

$$\sigma = \tau \circ \theta$$

($\theta = \rho_h$) も $G_\mathbb{C}$ の対合であって，

$$(G_\mathbb{C})^\sigma = SU(1,1) = \{ g \in G_\mathbb{C} \mid {}^t \overline{g} I_{1,1} g = I_{1,1} \}$$

である．ただし

$$I_{1,1} = -it_{\pi/2} = \begin{pmatrix} 1 & 0 \\ 0 & -1 \end{pmatrix}$$

とする．同様にして，一般に既約コンパクト対称空間と実単純リー群は 1 対 1 に対応する．

第 7 章では実単純リー群のカルタン対合とカルタン分解について述べる．$G' = SU(1,1)$, $K = T$ のとき，$\theta' = \theta|_{G'}$ は G' の 1 つのカルタン対合であり，θ' によって G' のリー環 $\mathfrak{g}'$ は

$$\mathfrak{g}' = \mathfrak{k} \oplus i\mathfrak{p}$$

と $+1, -1$ 固有空間分解される．G' の分解

$$G' = K \exp i\mathfrak{p} \cong K \times i\mathfrak{p}$$

はカルタン分解と呼ばれる．これによって，

$$G'/K \cong i\mathfrak{p} \cong \mathbb{R}^2$$

がわかる．

を考えればよい．$z = (\cot s)e^{2iu}$, $0 < s < \pi/2$, $u \in \mathbb{R}$ とおけば，

$$\mathbb{C}\begin{pmatrix} z \\ 1 \end{pmatrix} = \begin{pmatrix} e^{iu} & 0 \\ 0 & e^{-iu} \end{pmatrix} \begin{pmatrix} \cos s & -\sin s \\ \sin s & \cos s \end{pmatrix} \mathbb{C}\begin{pmatrix} 1 \\ 0 \end{pmatrix} = t_u a_s \mathbb{C}\begin{pmatrix} 1 \\ 0 \end{pmatrix}$$

となる．

本書ではコンパクトでないリー群の構造は（第7章のカルタン分解以外）扱わず，もっぱらコンパクトリー群とその対称空間を扱った．また，コンパクトリー群についても E. Cartan と H. Weyl によって創始された（有限次元）表現論と調和解析は扱わないので，小林-大島 [20] などの他書を参照していただきたい．

　最初に述べたように，コンパクトリー群は非常に具体的なものであるので，基本的な例の計算はすべて本文中に書いたつもりである．しかしながら，コンパクトリー群とその対合に関する完全な記述を目指したために高度の抽象論と感じられる部分がかなり多くなってしまったかもしれない．そのような読者には拙著 [22] をご参照いただくことをお勧めする．

　数学の杜シリーズの執筆を西山享氏に依頼されたのは 2006 年であったので，すでに 12 年の歳月が過ぎている．また，数学書房の横山伸氏にはこの間辛抱強く待っていただいた．様々な要因により本書の執筆が遅れたことをお詫びし，このような出版の機会を与えて下さったお二人に感謝の意を表したい．また，西山享氏および久保利久氏には詳細に原稿の点検をしていただいたことを深く感謝している．

2018 年 3 月

著者

目 次

第 1 章 リー群とリー環 ... 1
- 1.1 一般線形リー群 ... 1
- 1.2 リー群とリー環 ... 2
- 1.3 準同型 ... 4
- 1.4 1 径数部分群と指数写像 ... 6
- 1.5 部分リー群 ... 8
- 1.6 イデアル，完全可約性，単純リー環 ... 10
- 1.7 複素リー環 ... 10
- 1.8 複素化，実型 ... 11

第 2 章 コンパクトリー群 ... 12
- 2.1 コンパクトリー群 ... 12
- 2.2 ルート空間分解とワイル群 ... 13
- 2.3 ルート系の性質 ... 19
- 2.4 極大トーラス ... 24
- 2.5 ルート系の性質 2 ... 26
- 2.6 極大トーラスに関するワイル群 ... 27
- 2.7 $\mathfrak{o}(m)$ の極大トーラスとルート系 ... 27
- 2.8 $\mathfrak{sp}(n)$ の極大トーラスとルート系 ... 31
- 2.9 既約分解 ... 32
- 2.10 it^* 上の内積 ... 37

第 3 章 鏡映群とルート系 ... 38
- 3.1 鏡映群 ... 38
- 3.2 ルート系の公理 ... 42
- 3.3 正のルート系，ルートの基本系，ディンキン図形 ... 43
- 3.4 ルート系の分類 ... 47
- 3.5 複素半単純リー環とコンパクトリー環の分類 ... 52
- 3.6 最高ルートと拡大ディンキン図形 ... 56

第 4 章　コンパクトリー群の構造　　59

- 4.1　$\mathfrak{g}$ の特異元の分類と構造　　59
- 4.2　$\mathfrak{g}$ の $\mathrm{Ad}(G)$-軌道分解　　66
- 4.3　コンパクトリー群の共役類　　68
- 4.4　アフィンワイル群　　70
- 4.5　基本胞体　　72
- 4.6　G の特異元の分類と構造　　72
- 4.7　単連結コンパクトリー群の構造　　75
- 4.8　基本胞体と単連結コンパクト単純リー群の中心　　80
- 4.9　中心の基本胞体への作用と拡大ディンキン図形の自己同型　　83

第 5 章　コンパクトリー群の対合　　87

- 5.1　コンパクト単純リー環の自己同型群　　87
- 5.2　半単純リー環の微分　　92
- 5.3　コンパクト単純リー環の対合　　94
- 5.4　内部型対合の分類　　95
- 5.5　内部型対合に関する対称部分群の形　　103
- 5.6　捩れ共役類　　117
- 5.7　特殊自己同型に対する制限ルート系　　124
- 5.8　特殊自己同型に関する基本胞体と中心の作用　　129
- 5.9　外部型対合の分類　　136
- 5.10　外部型対合に関する対称部分群の形　　138
- 5.11　アフィンワイル群についての補題　　142

第 6 章　コンパクト対称対　　145

- 6.1　対称対　　145
- 6.2　コンパクト対称対　　146
- 6.3　極大トーラスと両側剰余類分解　　147
- 6.4　ワイル群　　151
- 6.5　アフィンワイル群　　153
- 6.6　極大トーラスと制限ルート系の構成　　155
  - 6.6.1　簡単な例　　156

6.6.2　AIII 型のとき 157
6.7　θ-stable 極大トーラス 159
　6.7.1　AI 型のとき 165
　6.7.2　AII 型のとき 167
　6.7.3　BI, DI 型のとき 168
　6.7.4　CI 型のとき 169
　6.7.5　CII 型のとき 170
　6.7.6　DIII 型のとき 172
　6.7.7　E_8 型ルート系の補題 174
　6.7.8　EVIII 型のとき 177
　6.7.9　EV 型のとき 178
　6.7.10　EIX 型のとき 178
　6.7.11　EVI 型のとき 180
　6.7.12　EII 型のとき 181
　6.7.13　EVII 型のとき 182
　6.7.14　EIII 型のとき 183
　6.7.15　EIV 型のとき 185
　6.7.16　EI 型のとき 186
　6.7.17　FI 型のとき 187
　6.7.18　FII 型のとき 188
　6.7.19　G 型のとき 188

第 7 章　実半単純リー群の分類と構造　190

7.1　カルタン対合 190
7.2　実単純リー環の分類 193
7.3　基本的な例 195
7.4　実半単純リー群のカルタン対合とカルタン分解 200
　7.4.1　$G = \mathrm{Int}(\mathfrak{g})$ のとき 200
　7.4.2　G が単連結のとき 202
　7.4.3　G が一般のとき 203

付録 付録	205
A.1 定理 5.11 の証明	205
A.2 単純リー環の構成	207
A.2.1 自由リー環	207
A.2.2 複素単純リー環の構成	208
A.2.3 $\widetilde{\mathfrak{g}}$ の構造	209
A.2.4 $\widetilde{\pi}(\mathcal{I})$ の構造	214
A.2.5 $\mathfrak{g}$ の構造	217
A.2.6 定理 3.13 と定理 3.14 の証明	221
文献	226
索引	229

第 1 章
リー群とリー環

この章では，リー群とリー環の関係に関する一般論について基本的なことをまとめた．証明については様々な教科書に書かれているが，Helgason [15], 小林-大島 [20], 松島 [24], 村上 [27], 杉浦 [31] などを参照されたい．

1.1 一般線形リー群

有限次元実（あるいは複素）ベクトル空間 V に対し，V 上のすべての線形変換のなす群を $GL(V)$ で表わし，V から V へのすべての線形写像のなすベクトル空間を $\mathfrak{gl}(V)$ で表わす．特に $V = \mathbb{R}^n$ のとき，$GL(n, \mathbb{R}) = GL(\mathbb{R}^n)$ は n 次実一般線形リー群 (real general linear group) と呼ばれ，$V = \mathbb{C}^n$ のとき，$GL(n, \mathbb{C}) = GL(\mathbb{C}^n)$ は n 次 複素一般線形リー群 (complex general linear group) と呼ばれる．行列を用いると

$$GL(n, \mathbb{R}) = \{g \text{ は } n \times n \text{ 実行列} \mid \det g \neq 0\}$$

$$GL(n, \mathbb{C}) = \{g \text{ は } n \times n \text{ 複素行列} \mid \det g \neq 0\}$$

と表わせるので，$GL(n, \mathbb{R})$ および $GL(n, \mathbb{C})$ は $\mathbb{R}^{n^2}$ あるいは $\mathbb{C}^{n^2}$ の開部分集合として多様体 ($GL(n, \mathbb{C})$ は複素多様体) である．さらに積写像が多項式で，逆写像が有理式で表わされるので，これらの写像は解析的 ($GL(n, \mathbb{C})$ については複素解析的) 写像である．このような性質を持つ集合は一般にリー群 (Lie group) と呼ばれる（次節）．

1.2 リー群とリー環

集合 G が群構造と多様体の構造を持ち，群演算が微分可能のとき，G をリー群という[1])．G の単位元 e における接空間 $T_e(G)$ を $\mathfrak{g}$ で表わす．$g \in G$ に対し，写像 $A(g) : G \ni h \mapsto ghg^{-1} \in G$ の e における微分を取ることにより，G の $\mathfrak{g}$ への（左からの）作用 ([22] 等参照)

$$G \times \mathfrak{g} \ni (g, X) \mapsto \mathrm{Ad}(g)X \in \mathfrak{g}$$

が定義できる．これを G の $\mathfrak{g}$ への随伴作用 (adjoint action) という．すなわち，G 上の $h(0) = e$ を満たす任意の（可微分）曲線 $h(t)$ に対し，

$$\mathrm{Ad}(g)h'(0) = \frac{d}{dt} gh(t)g^{-1}|_{t=0}$$

ということである．Ad は G から $\mathfrak{g}$ 上の線形変換のなすリー群 $GL(\mathfrak{g})$ へのリー群としての準同型である．（問：$\mathrm{Ad} : G \to GL(\mathfrak{g})$ は解析的写像であることを示せ．）この写像の単位元における微分を取ることにより，写像

$$\mathrm{ad} : \mathfrak{g} \to \mathfrak{gl}(\mathfrak{g})$$

が得られる．すなわち，G 上の $h(0) = e$ を満たす任意の（可微分）曲線 $h(t)$ に対し，

$$\mathrm{ad}(h'(0)) = \frac{d}{dt} \mathrm{Ad}(h(t))|_{t=0}$$

ということである．$X, Y \in \mathfrak{g}$ に対し，$\mathrm{ad}(X)Y$ を $[X, Y]$ で表わし，X と Y の**括弧積** (bracket) と呼ぶ．$\mathfrak{g} \times \mathfrak{g} \ni (X, Y) \mapsto [X, Y] \in \mathfrak{g}$ は双線形写像であり，明らかに $[X, X] = 0$ for all $X \in \mathfrak{g}$ であるので，反可換性

$$[X, Y] = -[Y, X] \quad \text{for all } X, Y \in \mathfrak{g} \tag{1.1}$$

が成り立つ．さらに Ad がリー群の準同型であることから

$$\mathrm{Ad}(ghg^{-1})\mathrm{Ad}(g) = \mathrm{Ad}(g)\mathrm{Ad}(h) \quad \text{for all } g, h \in G$$

---

[1]) $r = 0, 1, \cdots, \infty, \omega$ に対し，C^r-級リー群を定義することができるが，C^0-級リー群に常に C^ω-級（解析的）リー群の構造が入ることが証明されている (Montgomery-Zippin [25], ヒルベルトの第 5 問題)．よって，リー群の微分構造は解析的なものだけを考えてよい．あるいは，一般線形群の閉部分群（線形リー群）のみを考える立場も実用的である．

であり，これを $h=e$ において微分して

$$\mathrm{ad}(\mathrm{Ad}(g)Y)\mathrm{Ad}(g) = \mathrm{Ad}(g)\mathrm{ad}(Y) \quad \text{for all } Y \in \mathfrak{g}$$

が成り立つ．さらに積の微分法を用いて，$g=e$ において微分すると

$$\mathrm{ad}([X,Y]) + \mathrm{ad}(Y)\mathrm{ad}(X) = \mathrm{ad}(X)\mathrm{ad}(Y) \quad \text{for all } X, Y \in \mathfrak{g}$$

すなわち

$$\mathrm{ad}([X,Y]) = \mathrm{ad}(X)\mathrm{ad}(Y) - \mathrm{ad}(Y)\mathrm{ad}(X) \tag{1.2}$$

が成り立つ．したがって

$$[[X,Y],Z] = [X,[Y,Z]] - [Y,[X,Z]] \quad \text{for all } X, Y, Z \in \mathfrak{g}$$

すなわち

$$[[X,Y],Z] + [[Y,Z],X] + [[Z,X],Y] = 0 \tag{1.3}$$

となる．この関係式は**ヤコビ恒等式** (Jacobi identity) と呼ばれる．(1.1), (1.3) を満たす括弧積の定義されたベクトル空間は一般に**リー環** (Lie algebra) と呼ばれる．このようにして，リー群 G のリー環 $\mathfrak{g}$ が定義される．

例 1.1 $G = GL(n, \mathbb{R})$ のとき，$g \in G$ に対し，写像

$$G \ni h \mapsto ghg^{-1} \in G$$

の単位元における微分は同じ形の写像

$$\mathfrak{g} \ni Y \mapsto gYg^{-1} \in \mathfrak{g}$$

になる．したがって

$$\mathrm{Ad}(g)Y = gYg^{-1} \tag{1.4}$$

である．g を右からかけて $(\mathrm{Ad}(g)Y)g = gY$ となるが，これを $g=e$ において微分すると，(行列の) 積の微分法を用いて

$$\mathrm{ad}(X)Y + YX = XY \quad \text{for } X \in \mathfrak{g}$$

となる．したがって

$$[X,Y] = \mathrm{ad}(X)Y = XY - YX$$

が得られた．$GL(n, \mathbb{C})$ についても同じである．

リー群 G の多様体としての次元 $\dim G$ を G の**次元** (dimension) という．これは G の接空間の（実）ベクトル空間としての次元に等しいので

$$\dim G = \dim \mathfrak{g}$$

である．$\dim GL(n,\mathbb{R}) = n^2$, $\dim GL(n,\mathbb{C}) = 2n^2$ であるが，$GL(n,\mathbb{C})$ の「複素多様体としての」次元 $\dim_{\mathbb{C}} GL(n,\mathbb{C})$ は n^2 である．

1.3　準同型

リー群 H からリー群 G への写像 f が群の準同型であって，さらに多様体の可微分写像であるとき，リー群の**準同型** (homomorphism) であるという[2]．

実数の集合 $\mathbb{R}$ は加法を群演算として，1 次元リー群である．一方，0 以外の実数の集合 $\mathbb{R}^{\times} = \mathbb{R} - \{0\}$ は乗法を群演算として，1 次元リー群になる．$\mathbb{R}$ から $\mathbb{R}^{\times}$ への指数写像

$$\mathbb{R} \ni x \mapsto \exp x = e^x = 1 + x + \frac{1}{2!}x^2 + \cdots + \frac{1}{n!}x^n + \cdots \in \mathbb{R}^{\times}$$

は指数法則

$$\exp(x+y) = \exp x \exp y \quad \text{for all } x, y \in \mathbb{R}$$

を満たすので，準同型である．$\exp$ は $\mathbb{C}$ から $\mathbb{C}^{\times} = \mathbb{C} - \{0\}$ への（複素リー群としての）準同型に拡張でき，$z = x + iy$ $(x, y \in \mathbb{R})$ に対し

$$\exp z = 1 + z + \frac{1}{2!}z^2 + \cdots + \frac{1}{n!}z^n + \cdots = e^x(\cos y + i\sin y)$$

と表わされることは基本的である[3]．さらに，$U(1) = \exp i\mathbb{R} = \{\cos y + i\sin y \mid y \in \mathbb{R}\} = \{z \in \mathbb{C} \mid |z| = 1\}$ はコンパクトな 1 次元リー群であることがわかる．

リー群の準同型写像 $f : H \to G$ に対し，単位元における f の微分を取ることにより，線形写像 $f_* : \mathfrak{h} \to \mathfrak{g}$ が得られる．

命題 1.2　f_* はリー環の準同型である．すなわち，$X, Y \in \mathfrak{h}$ に対し，$f_*([X,Y]) = [f_*(X), f_*(Y)]$

---

[2]　$f : H \to G$ は解析的写像になることが示せる．

[3]　特に，$e^{iy} = \cos y + i\sin y$ はオイラー (Euler) の関係式と呼ばれる．

証明 任意の $Y \in \mathfrak{h}$ に対し, $h(0) = e$, $h'(0) = Y$ となる H 上の曲線 $h(t)$ を取る. 任意の $g \in H$ に対し,

$$f(gh(t)g^{-1}) = f(g)f(h(t))f(g)^{-1}$$

であるから, これの $t = 0$ での微分係数を取ることにより,

$$f_*(\mathrm{Ad}(g)Y) = \mathrm{Ad}(f(g))(f_*(Y))$$

が得られる. さらに, 任意の $X \in \mathfrak{h}$ に対し, $g(0) = e$, $g'(0) = X$ となる H 上の曲線 $g(t)$ を取って,

$$f_*(\mathrm{Ad}(g(s))Y) = \mathrm{Ad}(f(g(s)))(f_*(Y))$$

の $s = 0$ における微分係数を取ることにより,

$$f_*(\mathrm{ad}(X)Y) = \mathrm{ad}(f_*(X))(f_*(Y))$$

すなわち

$$f_*([X,Y]) = [f_*(X), f_*(Y)]$$

が得られる. □

逆に, 次のことが成り立つ (小林-大島 [20], 杉浦 [31] 等参照).

定理 1.3 (i) リー群 H のリー環 $\mathfrak{h}$ とリー群 G のリー環 $\mathfrak{g}$ との間にリー環の準同型写像 φ が与えられたとき, H から G への局所準同型写像[4]f で $f_* = \varphi$ を満たすものが一意的に存在する.

(ii) 特に, H が連結かつ単連結ならば $f_* = \varphi$ を満たす準同型写像 $f : H \to G$ が一意的に存在する.

リー群の準同型写像 $f : H \to G$ が全単射であって, 逆写像 f^{-1} も解析的写像のとき, f は**同型写像** (isomorphism) であるという. $f : H \to G$ が同型写像のとき, $f_* : \mathfrak{h} \to \mathfrak{g}$ はリー環の同型写像である. 定理 1.3 により, 次が成り立つ.

系 1.4 (i) リー群 H のリー環 $\mathfrak{h}$ とリー群 G のリー環 $\mathfrak{g}$ が同型のとき, H と G は局所同型である.

(ii) さらに, H と G がともに連結かつ単連結ならば, H と G は同型である.

---

[4] H における e のある近傍 U から G への解析的写像 f であって, $g, h, gh \in U \Longrightarrow f(gh) = f(g)f(h)$ のとき, f を H から G への局所準同型写像という.

(問:「局所同型」の定義を与え,定理 1.3 を用いて系 1.4 を証明せよ.)

連結リー群 G の多様体としての普遍被覆空間 $\widetilde{G}$ に自然にリー群の構造を入れることができ,被覆写像 $\pi: \widetilde{G} \to G$ は準同型になる.$\widetilde{G}$ を G の**普遍被覆群** (universal covering group) という.π の核 $\pi^{-1}(e)$ は $\widetilde{G}$ の中心に含まれる離散部分群であり,G の基本群 $\pi_1(G)$ と同型である.一方,任意の(有限次元)リー環 $\mathfrak{g}$ に対して,それをリー環に持つようなリー群 G が存在する[5].このようにして,単連結な連結リー群の分類はリー環の分類に帰着し,連結リー群の分類は単連結な連結リー群の中心に含まれる離散部分群の分類に帰着する.

リー群 G の単位元を含む連結成分を G_0 で表わす.G_0 は G の正規部分群である.G_0 の中心を Z とするとき,$GL(\mathfrak{g})$ の部分群 $\mathrm{Ad}(G_0)$ は群として G_0/Z と同型であって,リー環 $\mathfrak{g}$ だけによって定まることに注意する.

1.4　1 径数部分群と指数写像

一般に,$\mathbb{R}$ からリー群 G への準同型写像は G の **1 径数部分群** (1-parameter subgroup) と呼ばれる.

n 次実(または複素)正方行列 X に対し,$\exp X$ が次で定義される[6].

$$\exp X = I_n + X + \frac{1}{2!}X^2 + \cdots + \frac{1}{m!}X^m + \cdots \tag{1.5}$$

(問:右辺の行列の各成分が絶対収束することを証明せよ.)

命題 1.5　(i) $XY = YX$ のとき,$\exp(X+Y) = \exp X \exp Y$

(ii) $\dfrac{d}{dt}\exp tX = X\exp tX = (\exp tX)X$

証明　(i) $XY = YX$ より $(X+Y)^m = \sum_{k=0}^{m} \binom{m}{k} X^{m-k}Y^k$ であるから,

$$\frac{1}{m!}(X+Y)^m = \sum_{k=0}^{m} \frac{1}{(m-k)!}\frac{1}{k!}X^{m-k}Y^k$$

となり,両辺の $m = 0$ から ∞ までの和を取ればよい.

---

[5] [20] 第 5 章に簡潔な解説がある.

[6] $\exp X$ の具体的計算については [22] 付録 1 を参照.

(ii) $\exp tX = I_n + tX + \frac{1}{2!}t^2X^2 + \cdots + \frac{1}{m!}t^mX^m + \cdots$ を t について項別微分すればよい. □

命題 1.5 (i) により，任意の $X \in \mathfrak{gl}(n,\mathbb{R})$ に対し，$\gamma_X : t \mapsto \exp tX$ は e における接ベクトルが X である $GL(n,\mathbb{R})$ の 1 径数部分群であることがわかる．

一般のリー群 G に対しても，任意の $X \in \mathfrak{g}$ に対し，次のようにして 1 径数部分群が構成できる．G のすべての元 g に対し，g による左移動 L_g により $L_g(X) \in T_g(G)$ が定まり，$g \mapsto L_g(X)$ は G 上の左 G-不変（解析的）ベクトル場になる．このベクトル場の e を通る積分曲線を $\gamma_X : t \mapsto \exp tX$ と定義する．このとき，

$$L_{\gamma_X(t)}\gamma'_X(0) = \gamma'_X(t) \quad \text{for all } t \in \mathbb{R}$$

が成り立つので，常微分方程式の解の一意性により，

$$\gamma_X(s+t) = \gamma_X(s)\gamma_X(t)$$

が示せる．右 G-不変ベクトル場を用いても同じ γ_X が定義される．命題 1.5 (ii) は $G = GL(n,\mathbb{R})$ のときに $t \mapsto \exp tX$ が G 上の左不変ベクトル場および右不変ベクトル場の積分曲線になっていることを示している．

任意のリー群 G に対し，上記の 1 径数部分群 $t \mapsto \exp tX$ において $t = 1$ を代入することにより，**指数写像** (exponential map) $\exp : \mathfrak{g} \ni X \mapsto \exp X \in G$ が定義される．$\exp$ は $\mathfrak{g}$ の 0 の近傍と G の e の近傍との (解析的) 微分同相を与える．したがって，G が連結のとき，G は $\exp \mathfrak{g}$ によって生成される．$G = GL(n,\mathbb{R}), GL(n,\mathbb{C})$ のとき，指数写像 $\exp$ は (1.5) において定義されたものと一致する．

注意 1.1 定理 1.3 における局所準同型 f は，$\mathfrak{h}$ における 0 のある近傍 U において

$$f(\exp X) = \exp f_*(X) \quad \text{for } X \in U \tag{1.6}$$

を満たす．(定理 1.3 の証明では，この式によって，$f : \exp U \to G$ を定義する.) f が準同型のときは，(1.6) はすべての $X \in \mathfrak{h}$ に対し成り立つ．

演習問題 1.1 連結 1 次元リー群は $\mathbb{R}$ または $U(1)$ と同型であることを証明せよ．

1.5 部分リー群

リー群の準同型 $f: H \to G$ が単射であるとき，H と $f(H)$ を同一視して，G の**部分リー群** (Lie subgroup) という．このとき，容易に $f_*: \mathfrak{h} \to \mathfrak{g}$ も単射であるので，$\mathfrak{h}$ と $f_*(\mathfrak{h})$ を同一視して，$\mathfrak{g}$ の**部分リー環** (Lie subalgebra) と見なせる．逆に，リー群 G のリー環 $\mathfrak{g}$ の任意の部分リー環 $\mathfrak{h}$ に対して，$\mathfrak{h}$ をリー環に持つ G の連結部分リー群 H がただ 1 つ存在する[7]．この H を $\mathfrak{h}$ に対する G の**解析的部分群** (analytic subgroup) という．

リー群 G の部分群 H であって，G の閉部分多様体[8]であるものは**閉部分群** (closed subgroup) と呼ばれる．G の連結部分リー群 H が G の閉部分集合であれば G の閉部分群であることが証明できる．

例 1.6 直積群 $G = U(1) \times U(1)$ のリー環は $\mathfrak{g} = i\mathbb{R} \oplus i\mathbb{R}$ であるが，$\mathfrak{g}$ の 1 次元部分リー環 $\mathfrak{h}_\alpha = \{(ix, i\alpha x) \mid x \in \mathbb{R}\}$ $(\alpha \in \mathbb{R})$ に対する G の解析的部分群 $H_\alpha = \{(e^{ix}, e^{i\alpha x}) \in G \mid x \in \mathbb{R}\}$ が閉部分群であるための必要十分条件は $\alpha \in \mathbb{Q}$ である．$\alpha \notin \mathbb{Q}$ のとき，H_α は G の中で稠密 (dense) である．

$GL(n, \mathbb{R})$ または $GL(n, \mathbb{C})$ の閉部分群は線形リー群と呼ばれる．線形代数学で学ぶ次の直交群 $O(n)$，ユニタリ群 $U(n)$，実特殊線形群 $SL(n, \mathbb{R})$，複素特殊線形群 $SL(n, \mathbb{C})$ などが典型的である（[22] 参照）．

例 1.7 $G = \{g \in GL(n, \mathbb{R}) \mid {}^t g g = e\}$ は**直交群**と呼ばれ，記号 $O(n)$ で表わされる．ただし，$g = \{g_{ij}\}$ に対し，${}^t g = \{g_{ji}\}$ （転置行列）とする．

$$g_{1j}^2 + \cdots + g_{nj}^2 = 1 \quad \text{for } j = 1, \ldots, n$$

であるので，$O(n)$ は $\mathbb{R}^{n^2}$ の有界閉部分集合となり，$GL(n, \mathbb{R})$ のコンパクトな閉部分群であることがわかる．$O(n)$ のリー環 $\mathfrak{o}(n)$ は交代行列のなす $\mathfrak{gl}(n, \mathbb{R})$ の部分リー環

---

[7] [20], [31] 等参照．任意のリー環 $\mathfrak{g}$ に対して，それをリー環に持つリー群 G の存在は，この定理と，十分大きな n に対する単射準同型 $\varphi: \mathfrak{g} \to \mathfrak{gl}(n, \mathbb{R})$ の存在（Ado-岩沢の定理）に帰着させるのがわかりやすい．

[8] H は G の閉部分集合であって，任意の $h \in H$ に対し，h の G における近傍 U および U における座標系 $x_1, \ldots, x_n$ $(n = \dim G)$ が $U \cap H = \{g \in U \mid x_{m+1}(g) = \cdots = x_n(g) = 0\}$ $(m = \dim H)$ となるように取れることである．

$$\mathfrak{o}(n) = \{X \in \mathfrak{gl}(n,\mathbb{R}) \mid {}^t X = -X\}$$

であることが容易にわかる．

例 1.8 $G = \{g \in GL(n,\mathbb{C}) \mid {}^t \overline{g} g = e\}$ は**ユニタリ群**と呼ばれ，記号 $U(n)$ で表わされる．ただし，$g = \{g_{ij}\}$ に対し，$\overline{g} = \{\overline{g_{ij}}\}$（複素共役）とする．

$$|g_{1j}|^2 + \cdots + |g_{nj}|^2 = 1 \quad \text{for } j = 1,\ldots,n$$

であるので，$U(n)$ は $\mathbb{C}^{n^2}$ の有界閉部分集合となり，$GL(n,\mathbb{C})$ のコンパクトな閉部分群であることがわかる．$U(n)$ のリー環 $\mathfrak{u}(n)$ は歪エルミート行列のなす $\mathfrak{gl}(n,\mathbb{R})$ の部分リー環

$$\mathfrak{u}(n) = \{X \in \mathfrak{gl}(n,\mathbb{C}) \mid {}^t \overline{X} = -X\}$$

であることがわかる．

例 1.9 $G = \{g \in GL(n,\mathbb{R}) \mid \det g = 1\}$ は**実特殊線形群**と呼ばれ，記号 $SL(n,\mathbb{R})$ で表わされる．そのリー環 $\mathfrak{sl}(n,\mathbb{R})$ は

$$\mathfrak{sl}(n,\mathbb{R}) = \{X \in \mathfrak{gl}(n,\mathbb{R}) \mid \mathrm{tr} X = 0\}$$

である．ただし，$X = \{X_{ij}\}$ に対し，$\mathrm{tr} X = X_{11} + X_{22} + \cdots + X_{nn}$（トレース）とする．同様にして，**複素特殊線形群** $SL(n,\mathbb{C}) = \{g \in GL(n,\mathbb{C}) \mid \det g = 1\}$ が定義され，そのリー環は

$$\mathfrak{sl}(n,\mathbb{C}) = \{X \in \mathfrak{gl}(n,\mathbb{C}) \mid \mathrm{tr} X = 0\}$$

である．

$SO(n) = O(n) \cap SL(n,\mathbb{R})$ は**特殊直交群**と呼ばれ，$O(n)$ の単位元を含む連結成分である．$O(n)$ は $SO(n)$ と $\{g \in O(n) \mid \det(g) = -1\}$ の 2 つの連結成分からなることに注意する．$SU(n) = U(n) \cap SL(n,\mathbb{C})$ は**特殊ユニタリ群**と呼ばれる．

例 1.10 $Sp(n,\mathbb{C}) = \{g \in GL(2n,\mathbb{C}) \mid {}^t g J_n g = J_n\}$ は n 次**複素シンプレクティック群**と呼ばれる．ただし

$$J_n = \begin{pmatrix} 0 & -I_n \\ I_n & 0 \end{pmatrix}$$

とする．$Sp(n,\mathbb{C})$ のリー環は

$$\mathfrak{sp}(n,\mathbb{C}) = \{X \in \mathfrak{gl}(2n,\mathbb{C}) \mid {}^t X J_n + J_n X = 0\}$$

である．$Sp(1,\mathbb{C}) = SL(2,\mathbb{C})$ である．

1.6 イデアル，完全可約性，単純リー環

リー環 $\mathfrak{g}$ の部分リー環 $\mathfrak{h}$ が $[\mathfrak{g},\mathfrak{h}] \subset \mathfrak{h}$ を満たすとき，$\mathfrak{h}$ を $\mathfrak{g}$ の**イデアル** (ideal) という．

$\mathfrak{g}$ の任意のイデアル $\mathfrak{h}$ に対して，

$$\mathfrak{g} = \mathfrak{h} \oplus \mathfrak{h}'$$

を満たす $\mathfrak{g}$ のイデアル $\mathfrak{h}'$ が存在するとき，$\mathfrak{g}$ は**完全可約** (completely reducible) であるという．

$\mathfrak{g}$ のイデアルが $\{0\}$ と $\mathfrak{g}$ だけであるとき，$\mathfrak{g}$ は**既約** (irreducible) であるという．明らかに次の命題が成り立つ．

命題 1.11 （有限次元）完全可約リー環は有限個の既約リー環の直和である．

可換[9]でない既約リー環は**単純リー環** (simple Lie algebra) と呼ばれる．また，単純リー環の直和は**半単純リー環** (semisimple Lie algebra) と呼ばれる．単純 (半単純) リー環をリー環に持つリー群を単純 (半単純) リー群と呼ぶ．

1.7 複素リー環

複素ベクトル空間に (1.1), (1.3) を満たす複素双線形な括弧積が定義されているとき，これを**複素リー環** (complex Lie algebra) という．複素リー群のリー環は複素リー環の構造を持つ．これに対して，通常の（実ベクトル空間に括弧積の定義された）リー環を「実リー環」と称することが多い．複素 n 次元の複素リー環の複素構造を忘れると，$2n$ 次元の実リー環と見なすことができる．

---

[9] $[X,Y] = 0$ のとき X と Y は可換であるという．$\mathfrak{g} = \mathfrak{gl}(n,\mathbb{R})$ ($\mathfrak{gl}(n,\mathbb{C})$) のとき，$[X,Y] = XY - YX$ であるからこれは自然な定義である．任意の $X, Y \in \mathfrak{g}$ について $[X,Y] = 0$ のとき $\mathfrak{g}$ は可換であるという．

1.8 複素化, 実型

実リー環 $\mathfrak{g}$ のベクトル空間としての複素化 $\mathfrak{g}_\mathbb{C}$ に, 括弧積を $\mathfrak{g}$ の括弧積を複素双線形に拡張して定義することにより, 複素リー環が得られる. これを $\mathfrak{g}$ の **複素化** (complexification) という. 逆に, 複素リー環 $\mathfrak{g}_\mathbb{C}$ に対して, その実部分リー環 $\mathfrak{g}$ が

$$\mathfrak{g}_\mathbb{C} = \mathfrak{g} \oplus i\mathfrak{g}$$

を満たすとき, これを $\mathfrak{g}_\mathbb{C}$ の **実型** (real form) という. $\mathfrak{gl}(n,\mathbb{C})$ は $\mathfrak{gl}(n,\mathbb{R})$ あるいは $\mathfrak{u}(n)$ の複素化であり, 逆に, $\mathfrak{gl}(n,\mathbb{R})$ および $\mathfrak{u}(n)$ は $\mathfrak{gl}(n,\mathbb{C})$ の実型である.

第2章

コンパクトリー群

2.1 コンパクトリー群

リー群 G が位相空間としてコンパクトのとき，G を**コンパクトリー群** (compact Lie group) という．$O(n)$, $U(n)$ はコンパクトリー群であり，これらの閉部分群もすべてコンパクトリー群である．

この節では，より一般に $\mathrm{Ad}(G) \subset GL(\mathfrak{g})$ がコンパクトである連結リー群 G について考える．もちろん，G がコンパクトならば $\mathrm{Ad}(G)$ もコンパクトである．

命題 2.1 $\mathrm{Ad}(G)$ がコンパクトな連結リー群 G のリー環 $\mathfrak{g}$ には $\mathrm{Ad}(G)$ の作用によって不変な（正定値）内積が入る．

例 2.2 $X, Y \in \mathfrak{u}(n)$ に対し，

$$(X, Y) = -\mathrm{Re}\,\mathrm{tr}(XY)$$

とおくと，$g \in U(n)$ に対し，(1.4) により

$$(\mathrm{Ad}(g)X, \mathrm{Ad}(g)Y) = -\mathrm{Re}\,\mathrm{tr}(gXg^{-1}gYg^{-1}) = -\mathrm{Re}\,\mathrm{tr}(XY) = (X, Y)$$

であり，

$$(X, X) = -\mathrm{Re}\,\mathrm{tr}(XX) = -\mathrm{Re}\sum_{j=1}^{n}\sum_{k=1}^{n} X_{jk}X_{kj}$$
$$= \mathrm{Re}\sum_{j=1}^{n}\sum_{k=1}^{n} X_{jk}\overline{X_{jk}} = \sum_{j=1}^{n}\sum_{k=1}^{n} |X_{jk}|^2$$

だから正定値である．

注意 2.1 （ⅰ）命題 2.1 の一般的な証明は次のようにコンパクトリー群 $\mathrm{Ad}(G)$ 上の不変測度であるハール測度 (Haar measure) dg を用いて行なう．

$(\ ,\ )_0$ を $\mathfrak{g}$ 上の適当な（正定値）内積とし，
$$(X,Y) = \int_{\mathrm{Ad}(G)} (gX, gY)_0 \, dg \quad \text{for } X, Y \in \mathfrak{g}$$
とおけば，$(\ ,\ )$ は $\mathfrak{g}$ 上の $\mathrm{Ad}(G)$-不変内積である．

（ⅱ）しかし，任意のコンパクトリー群 G は（十分大きな n に対し）$U(n)$ の閉部分群と局所同型であることが知られているので，例 2.2 の内積 $(\ ,\ )$ を制限する方が具体的でわかりやすい．

命題 2.3 $\mathrm{Ad}(G)$ がコンパクトなリー群 G のリー環 $\mathfrak{g}$ は完全可約である．

証明 $\mathfrak{h}$ を $\mathfrak{g}$ のイデアルとする．$(\ ,\ )$ を $\mathfrak{g}$ 上の $\mathrm{Ad}(G)$-不変内積とし，これに関する $\mathfrak{h}$ の直交補空間を $\mathfrak{h}'$ とすると，$\mathfrak{h}$ が $\mathrm{Ad}(G)$-不変であるので，$\mathfrak{h}'$ も $\mathrm{Ad}(G)$-不変になり，したがって $\mathfrak{g}$ のイデアルである． □

注意 2.2 内積 $(\ ,\ )$ に関する $\mathfrak{g}$ の正規直交基底によって，線形写像 $\mathrm{Ad}(g): \mathfrak{g} \to \mathfrak{g}$ $(g \in G)$ を行列として表現すると直交行列になる．したがって，例 1.7 により $\mathrm{ad}(X): \mathfrak{g} \to \mathfrak{g}$ $(X \in \mathfrak{g})$ は交代行列で表現される．直交行列の固有値は絶対値 1 の複素数であり，交代行列の固有値は純虚数であることに注意する[1]．また，$\mathrm{Ad}(g)$ $(g \in G)$ を $\mathfrak{g}_\mathbb{C}$ から $\mathfrak{g}_\mathbb{C}$ への複素線形写像に拡張するとき，$\mathfrak{g}_\mathbb{C}$ は $\mathrm{Ad}(g)$ に関する固有空間に直和分解される．すなわち
$$\mathfrak{g}_\mathbb{C} = \bigoplus_\lambda \{X \in \mathfrak{g}_\mathbb{C} \mid \mathrm{Ad}(g)X = \lambda X\}$$
が成り立つ．$\mathrm{ad}(X)$ $(X \in \mathfrak{g})$ についても同じである．コンパクトでないリー群 G およびそのリー環 $\mathfrak{g}$ の一般の元については，これは成り立たない．

2.2　ルート空間分解とワイル群

$\mathfrak{t}$ を $\mathrm{Ad}(G)$ がコンパクトなリー群 G のリー環 $\mathfrak{g}$ の可換部分リー環とする．$\mathfrak{g}$ の複素化 $\mathfrak{g}_\mathbb{C}$ の $\mathfrak{t}$ に関する**ルート系** (root system) $\Delta(\mathfrak{g}_\mathbb{C}, \mathfrak{t})$ を次で定義する．

---

[1] より一般に，ユニタリ行列の固有値は絶対値 1 の複素数であり，歪エルミート行列の固有値は純虚数である．

定義 2.4 $\mathfrak{t}$ 上の複素 1 次形式 $\alpha \in \mathfrak{t}_{\mathbb{C}}^*$（実線形写像 $\alpha : \mathfrak{t} \to \mathbb{C}$）[2]に対し，

$$\mathfrak{g}_{\mathbb{C}}(\mathfrak{t}, \alpha) = \{X \in \mathfrak{g}_{\mathbb{C}} \mid [Y, X] = \alpha(Y)X \text{ for all } Y \in \mathfrak{t}\}$$

は α に対する**ルート空間** (root space) と呼ばれる．これを用いて，組 $(\mathfrak{g}_{\mathbb{C}}, \mathfrak{t})$ のルート系を $\mathfrak{t}_{\mathbb{C}}^*$ の部分集合

$$\varDelta(\mathfrak{g}_{\mathbb{C}}, \mathfrak{t}) = \{\alpha \in \mathfrak{t}_{\mathbb{C}}^* - \{0\} \mid \mathfrak{g}_{\mathbb{C}}(\mathfrak{t}, \alpha) \neq \{0\}\}$$

として定義する．

注意 2.3 $\mathfrak{t}$ 上の実 1 次形式（$\mathfrak{t}$ から $\mathbb{R}$ への実線形写像）の空間を $\mathfrak{t}^*$ とするとき，$\mathfrak{t}_{\mathbb{C}}^* = \mathfrak{t}^* \oplus i\mathfrak{t}^*$ であるが，注意 2.2 により，

$$\varDelta(\mathfrak{g}_{\mathbb{C}}, \mathfrak{t}) \subset i\mathfrak{t}^*$$

である．よって，定義 2.4 において α は $\mathfrak{t}$ から $i\mathbb{R}$ への実線形写像としてよい．

定理 2.5 $\mathfrak{g}$ の可換部分空間 $\mathfrak{t}$ に対し，直和分解

$$\mathfrak{g}_{\mathbb{C}} = \bigoplus_{\alpha \in \varDelta(\mathfrak{g}_{\mathbb{C}}, \mathfrak{t}) \sqcup \{0\}} \mathfrak{g}_{\mathbb{C}}(\mathfrak{t}, \alpha)$$

が成り立つ．これを $\mathfrak{g}_{\mathbb{C}}$ の $\mathfrak{t}$ に関する**ルート空間分解** (root space decomposition) という．特に，

$$\dim_{\mathbb{C}} \mathfrak{g}_{\mathbb{C}} = \sum_{\alpha \in \varDelta(\mathfrak{g}_{\mathbb{C}}, \mathfrak{t}) \sqcup \{0\}} \dim_{\mathbb{C}} \mathfrak{g}_{\mathbb{C}}(\mathfrak{t}, \alpha)$$

であり，$\varDelta(\mathfrak{g}_{\mathbb{C}}, \mathfrak{t})$ は $i\mathfrak{t}^*$ の有限部分集合である．

証明 $\mathfrak{t}$ の部分空間の増大列

$$\mathfrak{t}_1 \subset \mathfrak{t}_2 \subset \cdots \subset \mathfrak{t}_\ell = \mathfrak{t}$$

($\dim \mathfrak{t}_k = k$ for $k = 1, \ldots, \ell$) を取る．このとき，直和分解

$$\mathfrak{g}_{\mathbb{C}} = \bigoplus_{\alpha \in \varDelta(\mathfrak{g}_{\mathbb{C}}, \mathfrak{t}_k) \sqcup \{0\}} \mathfrak{g}_{\mathbb{C}}(\mathfrak{t}_k, \alpha) \tag{2.1}$$

を k に関する帰納法で示せばよい．直和分解

---

[2] 自然に $\mathfrak{t}_{\mathbb{C}}$ から $\mathbb{C}$ への複素線形写像に拡張できる．

$$\mathfrak{g}_{\mathbb{C}} = \bigoplus_{\alpha \in \Delta(\mathfrak{g}_{\mathbb{C}}, \mathfrak{t}_{k-1}) \sqcup \{0\}} \mathfrak{g}_{\mathbb{C}}(\mathfrak{t}_{k-1}, \alpha) \tag{2.2}$$

が成り立つとし, $\mathfrak{t}_k = \mathfrak{t}_{k-1} \oplus \mathbb{R}Y$ とする. $\mathfrak{t}$ が可換であるので, (1.2) により $\mathrm{ad}(Y)$ と $\mathrm{ad}(X)$ ($X \in \mathfrak{t}$) は可換である. したがって, 任意の $\alpha \in \Delta(\mathfrak{g}_{\mathbb{C}}, \mathfrak{t}_{k-1}) \sqcup \{0\}$ に対し,

$$\mathrm{ad}(Y)\mathfrak{g}_{\mathbb{C}}(\mathfrak{t}_{k-1}, \alpha) \subset \mathfrak{g}_{\mathbb{C}}(\mathfrak{t}_{k-1}, \alpha)$$

が成り立ち, 注意 2.2 により, $\mathfrak{g}_{\mathbb{C}}(\mathfrak{t}_{k-1}, \alpha)$ の $\mathrm{ad}(Y)$ に関する固有空間分解

$$\mathfrak{g}_{\mathbb{C}}(\mathfrak{t}_{k-1}, \alpha) = \bigoplus_{\lambda} \mathfrak{g}_{\mathbb{C}}(\mathfrak{t}_{k-1}, \alpha, \lambda) \tag{2.3}$$

ができる. ただし, $\mathfrak{g}_{\mathbb{C}}(\mathfrak{t}_{k-1}, \alpha, \lambda) = \{X \in \mathfrak{g}_{\mathbb{C}}(\mathfrak{t}_{k-1}, \alpha) \mid \mathrm{ad}(Y)X = \lambda X\}$ とする. $\alpha \in i\mathfrak{t}_{k-1}^*, \lambda \in i\mathbb{R}$ に対し, $\widetilde{\alpha} \in i\mathfrak{t}_k^*$ を

$$\widetilde{\alpha}(Z + aY) = \alpha(Z) + a\lambda \quad \text{for } Z \in \mathfrak{t}_{k-1}, \, a \in \mathbb{R}$$

によって定義すると

$$\mathfrak{g}_{\mathbb{C}}(\mathfrak{t}_k, \widetilde{\alpha}) = \mathfrak{g}_{\mathbb{C}}(\mathfrak{t}_{k-1}, \alpha, \lambda)$$

である. したがって (2.3) は

$$\mathfrak{g}_{\mathbb{C}}(\mathfrak{t}_{k-1}, \alpha) = \bigoplus_{\widetilde{\alpha} \in \Delta(\mathfrak{g}_{\mathbb{C}}, \mathfrak{t}_k) \sqcup \{0\}, \, p(\widetilde{\alpha}) = \alpha} \mathfrak{g}_{\mathbb{C}}(\mathfrak{t}_k, \widetilde{\alpha})$$

と書きなおせる. ただし, $p : i\mathfrak{t}_k^* \to i\mathfrak{t}_{k-1}^*$ は制限写像とする. これを (2.2) に代入すれば, (2.1) が得られる. □

注意 2.4 (i) 上記の証明を帰納法を使わずに言いかえるならば, $\mathfrak{t}$ の基底 $Y_1, \ldots, Y_\ell$ を取って, $\mathrm{ad}(Y_1), \ldots, \mathrm{ad}(Y_\ell)$ に関して $\mathfrak{g}_{\mathbb{C}}$ を「同時固有空間分解」することに他ならない.

(ii) 一般に $\mathfrak{t}$ の部分空間 $\mathfrak{t}'$ に対して, 制限写像 $p : i\mathfrak{t}^* \to i\mathfrak{t}'^*$ は $\Delta(\mathfrak{g}_{\mathbb{C}}, \mathfrak{t}) \sqcup \{0\}$ から $\Delta(\mathfrak{g}_{\mathbb{C}}, \mathfrak{t}') \sqcup \{0\}$ への全射を与えることがわかる. $\Delta(\mathfrak{g}_{\mathbb{C}}, \mathfrak{t}')$ をルート系 $\Delta(\mathfrak{g}_{\mathbb{C}}, \mathfrak{t})$ の $\mathfrak{t}'$ への**制限** (restriction) という.

(iii) このように, ルート空間分解の観点からはルートの集合に 0 を含ませる方が簡単であるが, あとで述べる理由により, 0 を除外する慣例に従った.

次の例が最も基本的である.

例 2.6 $G = U(n)$, $\mathfrak{g} = \mathfrak{u}(n)$ とする．このとき，$\mathfrak{g}_{\mathbb{C}} = \mathfrak{gl}(n, \mathbb{C})$ である．$\mathfrak{g}$ の対角行列の集合

$$\mathfrak{t} = \{Y(a_1, \ldots, a_n) \mid a_1, \ldots, a_n \in i\mathbb{R}\}$$

は $\mathfrak{g}$ の可換部分リー環である．ただし

$$Y(a_1, \ldots, a_n) = \begin{pmatrix} a_1 & & 0 \\ & \ddots & \\ 0 & & a_n \end{pmatrix}$$

とする．$\mathfrak{t}$ 上の 1 次形式 $\varepsilon_1, \ldots, \varepsilon_n$ を

$$\varepsilon_k : Y(a_1, \ldots, a_n) \mapsto a_k$$

で定義する．(j, k)-行列要素すなわち (j, k)-成分が 1 でその他の成分がすべて 0 の $n \times n$ 行列を E_{jk} とするとき，

$$[Y(a_1, \ldots, a_n), E_{jk}] = Y(a_1, \ldots, a_n)E_{jk} - E_{jk}Y(a_1, \ldots, a_n)$$
$$= (a_j - a_k)E_{jk}$$
$$= (\varepsilon_j - \varepsilon_k)(Y(a_1, \ldots, a_n))E_{jk}$$

が成り立つ．したがって，ルート系は

$$\Delta = \Delta(\mathfrak{g}_{\mathbb{C}}, \mathfrak{t}) = \{\varepsilon_j - \varepsilon_k \mid j, k = 1, \ldots, n, \ j \neq k\}$$

であり，ルート空間は

$$\mathfrak{g}_{\mathbb{C}}(\mathfrak{t}, \varepsilon_j - \varepsilon_k) = \mathbb{C}E_{jk}, \quad \mathfrak{g}_{\mathbb{C}}(\mathfrak{t}, 0) = \mathfrak{t}_{\mathbb{C}}$$

である．Δ は $n(n-1)$ 個の元からなり，確かにルート空間分解

$$\mathfrak{g}_{\mathbb{C}} = \bigoplus_{\alpha \in \Delta \sqcup \{0\}} \mathfrak{g}_{\mathbb{C}}(\mathfrak{t}, \alpha) = \mathfrak{t}_{\mathbb{C}} \oplus \bigoplus_{j \neq k} \mathbb{C}E_{jk}$$

が成り立つ．$\mathfrak{z}_{\mathbb{C}} = \mathbb{C}I_n$ は $\mathfrak{g}_{\mathbb{C}} = \mathfrak{gl}(n, \mathbb{C})$ の中心であり，

$$\mathfrak{g}_{\mathbb{C}} = \mathfrak{z}_{\mathbb{C}} \oplus \mathfrak{sl}(n, \mathbb{C})$$

と直和分解され，$\Delta = \Delta(\mathfrak{g}_{\mathbb{C}}, \mathfrak{t})$ のすべてのルートは $\mathfrak{z}_{\mathbb{C}}$ に制限すると 0 である．よって，$\mathfrak{su}(n)$ のルート系は $\mathfrak{u}(n)$ のルート系 Δ を $\mathfrak{t} \cap \mathfrak{sl}(n, \mathbb{C})$ に制限したもの

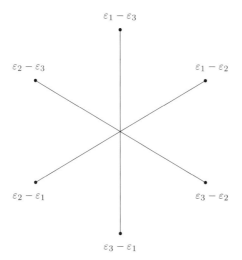

図 **2.1** $\mathfrak{u}(3), \mathfrak{su}(3)$ のルート系 (A_2 型)

であって Δ と同一視できる.

$n=3$ のときに 6 個のルートを図示すると,図 2.1 のようになる.

補題 2.7 $\alpha, \beta \in i\mathfrak{t}^*$ に対し,

$$[\mathfrak{g}_{\mathbb{C}}(\mathfrak{t}, \alpha), \mathfrak{g}_{\mathbb{C}}(\mathfrak{t}, \beta)] \subset \mathfrak{g}_{\mathbb{C}}(\mathfrak{t}, \alpha + \beta)$$

証明 $X \in \mathfrak{g}_{\mathbb{C}}(\mathfrak{t}, \alpha), X' \in \mathfrak{g}_{\mathbb{C}}(\mathfrak{t}, \beta)$ のとき,任意の $Y \in \mathfrak{t}$ に対し,ヤコビ恒等式 (1.3) により

$$\begin{aligned}
[Y, [X, X']] &= [[Y, X], X'] + [X, [Y, X']] \\
&= [\alpha(Y)X, X'] + [X, \beta(Y)X'] \\
&= (\alpha(Y) + \beta(Y))[X, X']
\end{aligned}$$

である. □

定義 2.8 $\mathfrak{g}$ の可換部分リー環 $\mathfrak{t}$ の元 Y が

$$\alpha(Y) \neq 0 \quad \text{for all } \alpha \in \Delta(\mathfrak{g}_{\mathbb{C}}, \mathfrak{t})$$

を満たすとき,**正則** (regular) であるという.正則元の集合は $\mathfrak{t}$ において稠密 (dense) である.

$\mathfrak{g}$ の可換部分リー環 $\mathfrak{t}$ の正則元 Y について $\mathrm{ad}(Y) : \mathfrak{g}_{\mathbb{C}} \to \mathfrak{g}_{\mathbb{C}}$ の 0-固有空間は $\mathfrak{z}_{\mathfrak{g}_{\mathbb{C}}}(Y) = \mathfrak{g}_{\mathbb{C}}(\mathfrak{t},0)$ であるが,$\mathrm{ad}(Y)$ に関して $\mathfrak{g}_{\mathbb{C}}$ が固有空間分解されること,すなわち $\mathrm{ad}(Y)$ が半単純線形変換であることから,$\mathrm{ad}(Y)$ の 0-一般固有空間は 0-固有空間に一致する.したがって

$$[Y,Z] = \mathrm{ad}(Y)Z \in \mathfrak{z}_{\mathfrak{g}_{\mathbb{C}}}(Y) \Longrightarrow Z \in \mathfrak{z}_{\mathfrak{g}_{\mathbb{C}}}(Y)$$

である.ここで $Y \in \mathfrak{z}_{\mathfrak{g}_{\mathbb{C}}}(Y)$ に注意すれば,

$$\mathrm{ad}(Z)\mathfrak{z}_{\mathfrak{g}_{\mathbb{C}}}(Y) \subset \mathfrak{z}_{\mathfrak{g}_{\mathbb{C}}}(Y) \Longrightarrow Z \in \mathfrak{z}_{\mathfrak{g}_{\mathbb{C}}}(Y)$$

が成り立つ.このことから,$\mathfrak{t}$ の正規化群 $N_G(\mathfrak{t}) = \{g \in G \mid \mathrm{Ad}(g)\mathfrak{t} = \mathfrak{t}\}$ のリー環は $\mathfrak{z}_{\mathfrak{g}}(Y) = \mathfrak{z}_{\mathfrak{g}}(\mathfrak{t})$ であり,$\mathrm{Ad}(G)$ がコンパクト群であるので,$\mathrm{Ad}(N_G(\mathfrak{t}))$ の連結成分の数は有限であることがわかる.よって,$N_G(\mathfrak{t})$ を $\mathfrak{t}$ の中心化群 $Z_G(\mathfrak{t}) = \{g \in G \mid \mathrm{Ad}(g)Z = Z \text{ for all } Z \in \mathfrak{t}\}$ で割って得られる商群 $W = W_G(\mathfrak{t}) = N_G(\mathfrak{t})/Z_G(\mathfrak{t})$ は有限群である.この群 W は G の $\mathfrak{t}$ に関する**ワイル群** (Weyl group) と呼ばれる.$W \cong \{\mathrm{Ad}(g)|_{\mathfrak{t}} \mid g \in N_G(\mathfrak{t})\}$ と同一視するのが自然である.

G の任意の部分群 H に対し,$W_H(\mathfrak{t}) = N_H(\mathfrak{t})/Z_H(\mathfrak{t})$ も定義でき,自然に $W_H(\mathfrak{t})$ は $W_G(\mathfrak{t})$ の部分群と見なせる.

注意 2.5 $\mathfrak{t}$ が $\mathfrak{g}$ の一般的な小さい可換部分リー環のときには,W が単位元だけになることが多い.したがって,通常よく用いられるワイル群は 2.4 節あるいは第 5 章のように $\mathfrak{t}$ が何らかの意味で「極大」である場合にだけ定義される.このような場合には W は対応するルート系の「鏡映群」になることが示される (定理 4.4, 命題 6.10).

$\beta \in i\mathfrak{t}^*$ と $g \in N_G(\mathfrak{t})$ に対し,$g(\beta) \in i\mathfrak{t}^*$ を

$$g(\beta) : \mathfrak{t} \ni Z \mapsto \beta(\mathrm{Ad}(g)^{-1}Z) \in i\mathbb{R}$$

で定義することにより,$N_G(\mathfrak{t})$ は $i\mathfrak{t}^*$ に作用する.$X \in \mathfrak{g}_{\mathbb{C}}(\mathfrak{t},\beta)$ のとき,$Z \in \mathfrak{t}$ に対し,

$$[Z, \mathrm{Ad}(g)X] = \mathrm{Ad}(g)[\mathrm{Ad}(g)^{-1}Z, X]$$
$$= \mathrm{Ad}(g)\beta(\mathrm{Ad}(g)^{-1}Z)X$$
$$= (g(\beta))\mathrm{Ad}(g)X$$

であるから，$\mathrm{Ad}(g)X \in \mathfrak{g}_{\mathbb{C}}(\mathfrak{t}, g(\beta))$ である．$\mathrm{Ad}(g)^{-1}$ についても考慮すれば，$\mathrm{Ad}(g)$ は $\mathfrak{g}_{\mathbb{C}}(\mathfrak{t}, \beta)$ から $\mathfrak{g}_{\mathbb{C}}(\mathfrak{t}, g(\beta))$ への線形同型を与えることがわかる．よって，次が成り立つ．

命題 2.9 （ⅰ）ワイル群 $W = N_G(\mathfrak{t})/Z_G(\mathfrak{t})$ はルート系 $\Delta(\mathfrak{g}_{\mathbb{C}}, \mathfrak{t})$ に作用する．
（ⅱ）$w \in W$ は超平面 $\beta(Z) = 0$ を超平面 $(w\beta)(Z) = 0$ に移す．

2.3 ルート系の性質

まず，$\mathfrak{sl}(2,\mathbb{C})$ と $\mathfrak{su}(2)$ に関することを準備する．$\mathfrak{sl}(2,\mathbb{C})$ の元

$$X_+ = \begin{pmatrix} 0 & 1 \\ 0 & 0 \end{pmatrix}$$

を取る．$\mathfrak{su}(2) = \mathfrak{sl}(2,\mathbb{C}) \cap \mathfrak{u}(2)$ に関する X_+ の共役は

$$X_- = -{}^t\overline{X_+} = \begin{pmatrix} 0 & 0 \\ -1 & 0 \end{pmatrix}$$

であり，$Y_0 = [X_-, X_+]$ を計算すると

$$Y_0 = X_-X_+ - X_+X_- = \begin{pmatrix} 1 & 0 \\ 0 & -1 \end{pmatrix}$$

となり，

$$[Y_0, X_+] = 2X_+, \ [Y_0, X_-] = -2X_-, \ [X_-, X_+] = Y_0 \tag{2.4}$$

が成り立つ．$SU(2)$ の任意の元は

$$\begin{pmatrix} a & -\bar{b} \\ b & \bar{a} \end{pmatrix}$$

$(a, b \in \mathbb{C},\ |a|^2 + |b|^2 = 1)$ と表わせるので，$SU(2)$ は 3 次元球面 S^3 と位相同型であり，したがって単連結である．

ここから一般論に戻る．$\mathfrak{g}$ に関する $\mathfrak{g}_{\mathbb{C}} = \mathfrak{g} \oplus i\mathfrak{g}$ の複素共役写像を $\tau : \mathfrak{g}_{\mathbb{C}} \to \mathfrak{g}_{\mathbb{C}}$ とする．すなわち，$X = X_1 + iX_2$ $(X_1, X_2 \in \mathfrak{g})$ のとき，$\tau(X) = X_1 - iX_2$ と

する.

　$\mathfrak{t}$ を $\mathfrak{g}$ の可換部分リー環とし，ルート系 $\varDelta = \varDelta(\mathfrak{g}_\mathbb{C}, \mathfrak{t})$ の 1 つのルートを α とする．$\mathfrak{g}_\mathbb{C}(\mathfrak{t},\alpha)$ の 0 でない元 X_α を取る．このとき，$Z \in \mathfrak{t}$ に対し，

$$[Z, \tau(X_\alpha)] = \tau([Z, X_\alpha]) = \tau(\alpha(Z)X_\alpha) = -\alpha(Z)\tau(X_\alpha)$$

であるから

$$\tau(X_\alpha) \in \mathfrak{g}_\mathbb{C}(\mathfrak{t}, -\alpha)$$

である．$X_{-\alpha} = \tau(X_\alpha)$, $Y_\alpha = [X_{-\alpha}, X_\alpha]$ とおくと，補題 2.7 により

$$Y_\alpha \in \mathfrak{g}_\mathbb{C}(\mathfrak{t}, 0) = \mathfrak{z}_{\mathfrak{g}_\mathbb{C}}(\mathfrak{t})$$

である．$\mathfrak{g}$ 上の正定値内積 (,) を $\mathfrak{g}_\mathbb{C}$ 上に複素線形に拡張しておく．

命題 2.10 $Y_\alpha = [X_{-\alpha}, X_\alpha] \in \mathfrak{t}_\mathbb{C}$ を仮定する．このとき，

(ⅰ) $Y_\alpha \in i\mathfrak{t}$, $\alpha(Y_\alpha) > 0$ である．（したがって X_α をその正定数倍で置きかえることにより，$\alpha(Y_\alpha) = 2$ とすることができる．以下，このように仮定する．）

(ⅱ) 任意の $Z \in \mathfrak{t}$ に対し，$\alpha(Z) = 0 \iff (Y_\alpha, Z) = 0$

(ⅲ) $\mathfrak{sl}(2,\mathbb{C})$ から $\mathfrak{g}_\mathbb{C}$ への複素線形写像 φ を

$$\varphi(X_+) = X_\alpha,\ \varphi(X_-) = X_{-\alpha},\ \varphi(Y_0) = Y_\alpha$$

によって定義すると，φ は $\mathfrak{sl}(2,\mathbb{C})$ から $\mathfrak{g}_\mathbb{C}$ へのリー環としての準同型写像である．さらに，φ を $\mathfrak{su}(2)$ に制限すれば，$\mathfrak{su}(2)$ から $\mathfrak{g}$ への準同型になり，定理 1.3 により，注意 1.1 の条件

$$\widetilde{\varphi}(\exp X) = \exp(\varphi(X)) \quad \text{for } X \in \mathfrak{su}(2)$$

を満たす準同型

$$\widetilde{\varphi}: SU(2) \to G$$

が存在する．

(ⅳ) $\exp 2\pi i Y_\alpha = e$

(ⅴ) $\beta \in \varDelta(\mathfrak{g}_\mathbb{C}, \mathfrak{t}) \implies \beta(Y_\alpha) \in \mathbb{Z}$

(ⅵ) $\widetilde{w_\alpha} = \exp \dfrac{\pi}{2}(X_\alpha + X_{-\alpha}) \in G$ とおくと，任意の $Z \in \mathfrak{t}$ に対し，

$$\mathrm{Ad}(\widetilde{w_\alpha})(Z) = Z - \alpha(Z)Y_\alpha \tag{2.5}$$

すなわち, $\widetilde{w_\alpha} \in N_G(\mathfrak{t})$ であって, $w_\alpha = \mathrm{Ad}(\widetilde{w_\alpha})$ は $\mathfrak{t}$ 上, 超平面 $\alpha(Z) = 0$ に関する鏡映を表わす. これをルート α に関する**鏡映** (reflection) という.

証明 (i) $\tau(Y_\alpha) = [X_\alpha, X_{-\alpha}] = -[X_{-\alpha}, X_\alpha] = -Y_\alpha$ であるから, $Y_\alpha \in i\mathfrak{t}$ である.

任意の $Z \in \mathfrak{t}_\mathbb{C}$ に対し,

$$(Z, Y_\alpha) = (Z, [X_{-\alpha}, X_\alpha]) = ([Z, X_{-\alpha}], X_\alpha) = -\alpha(Z)(X_{-\alpha}, X_\alpha) \tag{2.6}$$

であり, $X_\alpha = X_1 + iX_2$ ($X_1, X_2 \in \mathfrak{g}$) のとき,

$$(X_{-\alpha}, X_\alpha) = (X_1, X_1) + (X_2, X_2) > 0$$

であるから, $Y_\alpha \neq 0$ である. さらに, $Z = Y_\alpha$ として, $(\ ,\ )$ は $\mathfrak{g}$ 上正定値だから,

$$0 > (Y_\alpha, Y_\alpha) = -\alpha(Y_\alpha)(X_{-\alpha}, X_\alpha)$$

である. よって $\alpha(Y_\alpha) > 0$ である.

(ii) (2.6) から従う.

(iii) $\alpha(Y_\alpha) = 2$ とするとき,

$$\begin{aligned} [Y_\alpha, X_\alpha] &= \alpha(Y_\alpha) X_\alpha = 2 X_\alpha, \\ [Y_\alpha, X_{-\alpha}] &= -\alpha(Y_\alpha) X_{-\alpha} = -2 X_{-\alpha}, \\ [X_{-\alpha}, X_\alpha] &= Y_\alpha \end{aligned} \tag{2.7}$$

となり, (2.4) と (2.7) を比較すれば φ が準同型であることがわかる.

(iv) $\exp 2\pi i Y_0 = \begin{pmatrix} e^{2\pi i} & 0 \\ 0 & e^{-2\pi i} \end{pmatrix} = \begin{pmatrix} 1 & 0 \\ 0 & 1 \end{pmatrix} = e$ だから

$$\exp 2\pi i Y_\alpha = \widetilde{\varphi}(\exp 2\pi i Y_0) = \widetilde{\varphi}(e) = e$$

が従う.

(v) ルート $\beta \in \Delta(\mathfrak{g}_\mathbb{C}, \mathfrak{t})$ に対し, $\mathfrak{g}_\mathbb{C}(\mathfrak{t}, \beta)$ の 0 でない元 X_β を取る. (iv) により $\exp 2\pi i Y_\alpha = e$ であるから,

$$X_\beta = \mathrm{Ad}(\exp 2\pi i Y_\alpha) X_\beta = e^{2\pi i \beta(Y_\alpha)} X_\beta$$

となる. よって $\beta(Y_\alpha) \in \mathbb{Z}$ である.

(vi) $SU(2)$ の元
$$w_0 = \begin{pmatrix} 0 & 1 \\ -1 & 0 \end{pmatrix} = \exp\frac{\pi}{2}(X_+ + X_-)$$
について
$$\mathrm{Ad}(w_0)Y_0 = w_0 Y_0 w_0^{-1} = -Y_0$$
であるから，$\widetilde{w_\alpha} = \widetilde{\varphi}(w_0)$ について
$$\mathrm{Ad}(\widetilde{w_\alpha})Y_\alpha = -Y_\alpha = Y_\alpha - \alpha(Y_\alpha)Y_\alpha$$
である．また，$\alpha(Z) = 0$ となる $Z \in \mathfrak{t}$ については
$$[Z, X_\alpha] = \alpha(Z)X_\alpha = 0, \quad [Z, X_{-\alpha}] = 0$$
なので
$$\mathrm{Ad}(\widetilde{w_\alpha})Z = \mathrm{Ad}(\exp\frac{\pi}{2}(X_\alpha + X_{-\alpha}))Z = Z$$
が成り立つ．したがって，任意の $Z \in \mathfrak{t}$ に対し，
$$w_\alpha(Z) = Z - \alpha(Z)Y_\alpha$$
と書ける． □

注意 2.6 ここで用いられた $Y_\alpha \in i\mathfrak{t}$ は条件 $\alpha(Y_\alpha) = 2$ および (ii) の
$$(Z, Y_\alpha) = 0 \Longleftrightarrow \alpha(Z) = 0 \quad \text{for } Z \in \mathfrak{t}$$
から一意に定まることに注意する．言いかえると，
$$\alpha(Z) = \frac{2(Z, Y_\alpha)}{(Y_\alpha, Y_\alpha)} \quad \text{for } Z \in \mathfrak{t}$$
となる[3]．

$Y_\alpha = [X_{-\alpha}, X_\alpha]$ は命題 2.10 の条件を満たすとする．$\alpha \in \Delta$ に関する鏡映 $w_\alpha \in W_G(\mathfrak{t})$ は 2.2 節で述べたように $\mathfrak{t}_{\mathbb{C}}^*$ にも作用するが，
$$w_\alpha(\alpha) = -\alpha = \alpha - 2\alpha = \alpha - \alpha(Y_\alpha)\alpha$$

---

[3] Y_α は α に対する**コルート** (coroot) と呼ばれる．

であり，$\beta \in \mathfrak{t}_{\mathbb{C}}^*$ が $\beta(Y_\alpha) = 0$ を満たすとき，(2.5) により
$$w_\alpha(\beta) = \beta$$
が成り立つ．よって，任意の $\beta \in \mathfrak{t}_{\mathbb{C}}^*$ に対し，
$$w_\alpha(\beta) = \beta - \beta(Y_\alpha)\alpha \tag{2.8}$$
が成り立つ．命題 2.10 (iii) により $\mathfrak{l}_{\mathbb{C}} = \mathbb{C}X_\alpha \oplus \mathbb{C}X_{-\alpha} \oplus \mathbb{C}Y_\alpha$ は $\mathfrak{sl}(2,\mathbb{C})$ と同型な $\mathfrak{g}_{\mathbb{C}}$ の 3 次元部分リー環である．

命題 2.11 $X_\beta \in \mathfrak{g}_{\mathbb{C}}(\mathfrak{t},\beta)$ は $[X_{-\alpha}, X_\beta] = 0$ を満たすとし，$X_{\beta+k\alpha} = \mathrm{ad}(X_\alpha)^k X_\beta$ ($k = 0, 1, 2, \dots$) とおく．このとき

(i) $[X_{-\alpha}, X_{\beta+k\alpha}] = k(\beta(Y_\alpha) + k - 1)X_{\beta+(k-1)\alpha}$ for $k = 0, 1, 2, \dots$

(ii) さらに，$X_{\beta+m\alpha} \neq 0$, $X_{\beta+(m+1)\alpha} = 0$ とするとき，$\beta(Y_\alpha) = -m$ (すなわち $w_\alpha(\beta) = \beta + m\alpha$) であり，
$$V = \mathbb{C}X_\beta \oplus \mathbb{C}X_{\beta+\alpha} \oplus \cdots \oplus \mathbb{C}X_{\beta+m\alpha}$$
は $m+1$ 次元 $\mathfrak{l}_{\mathbb{C}}$-加群である．

証明 (i) k についての数学的帰納法で示す．$k = 0$ のとき，$[X_{-\alpha}, X_\beta] = 0$ だから成り立つ．$k \geq 1$ のとき
$$[X_{-\alpha}, X_{\beta+(k-1)\alpha}] = (k-1)(\beta(Y_\alpha) + k - 2)X_{\beta+(k-2)\alpha}$$
を仮定する．このとき

$[X_{-\alpha}, X_{\beta+k\alpha}]$

$= \mathrm{ad}(X_{-\alpha})\mathrm{ad}(X_\alpha)X_{\beta+(k-1)\alpha}$

$= \mathrm{ad}(X_\alpha)\mathrm{ad}(X_{-\alpha})X_{\beta+(k-1)\alpha} + \mathrm{ad}(Y_\alpha)X_{\beta+(k-1)\alpha}$

$= (k-1)(\beta(Y_\alpha) + k - 2)X_{\beta+(k-1)\alpha} + (\beta(Y_\alpha) + 2(k-1))X_{\beta+(k-1)\alpha}$

$= k(\beta(Y_\alpha) + k - 1)X_{\beta+(k-1)\alpha}$

(ii) (i) により
$$0 = [X_{-\alpha}, X_{\beta+(m+1)\alpha}] = (m+1)(\beta(Y_\alpha) + m)X_{\beta+m\alpha}$$
が成り立ち，$X_{\beta+m\alpha} \neq 0$ なので，$\beta(Y_\alpha) = -m$ である． $\square$

系 2.12 $0 \neq X_\alpha \in \mathfrak{g}_{\mathbb{C}}(\mathfrak{t}, \alpha)$, $Y_\alpha = [X_{-\alpha}, X_\alpha] \in \mathfrak{t}_{\mathbb{C}}$ とする. このとき,

$$0 \neq X_\beta \in \mathfrak{g}_{\mathbb{C}}(\mathfrak{t}, \beta),\ \beta(Y_\alpha) < 0 \Longrightarrow [X_\alpha, X_\beta] \neq 0$$

2.4 極大トーラス

Ad(G) がコンパクトなリー群 G のリー環 $\mathfrak{g}$ の可換部分リー環 $\mathfrak{t}$ が包含関係に関して極大とする. すなわち, $\mathfrak{t}$ を真に含む $\mathfrak{g}$ の可換部分リー環は存在しないとする. このとき, $T = \exp \mathfrak{t}$ を G の**極大トーラス** (maximal torus) といい, そのリー環 $\mathfrak{t}$ も $\mathfrak{g}$ の極大トーラスと呼ぶ. 例 2.6 の $\mathfrak{t}$ は極大トーラスである. 明らかに $\mathfrak{g}$ の可換部分リー環 $\mathfrak{t}$ が極大トーラスであるための必要十分条件は

$$\mathfrak{z}_\mathfrak{g}(\mathfrak{t}) = \mathfrak{t}$$

である. よって, $\mathfrak{t}$ が極大トーラスのとき, 命題 2.10 の条件 $Y_\alpha \in \mathfrak{t}_{\mathbb{C}}$ は自動的に成り立つ.

命題 2.13 極大トーラスは G の閉部分群である.

証明 極大トーラス $T = \exp \mathfrak{t}$ が閉部分群でないとすると, その閉包 $\widetilde{T} = T^{cl}$ のリー環 $\widetilde{\mathfrak{t}}$ は $\mathfrak{t}$ を真に含む. $\widetilde{T}$ は可換群であるから, $\widetilde{\mathfrak{t}}$ も可換になり, これは $\mathfrak{t}$ の極大性に反する. □

注意 2.7 G がコンパクトのとき, 極大トーラス T は $\ell = \dim T$ 個の 1 次元トーラス $U(1) \cong \mathbb{R}/\mathbb{Z}$ の直積と同型である. $\ell = 2$ の場合が通常のトーラス (ドーナツ状曲面) である.

$\mathfrak{g}_{\mathbb{C}}$ の $\mathfrak{t}_{\mathbb{C}}$ に関するルート空間分解および $\mathfrak{t}$ の極大性から明らかに次のことが成り立つ.

命題 2.14 $\mathfrak{g}$ の極大トーラス $\mathfrak{t}$ の複素化 $\mathfrak{t}_{\mathbb{C}}$ の正則元 Y に対し, $\mathfrak{g}_{\mathbb{C}}$ における Y の中心化環 (centralizer)

$$\mathfrak{z}_{\mathfrak{g}_{\mathbb{C}}}(Y) = \{X \in \mathfrak{g}_{\mathbb{C}} \mid [Y, X] = 0\}$$

は $\mathfrak{t}_{\mathbb{C}}$ に等しい.

系 2.15 $\mathfrak{t}$ の正則元 Y に対し, $\mathfrak{z}_\mathfrak{g}(Y) = \mathfrak{t}$ である.

G の単位元を含む連結成分を G_0 とする.

定理 2.16 $\mathrm{Ad}(G)$ がコンパクトなリー群 G のリー環 $\mathfrak{g}$ のすべての極大トーラスは互いに G_0-共役である.

証明 $\mathfrak{t}$ および $\mathfrak{t}'$ を $\mathfrak{g}$ の極大トーラスとする. Y, Y' をそれぞれ $\mathfrak{t}, \mathfrak{t}'$ の正則元とし, G_0 上の関数
$$f(g) = (\mathrm{Ad}(g)Y, Y')$$
を考える. ただし, $(\ ,\ )$ は $\mathfrak{g}$ 上の G-不変内積である. $\mathrm{Ad}(G_0)$ はコンパクトだから, ある $g_0 \in G_0$ において f は最大値を取る. g_0 における f の微分を取ると,
$$([X, \mathrm{Ad}(g_0)Y], Y') = (\mathrm{ad}(X)\mathrm{Ad}(g_0)Y, Y') = 0$$
がすべての $X \in \mathfrak{g}$ に対して成り立つことがわかる. $(\ ,\ )$ の G-不変性により
$$(X, [\mathrm{Ad}(g_0)Y, Y']) = 0 \quad \text{for all } X \in \mathfrak{g}$$
が成り立ち, $(\ ,\ )$ が非退化であるから
$$[\mathrm{Ad}(g_0)Y, Y'] = 0$$
である. したがって, 系 2.15 により
$$\mathrm{Ad}(g_0)\mathfrak{t} = \mathrm{Ad}(g_0)\mathfrak{z}_\mathfrak{g}(Y) = \mathfrak{z}_\mathfrak{g}(\mathrm{Ad}(g_0)Y) \supset \mathfrak{t}'$$
であり, $\mathfrak{t}'$ の極大可換性により
$$\mathrm{Ad}(g_0)\mathfrak{t} = \mathfrak{t}'$$
が成り立つ. □

系 2.17 $\mathrm{Ad}(G)\mathfrak{t} = \mathfrak{g}$ (すなわち $G \times \mathfrak{t} \ni (g, Y) \mapsto \mathrm{Ad}(g)Y \in \mathfrak{g}$ は全射)

系 2.18 $\mathrm{Ad}(G)$ がコンパクトなリー群 G のすべての極大トーラスは互いに G_0-共役である.

系 2.19 $\mathfrak{t}$ の 2 つの元 X, X' について,
$$X' \in \mathrm{Ad}(G)X \implies X' \in \mathrm{Ad}(N_G(\mathfrak{t}))X$$

証明 $X' = \mathrm{Ad}(g)X$ とする. $\mathfrak{t}$, $\mathrm{Ad}(g)\mathfrak{t}$ は $\mathfrak{z}_\mathfrak{g}(X')$ の極大トーラスであるから, 定理 2.16 により
$$\mathrm{Ad}(\ell)\mathrm{Ad}(g)\mathfrak{t} = \mathfrak{t}$$
を満たす $\ell \in Z_G(X')_0$ が存在する. $\ell g \in N_G(\mathfrak{t})$, $\mathrm{Ad}(\ell g)X = \mathrm{Ad}(\ell)X' = X'$ であるから, $X' \in \mathrm{Ad}(N_G(\mathfrak{t}))X$ である. □

定義 2.20 $\mathfrak{g}$ の極大トーラスの次元を $\mathfrak{g}$ (あるいは G) の**階数** (rank) といい, $\mathrm{rank}\,\mathfrak{g}\,(=\mathrm{rank}\,G)$ で表わす.

定義 2.21 極大トーラス $\mathfrak{t}$ の正則元に $\mathrm{Ad}(G)$-共役な $\mathfrak{g}$ の元を $\mathfrak{g}$ の**正則元**といい, その集合を $\mathfrak{g}_{\mathrm{reg}}$ で表わす. 正則でない $\mathfrak{g}$ の元を**特異元** (singular element) といい, その集合を $\mathfrak{g}_{\mathrm{sing}}$ で表わす.

2.5 ルート系の性質 2

$\mathfrak{t}$ を $\mathfrak{g}$ の極大トーラスとすると, $\mathfrak{z}_{\mathfrak{g}_\mathbb{C}}(\mathfrak{t}) = \mathfrak{t}_\mathbb{C}$ であるので, 命題 2.10 の仮定 $Y_\alpha = [X_{-\alpha}, X_\alpha] \in \mathfrak{t}_\mathbb{C}$ は満たされる.

定理 2.22 任意の $\alpha \in \Delta$ に対し,
 (i) $\dim_\mathbb{C} \mathfrak{g}_\mathbb{C}(\mathfrak{t}, \alpha) = 1$
 (ii) $2\alpha \notin \Delta$

証明 (i) 系 2.12 により, 線形写像
$$\mathrm{ad}(X_{-\alpha}) : \mathfrak{g}_\mathbb{C}(\mathfrak{t}, \alpha) \to \mathfrak{g}_\mathbb{C}(\mathfrak{t}, 0) = \mathfrak{z}_{\mathfrak{g}_\mathbb{C}}(\mathfrak{t}) = \mathfrak{t}_\mathbb{C}$$
は単射であるので, その像の次元が 1 以下であることを示せばよい. $X' \in \mathfrak{g}_\mathbb{C}(\mathfrak{t}, \alpha)$ に対し, (2.6) と同様に
$$(Z, [X_{-\alpha}, X']) = ([Z, X_{-\alpha}], X') = -\alpha(Z)(X_{-\alpha}, X') \quad \text{for } Z \in \mathfrak{t}_\mathbb{C}$$
が成り立つ. すなわち, $[X_{-\alpha}, X']$ は $\alpha(Z) = 0$ を満たすすべての $Z \in \mathfrak{t}_\mathbb{C}$ と直交するので, Y_α の定数倍である. よって, $\dim_\mathbb{C} \mathrm{ad}(X_{-\alpha})(\mathfrak{g}_\mathbb{C}(\mathfrak{t}, \alpha)) \leq 1$ である.

(ii) $\mathfrak{g}_\mathbb{C}(\mathfrak{t}, 2\alpha)$ の 0 でない元 $X_{2\alpha}$ が存在するとすると, (i) により, $[X_{-\alpha}, X_{2\alpha}] \in \mathbb{C}X_\alpha$ であるので,

$$V = \mathbb{C}X_{2\alpha} \oplus \mathfrak{l}_{\mathbb{C}} = \mathbb{C}X_{2\alpha} \oplus \mathbb{C}X_\alpha \oplus \mathbb{C}Y_\alpha \oplus \mathbb{C}X_{-\alpha}$$

は 4 次元 $\mathfrak{l}_{\mathbb{C}}$-加群である．命題 2.11 (ⅱ) により，$w_\alpha(2\alpha) = -\alpha$ となるので，矛盾する． □

2.6 極大トーラスに関するワイル群

$\mathfrak{t}$ を $\mathfrak{g}$ の極大トーラスとすると，命題 2.10 の仮定が満たされるので，命題 2.10 (ⅵ) により，すべての $\alpha \in \Delta$ に対し

$$\widetilde{w_\alpha} = \exp \frac{\pi}{2}(X_\alpha + X_{-\alpha}) \in N_G(\mathfrak{t})$$

が定義され，$w_\alpha = \mathrm{Ad}(\widetilde{w_\alpha})|_{\mathfrak{t}}$ は $\mathfrak{t}$ 上の超平面 $\{Z \in \mathfrak{t} \mid \alpha(Z) = 0\}$ に関する鏡映である．$\{\widetilde{w_\alpha} Z_G(\mathfrak{t}) \mid \alpha \in \Delta\}$ で生成される $W = N_G(\mathfrak{t})/Z_G(\mathfrak{t})$ の部分群を $W(\Delta)$ で表わそう．第 4 章の定理 4.4 (ⅲ) で G が連結のときに

$$W = W(\Delta)$$

が示される．

2.7 $\mathfrak{o}(m)$ の極大トーラスとルート系

例 2.23 ([22] 第 3 章) 特殊直交群 $G = SO(m)$ のリー環 $\mathfrak{o}(m) = \{X \in \mathfrak{gl}(m, \mathbb{R}) \mid {}^t X = -X\}$ について調べよう．極大トーラスをわかりやすくするために，次の $c \in U(m)$ による共役群 $G = cSO(m)c^{-1}$ を考える．

$$c = \frac{1}{\sqrt{2}}(I_m + iI'_m)$$

ただし

$$I'_m = \begin{pmatrix} 0 & & 1 \\ & \cdot\cdot\cdot & \\ 1 & & 0 \end{pmatrix}$$

とする．G のリー環 $\mathfrak{g} = \mathrm{Ad}(c)\mathfrak{o}(m)$ の元 X について，

$${}^t(\mathrm{Ad}(c^{-1})X) = -\mathrm{Ad}(c^{-1})X$$

であるから
$$
{}^t(c^{-1}Xc) = -c^{-1}Xc \quad \therefore c^2({}^tX)c^{-2} = -X
$$
である．$c^2 = iI'_m$ であるので，
$$
\mathfrak{g} = \{X \in \mathfrak{u}(m) \mid I'_m \,{}^tX I'_m = -X\}
$$
$$
= \{X = \{x_{j,k}\} \in \mathfrak{u}(m) \mid x_{m+1-k, m+1-j} = -x_{j,k}\}
$$
となる．

まず，$m = 2n+1$ のときを考える．
$$
Y(a_1, \ldots, a_n) = \mathrm{diag}(a_1, \ldots, a_n, 0, -a_n, \ldots, -a_1)
$$
とおくとき，$\mathfrak{g}$ の極大トーラスとして
$$
\mathfrak{t} = \{Y(a_1, \ldots, a_n) \mid a_1, \ldots, a_n \in i\mathbb{R}\}
$$
が取れる．$\mathfrak{t}$ 上の線形形式 $\varepsilon_j : \mathfrak{t} \to i\mathbb{R}$ を
$$
\varepsilon_j : Y(a_1, \ldots, a_n) \mapsto a_j
$$
で定める．このとき $\mathfrak{g}$ のルート系は
$$
\Delta = \Delta(\mathfrak{g}_\mathbb{C}, \mathfrak{t}) = \{\pm \varepsilon_j \mid j = 1, \ldots, n\} \sqcup \{\pm \varepsilon_j \pm \varepsilon_k \mid j \neq k\}
$$
(B_n 型，3.4 節参照) であり，それぞれのルート空間は
$$
\mathfrak{g}_\mathbb{C}(\mathfrak{t}, \varepsilon_j) = \mathbb{C}(E_{j, n+1} - E_{n+1, m+1-j})
$$
$$
\mathfrak{g}_\mathbb{C}(\mathfrak{t}, -\varepsilon_j) = \mathbb{C}(E_{n+1, j} - E_{m+1-j, n+1})
$$
$$
\mathfrak{g}_\mathbb{C}(\mathfrak{t}, \varepsilon_j - \varepsilon_k) = \mathbb{C}(E_{j,k} - E_{m+1-k, m+1-j})
$$
$$
\mathfrak{g}_\mathbb{C}(\mathfrak{t}, \varepsilon_j + \varepsilon_k) = \mathbb{C}(E_{j, m+1-k} - E_{k, m+1-j})
$$
$$
\mathfrak{g}_\mathbb{C}(\mathfrak{t}, -\varepsilon_j - \varepsilon_k) = \mathbb{C}(E_{m+1-j, k} - E_{m+1-k, j})
$$
である．(計算は例 2.6 と同様．)

以上の結果を用いて，もとの $\mathfrak{g}' = \mathfrak{o}(m) = \mathrm{Ad}(c)^{-1}\mathfrak{g}$ の極大トーラスとルート系を記述してみよう．$\mathfrak{g}'$ の極大トーラスとしては
$$
\mathfrak{t}' = \mathrm{Ad}(c)^{-1}\mathfrak{t} = \{Y'(a_1, \ldots, a_n) \mid a_j \in \mathbb{R}\}
$$

が取れる．ただし，

$$Y'(a_1,\ldots,a_n) = \mathrm{Ad}(c)^{-1} Y(ia_1,\ldots,ia_n)$$

$$= \begin{pmatrix} 0 & & & & & & -a_1 \\ & \ddots & & & & & \\ & & & & & -a_n & \\ & & & 0 & & & \\ & & a_n & & & & \\ & \ddots & & & & & \\ a_1 & & & & & & 0 \end{pmatrix}$$

である．$\mathfrak{t}'$ 上の線形形式 $\varepsilon'_j : Y'(a_1,\ldots,a_n) \mapsto ia_j$ により，

$$\Delta(\mathfrak{g}'_\mathbb{C}, \mathfrak{t}') = \{\pm \varepsilon'_j \mid j = 1,\ldots,n\} \sqcup \{\pm \varepsilon'_j \pm \varepsilon'_k \mid j \neq k\}$$

であり，$\alpha' = \alpha \circ \mathrm{Ad}(c) \in \Delta(\mathfrak{g}'_\mathbb{C}, \mathfrak{t}')$ $(\alpha \in \Delta(\mathfrak{g}_\mathbb{C}, \mathfrak{t}))$ に対するルート空間は

$$\mathfrak{g}'_\mathbb{C}(\mathfrak{t}', \alpha') = \mathrm{Ad}(c)^{-1} \mathfrak{g}_\mathbb{C}(\mathfrak{t}, \alpha)$$

である．

$m = 5$ $(n = 2)$ のときにこれらのルート空間を計算してみると

$$\mathfrak{g}'_\mathbb{C}(\mathfrak{t}', \varepsilon'_1) = \mathbb{C}(E_{1,3} - E_{3,1} + iE_{3,5} - iE_{5,3}),$$

$$\mathfrak{g}'_\mathbb{C}(\mathfrak{t}', -\varepsilon'_1) = \mathbb{C}(E_{1,3} - E_{3,1} - iE_{3,5} + iE_{5,3}),$$

$$\mathfrak{g}'_\mathbb{C}(\mathfrak{t}', \varepsilon'_2) = \mathbb{C}(E_{2,3} - E_{3,2} + iE_{3,4} - iE_{4,3}),$$

$$\mathfrak{g}'_\mathbb{C}(\mathfrak{t}', -\varepsilon'_2) = \mathbb{C}(E_{2,3} - E_{3,2} - iE_{3,4} + iE_{4,3}),$$

$$\mathfrak{g}'_\mathbb{C}(\mathfrak{t}', \varepsilon'_1 - \varepsilon'_2) = \mathbb{C} \begin{pmatrix} 0 & 1 & 0 & i & 0 \\ -1 & 0 & 0 & 0 & i \\ 0 & 0 & 0 & 0 & 0 \\ -i & 0 & 0 & 0 & -1 \\ 0 & -i & 0 & 1 & 0 \end{pmatrix},$$

$$\mathfrak{g}'_{\mathbb{C}}(\mathfrak{t}', -\varepsilon'_1 + \varepsilon'_2) = \mathbb{C}\begin{pmatrix} 0 & 1 & 0 & -i & 0 \\ -1 & 0 & 0 & 0 & -i \\ 0 & 0 & 0 & 0 & 0 \\ i & 0 & 0 & 0 & -1 \\ 0 & i & 0 & 1 & 0 \end{pmatrix},$$

$$\mathfrak{g}'_{\mathbb{C}}(\mathfrak{t}', \varepsilon'_1 + \varepsilon'_2) = \mathbb{C}\begin{pmatrix} 0 & 1 & 0 & -i & 0 \\ -1 & 0 & 0 & 0 & i \\ 0 & 0 & 0 & 0 & 0 \\ i & 0 & 0 & 0 & 1 \\ 0 & -i & 0 & -1 & 0 \end{pmatrix},$$

$$\mathfrak{g}'_{\mathbb{C}}(\mathfrak{t}', -\varepsilon'_1 - \varepsilon'_2) = \mathbb{C}\begin{pmatrix} 0 & 1 & 0 & i & 0 \\ -1 & 0 & 0 & 0 & -i \\ 0 & 0 & 0 & 0 & 0 \\ -i & 0 & 0 & 0 & 1 \\ 0 & i & 0 & -1 & 0 \end{pmatrix}$$

となる．このように，対角型でない極大トーラスに対するルート空間は複雑な形になる．

$m = 2n$ のときは次のようになる．

$$Y(a_1, \ldots, a_n) = \mathrm{diag}(a_1, \ldots, a_n, -a_n, \ldots, -a_1)$$

とおくとき，$\mathfrak{g}$ の極大トーラスとして

$$\mathfrak{t} = \{Y(a_1, \ldots, a_n) \mid a_1, \ldots, a_n \in i\mathbb{R}\}$$

が取れる．$\mathfrak{t}$ 上の線形形式 ε_j を

$$\varepsilon_j : Y(a_1, \ldots, a_n) \mapsto a_j$$

で定める．このとき $\mathfrak{g}$ のルート系は

$$\Delta = \Delta(\mathfrak{g}_{\mathbb{C}}, \mathfrak{t}) = \{\pm\varepsilon_j \pm \varepsilon_k \mid j \neq k\}$$

(D_n 型，3.4 節参照) であり，それぞれのルート空間は

$$\mathfrak{g}_{\mathbb{C}}(\mathfrak{t}, \varepsilon_j - \varepsilon_k) = \mathbb{C}(E_{j,k} - E_{m+1-k, m+1-j})$$

$$\mathfrak{g}_{\mathbb{C}}(\mathfrak{t}, \varepsilon_j + \varepsilon_k) = \mathbb{C}(E_{j,m+1-k} - E_{k,m+1-j})$$

$$\mathfrak{g}_{\mathbb{C}}(\mathfrak{t}, -\varepsilon_j - \varepsilon_k) = \mathbb{C}(E_{m+1-j,k} - E_{m+1-k,j})$$

である. $\mathfrak{g}' = \mathfrak{o}(m) = \mathrm{Ad}(c)^{-1}\mathfrak{g}$ についても $m = 2n+1$ のときと同様である.

2.8 $\mathfrak{sp}(n)$ の極大トーラスとルート系

例 2.24 ([22] 第 4 章) コンパクトシンプレクティック群 $Sp(n) = Sp(n,\mathbb{C}) \cap U(2n)$ について調べよう. 極大トーラスとルート系をわかりやすくするために, 次の $c \in U(2n)$ による共役群 $G = cSp(n)c^{-1}$ を考える.

$$c = \begin{pmatrix} I_n & 0 \\ 0 & I'_n \end{pmatrix}$$

$Sp(n,\mathbb{C})$ を定義する交代行列 J_n の c-共役は

$$J'_n = cJ_nc^{-1} = \begin{pmatrix} 0 & -I'_n \\ I'_n & 0 \end{pmatrix}$$

であるので, $G_{\mathbb{C}} = \{g \in GL(2n,\mathbb{C}) \mid {}^tgJ'_ng = J'_n\}$ であり, そのリー環は

$$\mathfrak{g}_{\mathbb{C}} = \{X \in \mathfrak{gl}(2n,\mathbb{C}) \mid {}^tXJ'_n + J'_nX = 0\}$$

である.

$$Y(a_1,\ldots,a_n) = \mathrm{diag}(a_1,\ldots,a_n,-a_n,\ldots,-a_1)$$

とおくとき,

$$\mathfrak{t} = \{Y(a_1,\ldots,a_n) \mid a_1,\ldots,a_n \in i\mathbb{R}\}$$

は $\mathfrak{g}_{\mathbb{C}}$ のコンパクト実型 $\mathfrak{g} = \mathfrak{g}_{\mathbb{C}} \cap \mathfrak{u}(2n) \cong \mathfrak{sp}(n)$ の極大トーラスである. $\mathfrak{t}$ 上の線形形式 ε_j を

$$\varepsilon_j : Y(a_1,\ldots,a_n) \mapsto a_j$$

で定める. このとき $\mathfrak{g}$ のルート系は

$$\Delta = \Delta(\mathfrak{g}_{\mathbb{C}},\mathfrak{t}) = \{\pm\varepsilon_j \pm \varepsilon_k \mid j \neq k\} \sqcup \{\pm 2\varepsilon_j \mid j = 1,\ldots,n\}$$

(C_n 型, 3.4 節参照) であり, それぞれのルート空間は

$$\mathfrak{g}_{\mathbb{C}}(\mathfrak{t}, \varepsilon_j - \varepsilon_k) = \mathbb{C}(E_{j,k} - E_{2n+1-k, 2n+1-j})$$

$$\mathfrak{g}_{\mathbb{C}}(\mathfrak{t}, \varepsilon_j + \varepsilon_k) = \mathbb{C}(E_{j, 2n+1-k} + E_{k, 2n+1-j})$$

$$\mathfrak{g}_{\mathbb{C}}(\mathfrak{t}, -\varepsilon_j - \varepsilon_k) = \mathbb{C}(E_{2n+1-j, k} + E_{2n+1-k, j})$$

$$\mathfrak{g}_{\mathbb{C}}(\mathfrak{t}, 2\varepsilon_j) = \mathbb{C} E_{j, 2n+1-j}$$

$$\mathfrak{g}_{\mathbb{C}}(\mathfrak{t}, -2\varepsilon_j) = \mathbb{C} E_{2n+1-j, j}$$

である.

2.9 既約分解

$[X, Y]$ $(X, Y \in \mathfrak{g})$ の形の元の線形結合のなす $\mathfrak{g}$ の部分空間は $\mathfrak{g}$ のイデアルであるが,これを $[\mathfrak{g}, \mathfrak{g}]$ で表わし,$\mathfrak{g}$ の**導来イデアル** (derived ideal) という.

補題 2.25 $(\ ,\ )$ をリー環 $\mathfrak{g}$ 上の G-不変対称双線形形式とし,$\mathfrak{g}$ は 2 つのイデアル $\mathfrak{g}_1$, $\mathfrak{g}_2$ の直和であるとする.
(i) $\mathfrak{g}_2 = [\mathfrak{g}_2, \mathfrak{g}_2] \Longrightarrow (\mathfrak{g}_1, \mathfrak{g}_2) = \{0\}$
(ii) $\mathfrak{g} = [\mathfrak{g}, \mathfrak{g}] \Longrightarrow (\mathfrak{g}_1, \mathfrak{g}_2) = \{0\}$

証明 (i) 任意の $X \in \mathfrak{g}_1$, $Y_1, Y_2 \in \mathfrak{g}_2$ に対し,

$$(X, [Y_1, Y_2]) = ([X, Y_1], Y_2) = (0, Y_2) = 0$$

であり,任意の $\mathfrak{g}_2$ の元は $[Y_1, Y_2]$ $(Y_1, Y_2 \in \mathfrak{g}_2)$ の形の元の線形結合であるから示された.

(ii) $\mathfrak{g} = [\mathfrak{g}, \mathfrak{g}] = [\mathfrak{g}_1, \mathfrak{g}_1] \oplus [\mathfrak{g}_2, \mathfrak{g}_2]$ であるから,

$$\mathfrak{g}_1 = [\mathfrak{g}_1, \mathfrak{g}_1], \quad \mathfrak{g}_2 = [\mathfrak{g}_2, \mathfrak{g}_2]$$

が成り立つ.よって,(i) が適用できる. □

命題 2.26 $(\ ,\ )$ に関する直交直和分解 $\mathfrak{g} = \mathfrak{z} \oplus [\mathfrak{g}, \mathfrak{g}]$ が成り立つ.

証明 $Z \in \mathfrak{z}$ のとき,任意の $X, Y \in \mathfrak{g}$ に対し,

$$(Z, [X, Y]) = ([Z, X], Y) = (0, Y) = 0$$

であるから，$\mathfrak{z}$ は $[\mathfrak{g},\mathfrak{g}]$ と直交する．

逆に Z を $[\mathfrak{g},\mathfrak{g}]$ の直交補空間の元とすると，任意の $X,Y \in \mathfrak{g}$ に対し，

$$([Z,X],Y) = (Z,[X,Y]) = 0$$

であるので，$Z \in \mathfrak{z}$ である． □

以下，$\mathfrak{z} = \{0\}$ を仮定する．すなわち $\mathfrak{g} = [\mathfrak{g},\mathfrak{g}]$ とする．

補題 2.27 （ⅰ）$i\mathfrak{t}$ は $\{Y_\alpha \mid \alpha \in \Delta\}$ によって実ベクトル空間として生成される．
（ⅱ）$\mathfrak{t}_\mathbb{C}$ は $\{Y_\alpha \mid \alpha \in \Delta\}$ によって複素ベクトル空間として生成される．

証明 （ⅰ）$i\mathfrak{t}$ が $\{Y_\alpha \mid \alpha \in \Delta\}$ によって生成されないとすると，0 でない $Z \in \mathfrak{t}$ があって

$$(Z, Y_\alpha) = 0 \quad \text{for all } \alpha \in \Delta$$

が成り立つ．命題 2.10（ⅱ）により，これは

$$\alpha(Z) = 0 \quad \text{for all } \alpha \in \Delta$$

を意味する．従って，$Z \in \mathfrak{z}$ となり，$\mathfrak{z} = \{0\}$ の仮定に反する．

（ⅱ）は（ⅰ）から従う． □

$\mathfrak{g}$ が

$$\mathfrak{g} = \mathfrak{g}_1 \oplus \mathfrak{g}_2$$

と直和分解されるとし，$\pi_1 : \mathfrak{g} \to \mathfrak{g}_1$ と $\pi_2 : \mathfrak{g} \to \mathfrak{g}_2$ を直和成分への射影とするとき，$\mathfrak{g}$ の極大トーラス $\mathfrak{t}$ とルート系 $\Delta = \Delta(\mathfrak{g}_\mathbb{C}, \mathfrak{t})$ について次が成り立つ．

命題 2.28 （ⅰ）$\mathfrak{t} = \pi_1(\mathfrak{t}) \oplus \pi_2(\mathfrak{t}) = (\mathfrak{t} \cap \mathfrak{g}_1) \oplus (\mathfrak{t} \cap \mathfrak{g}_2)$
（ⅱ）$\mathfrak{t}_1 = \mathfrak{t} \cap \mathfrak{g}_1$，$\mathfrak{t}_2 = \mathfrak{t} \cap \mathfrak{g}_2$ とおく．ルート系 $\Delta = \Delta(\mathfrak{g}_\mathbb{C}, \mathfrak{t})$ について

$$\Delta_1 = \{\alpha \in \Delta \mid \alpha|_{\mathfrak{t}_2} = 0\}, \quad \Delta_2 = \{\alpha \in \Delta \mid \alpha|_{\mathfrak{t}_1} = 0\} \tag{2.9}$$

とおくとき，集合としての直和分解

$$\Delta = \Delta_1 \sqcup \Delta_2$$

が成り立つ．

証明 （ⅰ）π_1, π_2 は準同型であるから，$\pi_1(\mathfrak{t}), \pi_2(\mathfrak{t})$ はともに可換であり，$\pi_1(\mathfrak{t}) \oplus \pi_2(\mathfrak{t})$ も可換である．

$$\mathfrak{t} \subset \pi_1(\mathfrak{t}) \oplus \pi_2(\mathfrak{t})$$

であるので，$\mathfrak{t}$ の極大可換性により，最初の等式が成り立つ．これにより，2 番目の等式も明らか．

（ⅱ）$(\mathfrak{g}_1)_\mathbb{C}, (\mathfrak{g}_2)_\mathbb{C}$ のルート空間分解により，

$$(\mathfrak{g}_1)_\mathbb{C} = (\mathfrak{t}_1)_\mathbb{C} \oplus (\bigoplus_{\alpha \in \Delta_1} \mathfrak{g}_\mathbb{C}(\mathfrak{t}, \alpha)), \qquad (\mathfrak{g}_2)_\mathbb{C} = (\mathfrak{t}_2)_\mathbb{C} \oplus (\bigoplus_{\alpha \in \Delta_2} \mathfrak{g}_\mathbb{C}(\mathfrak{t}, \alpha))$$

が成り立つ．よって

$$\mathfrak{g}_\mathbb{C} = (\mathfrak{g}_1)_\mathbb{C} \oplus (\mathfrak{g}_2)_\mathbb{C} = \mathfrak{t}_\mathbb{C} \oplus (\bigoplus_{\alpha \in \Delta_1 \sqcup \Delta_2} \mathfrak{g}_\mathbb{C}(\mathfrak{t}, \alpha))$$

となり，集合としての直和分解

$$\Delta = \Delta_1 \sqcup \Delta_2$$

が成り立つ． □

定義 2.29 $\mathfrak{t}$ の直和分解 $\mathfrak{t} = \mathfrak{t}_1 \oplus \mathfrak{t}_2$ に対し，Δ_1, Δ_2 を (2.9) によって定義する．このとき，

$$\Delta = \Delta_1 \sqcup \Delta_2$$

が成り立つならば，Δ は Δ_1 と Δ_2 の**直和**であるという．

命題 2.30 Δ が Δ_1 と Δ_2 の直和であるとする．

$$(\mathfrak{g}_j)_\mathbb{C} = (\mathfrak{t}_j)_\mathbb{C} \oplus \bigoplus_{\alpha \in \Delta_j} \mathfrak{g}_\mathbb{C}(\mathfrak{t}, \alpha)$$

for $j = 1, 2$ とおくとき，リー環の直和分解

$$\mathfrak{g}_\mathbb{C} = (\mathfrak{g}_1)_\mathbb{C} \oplus (\mathfrak{g}_2)_\mathbb{C}$$

が成り立つ．さらに，$\mathfrak{g}_j = (\mathfrak{g}_j)_\mathbb{C} \cap \mathfrak{g}$ $(j = 1, 2)$ とおけば，$\mathfrak{g}$ の直和分解

$$\mathfrak{g} = \mathfrak{g}_1 \oplus \mathfrak{g}_2$$

が成り立つ．$(\mathfrak{g} = [\mathfrak{g}, \mathfrak{g}]$ であるから，補題 2.25 により，この分解は内積 $(\ ,\ )$ に関する直交分解である．)

証明 補題 2.27 (ii) により，$(\mathfrak{t}_j)_\mathbb{C}$ は $\{Y_\alpha = [\tau(X_\alpha), X_\alpha] \mid \alpha \in \Delta_j\}$ で生成されるので，$(\mathfrak{g}_j)_\mathbb{C}$ は $\{\mathfrak{g}_\mathbb{C}(\mathfrak{t}, \alpha) \mid \alpha \in \Delta_j\}$ によって，複素リー環として生成される $(j = 1, 2)$．一方，$\alpha \in \Delta_1$，$\beta \in \Delta_2$ のとき $\alpha + \beta \notin \Delta$ であるから

$$[\mathfrak{g}_\mathbb{C}(\mathfrak{t}, \alpha), \mathfrak{g}_\mathbb{C}(\mathfrak{t}, \beta)] = \{0\}$$

である．よって，$[(\mathfrak{g}_1)_\mathbb{C}, (\mathfrak{g}_2)_\mathbb{C}] = \{0\}$ であるので，

$$\mathfrak{g}_\mathbb{C} = (\mathfrak{g}_1)_\mathbb{C} \oplus (\mathfrak{g}_2)_\mathbb{C}$$

はリー環としての直和分解である．$\mathfrak{g}$ に制限すれば $\mathfrak{g}$ の直和分解となる． □

命題 2.31 $\mathfrak{g}$ が単純であることと $\mathfrak{g}_\mathbb{C}$ が単純であることは同値である．

証明 $\mathfrak{z} = \{0\}$ を仮定しているので，単純性と既約性は同等である．$\mathfrak{g}$ が単純でないとすると，自明でないイデアル $\mathfrak{h}$ を持つので，$\mathfrak{h}_\mathbb{C}$ は $\mathfrak{g}_\mathbb{C}$ の自明でないイデアルとなり，$\mathfrak{g}_\mathbb{C}$ は単純ではない．

逆に $\mathfrak{g}$ は単純とする．$\mathfrak{h}$ を $\mathfrak{g}_\mathbb{C}$ の任意の既約イデアルとするとき，$\mathfrak{h} = \mathfrak{g}_\mathbb{C}$ を示せばよい．

$\tau(\mathfrak{h}) = \mathfrak{h}$ ならば，$\mathfrak{h} \cap \mathfrak{g}$ は $\mathfrak{g}$ の $\{0\}$ でないイデアルであるので，$\mathfrak{g}$ に一致する．よって $\mathfrak{h} = \mathfrak{g}_\mathbb{C}$ である．

$\tau(\mathfrak{h}) \neq \mathfrak{h}$ とすると，$\mathfrak{h} \cap \tau(\mathfrak{h}) = \{0\}$ であり，$(\mathfrak{h} \oplus \tau(\mathfrak{h})) \cap \mathfrak{g}$ は $\mathfrak{g}$ の $\{0\}$ でないイデアルであるので，$\mathfrak{g}$ に一致する．よって

$$\mathfrak{g}_\mathbb{C} = \mathfrak{h} \oplus \tau(\mathfrak{h})$$

であり，補題 2.25 により，

$$(\mathfrak{h}, \tau(\mathfrak{h})) = \{0\}$$

である．しかるに，$(\ ,\ )$ は $\mathfrak{g}$ 上で正定値であるので，任意の 0 でない $X \in \mathfrak{g}_\mathbb{C}$ に対し

$$(X, \tau(X)) > 0$$

となり，矛盾する． □

ルート系 Δ が 2 つのルート系の直和で表わせないとき，**既約** (irreducible) であるという．命題 2.28，命題 2.30 および命題 2.31 により，容易に次が成り立つ．

系 2.32 $\mathrm{Ad}(G)$ がコンパクトで $\mathfrak{z} = \{0\}$ のとき,次の 3 条件は同値である.
(i) $\mathfrak{g}$ は単純である.
(ii) $\mathfrak{g}_{\mathbb{C}}$ は単純である.
(iii) Δ は既約である.

明らかにルート系 Δ は有限個の既約なルート系の直和

$$\Delta = \Delta_1 \sqcup \cdots \sqcup \Delta_m$$

として一意的に表わせる.対応する $\mathfrak{t}$ の直和分解を $\mathfrak{t} = \mathfrak{t}_1 \oplus \cdots \oplus \mathfrak{t}_m$ とし,これに応じて $(\mathfrak{g}_j)_{\mathbb{C}} = (\mathfrak{t}_j)_{\mathbb{C}} \oplus \bigoplus_{\alpha \in \Delta_j} \mathfrak{g}_{\mathbb{C}}(\mathfrak{t}, \alpha)$, $\mathfrak{g}_j = \mathfrak{g} \cap (\mathfrak{g}_j)_{\mathbb{C}}$ for $j = 1, \ldots, m$ とおくとき,命題 2.30 および命題 2.31 により,リー環 $\mathfrak{g}_{\mathbb{C}}$ および $\mathfrak{g}$ の単純リー環への直和分解

$$\mathfrak{g}_{\mathbb{C}} = (\mathfrak{g}_1)_{\mathbb{C}} \oplus \cdots \oplus (\mathfrak{g}_m)_{\mathbb{C}}, \quad \mathfrak{g} = \mathfrak{g}_1 \oplus \cdots \oplus \mathfrak{g}_m$$

が示され,これらが内積 (,) に関する直交分解であることもわかる.したがって $\mathfrak{g}_{\mathbb{C}}$, $\mathfrak{g}$ は半単純である.

以上により,次が成り立つ.

定理 2.33 $\mathrm{Ad}(G)$ がコンパクトなリー群 G について,
(i) $\mathfrak{g}$ はその中心 $\mathfrak{z}$ および有限個の単純リー環 $\mathfrak{g}_j$ $(j=1,\ldots,m)$ の直和として一意的に表わされ,これは内積 (,) に関する直交分解にもなっている.
(ii) $\mathfrak{g}$ の導来イデアルは $[\mathfrak{g}, \mathfrak{g}] = \mathfrak{g}_1 \oplus \cdots \oplus \mathfrak{g}_m$ である.(したがって $[\mathfrak{g}, \mathfrak{g}]$ は $\mathfrak{g}$ の**半単純部分** (semisimple part) と呼ばれる.)
(iii) さらに,G が単連結のとき,$\mathfrak{z}$ と同相な Z_0 および $\mathfrak{g}_j$ をリー環に持つ単連結リー群 G_j $(j=1,\ldots,m)$ によって,

$$G = Z_0 \times G_1 \times \cdots \times G_m \quad (\text{直積群})$$

と表わせる[4].

---

[4] 第 4 節の系 4.7 で $\mathfrak{g}$ が半単純のとき G はコンパクトであることが示される.したがって,$G_1, \ldots, G_m$ はコンパクトである.$\mathfrak{g}$ をリー環として持つ連結単連結リー群 G がコンパクトのとき,$\mathfrak{g}$ を**コンパクトリー環** (compact Lie algebra) と呼ぶ.ベクトル空間がコンパクトであるわけではないので,正しくない言葉の使い方であるが慣用に従おう.定理 2.33 (iii) と系 4.7 により,連結単連結コンパクトリー群は半単純であり,コンパクトリー環は半単純である.

2.10　$i\mathfrak{t}^*$ 上の内積

2.2 節で定義したように，ワイル群 W は $i\mathfrak{t}^*$ に作用し，任意の $w \in W$ に対し
$$w\Delta = \Delta$$
であった．$i\mathfrak{t}^*$ 上の正定値内積 $(\ ,\ )$ を W の作用によって不変になるように取る．（適当な正定値内積 $(\ ,\ )_0$ を取り，これを有限群 W の作用によって平均化すればよい．）

注意 2.8　$\mathfrak{g}$ 上の $\mathrm{Ad}(G)$-不変正定値内積 $(\ ,\ )$ を $\mathfrak{t}$ に制限したものによって，$\mathfrak{t}$ と $\mathfrak{t}^*$ を自然に同一視することができるので，$\mathfrak{t}^*$ 上の正定値内積が定義できる．これを複素線形に拡張すると，$i\mathfrak{t}^*$ 上負定値になってしまうが，内積の符合は本質的ではないので，変えてもよい．このようにしても，上記の W-不変内積は得られる．

鏡映 $w_\alpha \in W$ の $i\mathfrak{t}^*$ への作用は α を $-\alpha$ に移し，α に垂直な超平面上の点を固定するから，
$$w_\alpha(\beta) = \beta - \frac{2(\beta, \alpha)}{(\alpha, \alpha)}\alpha \quad \text{for } \beta \in i\mathfrak{t}^*$$
で与えられる．(2.8) と比較して
$$\beta(Y_\alpha) = \frac{2(\beta, \alpha)}{(\alpha, \alpha)}$$
が成り立つ．さらに命題 2.11 (ⅱ) により，$\alpha, \beta \in \Delta$ のとき
$$\frac{2(\beta, \alpha)}{(\alpha, \alpha)} \in \mathbb{Z}$$
が成り立つ．

第3章

鏡映群とルート系

3.1 鏡映群

n 次元ユークリッド空間 E の超平面の族 $\mathcal{H}$ があって,

$$\text{任意の } H \in \mathcal{H} \text{ に関する鏡映 } w_H \text{ が } \mathcal{H} \text{ を保つ} \tag{3.1}$$

とき, $\{w_H \mid H \in \mathcal{H}\}$ で生成される E の合同変換群の部分群 R は**鏡映群** (reflection group) と呼ばれる. さらに次の条件

$$\begin{aligned}&\text{任意の } E \text{ のコンパクト部分集合 } C \text{ に対し,}\\ &C \text{ と交わる } H \in \mathcal{H} \text{ は有限個である.}\end{aligned} \tag{3.2}$$

を仮定する. (3.2) により, $E - \bigcup_{H \in \mathcal{H}} H$ は開集合であるが, その各連結成分は凸集合であり, **ワイル領域** (Weyl chamber) あるいは**胞** (cell) と呼ばれる. ワイル領域全体の集合を $\mathcal{W}$ で表わそう. 容易に R は $\mathcal{W}$ に推移的に作用することがわかる. ワイル領域 E_0 に対し, その閉包 E_0^{cl} と $n-1$ 次元の交わりを持つ $H \in \mathcal{H}$ の集合を $\mathcal{H}_{\partial E_0}$ で表わす. 以下, $E_0 \in \mathcal{W}$ を1つ固定し

$$S = \{w_H \mid H \in \mathcal{H}_{\partial E_0}\}$$

とおく. S の元は (E_0 に関する) **単純鏡映** (simple reflection) と呼ばれる.

例 3.1 (A_2 型鏡映群) 図 3.1 のように $E = \mathbb{R}^2$ 上に 3 本の直線 H, K, L を取ると,

$$w_H K = L, \quad w_H L = K, \quad w_K H = L,$$
$$w_K L = H, \quad w_L H = K, \quad w_L K = H$$

であるので (3.1) は満たされる. $\mathcal{H} = \{H, K, L\}$ は有限集合であるので (3.2) は

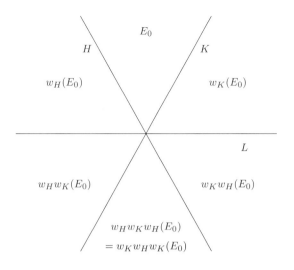

図 **3.1** A_2 型鏡映群

自明である．ワイル領域 E_0 に対し，$\mathcal{H}_{\partial E_0} = \{H, K\}$ であるから

$$S = \{w_H, w_K\}$$

である．

例 3.2 ($\widetilde{A_2}$ 型鏡映群) 図 3.1 の H, K, L にそれらを等間隔に平行移動したものを付け加えると図 3.2 のようになる．これらの直線の集合 $\mathcal{H}$ についても (3.1) は成り立つ．$\mathcal{H}$ は無限集合であるが，(3.2) は成り立つ．ワイル領域 E_0 に対し，$\mathcal{H}_{\partial E_0} = \{H, K, L'\}$ であるから

$$S = \{w_H, w_K, w_{L'}\}$$

である．

次の定理は初等的である (Humphreys [16]，松木 [22] 等参照)．

定理 3.3 (ⅰ) R は S で生成される．
(ⅱ) 任意の $w \in R$ に対し，$w = s_1 s_2 \cdots s_\ell$ $(s_1, \ldots, s_\ell \in S)$ を最短表示とする

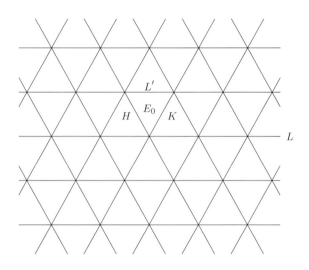

図 3.2 $\widetilde{A_2}$ 型鏡映群

とき,$\mathcal{H}$ の部分集合

$$\mathcal{H}_w = \{H_1, s_1(H_2), s_1 s_2(H_3), \ldots, s_1 \cdots s_{\ell-1}(H_\ell)\}$$

(ただし,$s_i = w_{H_i}$ とする) の元はすべて互いに異なり,$\mathcal{H}_w$ は E_0 と $w(E_0)$ を分離する $\mathcal{H}$ の超平面全体の族と一致する.

(iii) (ii) において,さらに $x \in E_0^{cl} \cap w(E_0)^{cl}$ のとき $s_i(x) = x$ for $i = 1, \ldots, \ell$ である.(特に,$w(x) = x$)

証明 (i) E_0' を任意のワイル領域とする.このとき,ワイル領域の列 $E_1, \ldots, E_\ell = E_0'$ と $\mathcal{H}$ の超平面の列 $H_1', \ldots, H_\ell'$ を

$$H_i' \in \mathcal{H}_{\partial E_{i-1}} \cap \mathcal{H}_{\partial E_i} \text{ かつ } E_i = w_{H_i'}(E_{i-1}) \quad \text{for } i = 1, \ldots, \ell \quad (3.3)$$

となるように取ることができる.R_S を $S = \{w_H \mid H \in \mathcal{H}_{\partial E_0}\}$ で生成される R の部分群とする.$E_{i-1} = w(E_0)$ for some $w \in R_S$ とすると,$w_{H_i'} \in wSw^{-1} \subset R_S$ であるので,$E_i = w_{H_i'} w(E_0) \in R_S(E_0)$ である.よって,帰納的に $E_0' \in R_S(E_0)$ が示された.

任意の $H \in \mathcal{H}$ に対し，$H \in \mathcal{H}_{\partial E_0'}$ となるワイル領域 E_0' が存在するので，$E_0' = w(E_0)$, $w \in R_S$ とおけば，$w_H \in wSw^{-1} \subset R_S$ である．よって $R = R_S$ が示された．

(ⅱ) $w = s_1 \cdots s_\ell$ を $w \in R$ の S の元による最短表示とする．

$$E_i = s_1 \cdots s_i(E_0), \quad s_i = w_{H_i} \ (H_i \in \mathcal{H}_{\partial E_0}), \quad H_i' = s_1 \cdots s_{i-1}(H_i)$$

とおけば，$E_1, \ldots, E_\ell$ および $H_1', \ldots, H_\ell'$ は (3.3) の条件を満たす．$H_p' = H_q'$, $p < q$ とすると，

$$s_1 \cdots s_{p-1} s_p (s_1 \cdots s_{p-1})^{-1} = s_1 \cdots s_{q-1} s_q (s_1 \cdots s_{q-1})^{-1}$$

であるから

$$s_p = s_p \cdots s_{q-1} s_q (s_p \cdots s_{q-1})^{-1}$$

したがって

$$s_p \cdots s_q = s_{p+1} \cdots s_{q-1}$$

となって，$w = s_1 \cdots s_\ell$ が最短表示であることに矛盾する．よって $H_1', \ldots, H_\ell'$ は相異なる．(3.3) により，明らかに $H_1', \ldots, H_\ell'$ に関して E_0 と E_ℓ は反対側にあり，その他の $H \in \mathcal{H}$ に関しては $E_0, \ldots, E_\ell$ はすべて同じ側にある．(図 3.3 のようになる．)

(ⅲ) (ⅱ) により，$H_1', \ldots, H_\ell'$ に関して E_0 と $w(E_0)$ が反対側にあるから，$x \in H_i'$ である．$w_{H_i'} = s_1 \cdots s_{i-1} s_i (s_1 \cdots s_{i-1})^{-1}$ であるから，帰納的に $s_i(x) = x$ for all $i = 1, \ldots, \ell$ が示せる． □

系 3.4 (ⅰ) $w(E_0) = E_0$ ならば，$w = e$ である．(したがって，R は $\mathcal{W}$ に単純推移的に作用する．)

(ⅱ) E 上の任意の R-軌道は E_0^{cl} と 1 点で交わる．

証明 (ⅰ) $w(E_0) = E_0$ とすると，定理 3.3 (ⅱ) により w の最短表示の長さは 0 であるので $w = e$ である．

(ⅱ) R は $\mathcal{W}$ に推移的に作用するので，任意の R-軌道は E_0^{cl} と交わる．$x, w(x) \in E_0^{cl}$ とすると，$x \in E_0^{cl} \cap w^{-1}(E_0)^{cl}$ であるので，定理 3.3 (ⅲ) により $w^{-1}(x) = x$ よって $w(x) = x$ である． □

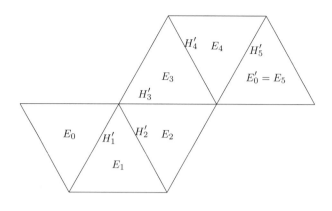

図 3.3　最短表示の例

3.2　ルート系の公理

正定値内積 $(\ ,\ )$ の与えられた実ベクトル空間 E の 0 以外の元 α に対して鏡映 $w_\alpha : E \to E$ を

$$w_\alpha(\beta) = \beta - \frac{2(\beta, \alpha)}{(\alpha, \alpha)}\alpha \quad \text{for } \beta \in E$$

で定義する．E の 0 以外の元からなる有限部分集合 Δ に対する次の 2 条件を**ルート系の公理**と呼び，Δ がこの 2 条件を満たすとき，抽象的な意味での**ルート系**という．

(ⅰ) 任意の $\alpha \in \Delta$ に対し，$w_\alpha \Delta = \Delta$

(ⅱ) 任意の $\alpha, \beta \in \Delta$ に対し，$\dfrac{2(\beta, \alpha)}{(\alpha, \alpha)} \in \mathbb{Z}$

Δ が，さらに次の条件

(ⅲ) $\alpha, k\alpha \in \Delta \Longrightarrow k = \pm 1$

を満たすとき，Δ は**被約** (reduced) であるという．また，$\{w_\alpha \mid \alpha \in \Delta\}$ で生成される E の合同変換群 $W(\Delta)$ をルート系 Δ の**ワイル群**という (2.6 節参照).

前節までで調べたことにより，$\mathrm{Ad}(G)$ がコンパクトなリー群 G のリー環 $\mathfrak{g}$ の極大トーラス $\mathfrak{t}$ に関して定義されたルート系 $\Delta = \Delta(\mathfrak{g}_\mathbb{C}, \mathfrak{t}) \subset i\mathfrak{t}^*$ は被約ルート系の公理を満たす．さらに $\mathfrak{g}$ (あるいは $\mathfrak{g}_\mathbb{C}$) が半単純であるための必要十分条件は

$$it^* \text{ が } \Delta \text{ を含む最小のベクトル空間である}$$

ことである.

また, $\Delta^\vee = \{Y_\alpha \mid \alpha \in \Delta\} \subset it$ も, 命題 2.10 (ⅴ) および注意 2.6 により被約ルート系の公理を満たすことがわかる. これを Δ に対する**コルート系** (coroot system) という.

2 つのルート系が原点を保つ相似変換で移り合うとき, 同型であるという.

3.3　正のルート系, ルートの基本系, ディンキン図形

この節では $E = V^*$ が Δ を含む最小のベクトル空間であると仮定する. E の双対空間 V ($E = it^*$ のとき, $V = it$) にもワイル群 $W(\Delta)$ が作用するので, ワイル領域が定義される. V のワイル領域 V_0 の 1 つの元 Y_0 に対して, Δ の部分集合

$$\Delta^+ = \{\alpha \in \Delta \mid \alpha(Y_0) > 0\}$$

が定義される. この集合は $Y_0 \in V_0$ の取り方によらず, V_0 によって一意的に定まる. これを V_0 に関する Δ の**正のルート系** (positive root system) という. $\Delta^- = \{-\alpha \mid \alpha \in \Delta^+\}$ とおくとき

$$\Delta = \Delta^+ \sqcup \Delta^-$$

である.

条件

$$\{Y \in V \mid \alpha(Y) > 0 \text{ for all } \alpha \in \Psi\} = V_0$$

を満たす最小の Δ^+ の部分集合 Ψ が一意的に定まる[1]. これはワイル領域 V_0 の壁を定義する正のルートの集合に他ならない. Ψ のルートは Δ^+ の**単純ルート** (simple root) と呼ばれる. 次の命題は初等的に示される ([22] 命題 5.9 等参照) ので, 本書では証明を略す.

命題 3.5　(ⅰ) $\alpha, \beta \in \Psi, \alpha \neq \beta \Longrightarrow (\alpha, \beta) \leq 0$
(ⅱ) Ψ は 1 次独立である.

---

[1] 被約でないルート系については $\alpha, 2\alpha \in \Psi$ となりうる場合がある. このときは, 通常 $\alpha \in \Psi$ とし, 2α は Ψ に含めない.

(iii) Δ が被約のとき，任意の $\beta \in \Delta$ はある $w \in W$ と $\alpha \in \Psi$ によって $\beta = w\alpha$ と表わせる．

(iv) 任意の $\beta \in \Delta^+$ は
$$\beta = \sum_{\alpha \in \Psi} n_\alpha \alpha \quad (n_\alpha \in \{0, 1, 2, \ldots\})$$
と Ψ の非負整数係数 1 次結合として一意的に書ける．

V の別のワイル領域 V_0' を取るとき，$V_0' = wV_0$ となる $w \in W(\Delta)$ が一意的に存在するので，V_0' に対して決まる正のルート系およびその単純ルートの集合はそれぞれ $w\Delta^+$ および $w\Psi$ である．$w: E \to E$ は内積を保つ変換なので，単純ルートの長さやそれらのなす角[2])はワイル領域の取り方に依存しない．このように集合 Ψ はルート系 Δ によって本質的に定まるので，Ψ は Δ の 1 つの**基本系** (fundamental system) と呼ばれる．逆に，2 つのルート系 Δ_1, Δ_2 の基本系 Ψ_1, Ψ_2 が原点を保つ相似変換 ι によって

$$\iota(\Psi_1) = \Psi_2$$

と移りあえば，命題 3.5 (iii) により

$$\iota(\Delta_1) = \Delta_2$$

である．したがって，ルート系を分類するためにはその基本系を分類すればよい．

命題 3.6 $\alpha, \beta \in \Psi$, $\alpha \neq \beta$, $|\alpha| \geq |\beta|$ のとき，α と β のなす角 θ ($0° \leq \theta \leq 180°$) について，次の (a), (b), (c), (d) のいずれかが成り立つ．

(a) $\theta = 90°$
(b) $\theta = 120°$ かつ $|\alpha| = |\beta|$
(c) $\theta = 135°$ かつ $|\alpha| = \sqrt{2}|\beta|$
(d) $\theta = 150°$ かつ $|\alpha| = \sqrt{3}|\beta|$

証明 命題 3.5 (i) により $(\alpha, \beta) \leq 0$ であるが，ルート系の公理 (ii) により

$$A = \frac{2(\alpha, \beta)}{(\alpha, \alpha)}, \qquad B = \frac{2(\alpha, \beta)}{(\beta, \beta)}$$

[2)] $\alpha, \beta \in E$ に対し，α の長さは $|\alpha| = \sqrt{(\alpha, \alpha)}$．$\alpha$ と β のなす角 θ ($0 \leq \theta \leq \pi$) は $\cos\theta = (\alpha, \beta)/|\alpha||\beta|$ で定義される．

がともに整数であるので

$$4\cos^2\theta = \frac{4(\alpha,\beta)^2}{(\alpha,\alpha)(\beta,\beta)} = AB$$

も整数である．（条件 $|\alpha| \geq |\beta|$ により $|A| \leq |B|$ である．）よって $\cos\theta$ の値は

$$0, \quad -\frac{1}{2}, \quad -\frac{1}{\sqrt{2}}, \quad -\frac{\sqrt{3}}{2}$$

のいずれかであり（$\cos\theta = -1$ のときは α と β は 1 次従属になり，命題 3.5 (ⅱ) に反する．），θ は

$$90°, \quad 120°, \quad 135°, \quad 150°$$

のいずれかである．

$\cos\theta = -1/2$ のとき，$AB = 1$ であるから $A = B = -1$ であり，よって

$$(\alpha,\alpha) = (\beta,\beta)$$

となるので $|\alpha| = |\beta|$ である．

$\cos\theta = -1/\sqrt{2}$ のとき，$AB = 2$ であるから $A = -1$, $B = -2$ なので

$$(\alpha,\alpha) = 2(\beta,\beta)$$

となり $|\alpha| = \sqrt{2}|\beta|$.

$\cos\theta = -\sqrt{3}/2$ のとき，$AB = 3$ であるから $A = -1$, $B = -3$ なので

$$(\alpha,\alpha) = 3(\beta,\beta)$$

となり $|\alpha| = \sqrt{3}|\beta|$. □

ルート系 Δ の基本系 Ψ に対して，**ディンキン図形** (Dynkin diagram) と呼ばれる次のような図式が描ける．Ψ の各元に対し 1 つずつ白丸を描き，2 つの $\alpha, \beta \in \Psi$ に対し，α と β のなす角を θ とする．

(b) $\theta = 120°$ のときは対応する白丸を（一重）線で結ぶ．

(c) $\theta = 135°$ のときは対応する白丸を二重線で結び，ルートの長さの長い方から短い方に向けて矢印をつける．

(d) $\theta = 150°$ のときは対応する白丸を三重線で結び，ルートの長さの長い方から短い方に向けて矢印をつける．

(a) $\theta = 90°$ のときは対応する白丸は線で結ばない．

2.9 節に書いたようにして，ルート系の直和分解および既約性が定義できる．

命題 3.7 Δ が既約であるための必要十分条件は Δ のディンキン図形が連結なグラフであることである.

証明 Δ が既約でないとすると,定義により E の直和分解

$$E = E_1 \oplus E_2$$

が存在して,$\Delta_j = \Delta \cap E_j$ $(j=1,2)$ とおくとき

$$\Delta = \Delta_1 \sqcup \Delta_2 \tag{3.4}$$

が成り立つ.$\alpha \in \Delta_1, \beta \in \Delta_2$ に対して $(\alpha, \beta) \neq 0$ とすると,

$$w_\alpha(\beta) = \beta - \frac{(\beta, \alpha)}{(\alpha, \alpha)}\alpha \in \Delta$$

は E_1 にも E_2 にも含まれないので (3.4) に矛盾する.よって α と β は直交する.よって

$$\Psi = (\Psi \cap \Delta_1) \sqcup (\Psi \cap \Delta_2)$$

は直交分解であるので,対応するディンキン図形は連結ではない.

逆に,Ψ の直交分解

$$\Psi = \Psi_1 \sqcup \Psi_2$$

が与えられたとき,$j = 1, 2$ に対し Ψ_j で張られる E の部分空間を E_j とおくとき

$$E = E_1 \oplus E_2$$

は直交分解である.定理 3.3 (ⅰ) により,$W(\Delta)$ は $\{w_\alpha \mid \alpha \in \Psi\}$ で生成されるので,$W(\Delta)$ は E_1 および E_2 を不変にする.よって $\Delta_1 = W(\Delta)\Psi_1$ と $\Delta_2 = W(\Delta)\Psi_2$ はそれぞれ E_1 および E_2 に含まれ,命題 3.5 (ⅲ) により $\Delta = W(\Delta)\Psi$ であるので

$$\Delta = \Delta_1 \sqcup \Delta_2$$

が成り立つ. □

3.4 ルート系の分類

次の分類定理の証明は多くの本に書かれている (Jacobson [17], 松木 [22], 谷崎 [32] 等).

定理 3.8 既約な被約ルート系の同型類は，古典型と呼ばれる A_n ($n \geq 1$), B_n ($n \geq 2$), C_n ($n \geq 2$), D_n ($n \geq 3$) 型のものと，例外型と呼ばれる E_6, E_7, E_8, F_4, G_2 型のもので尽くされる．これらのルート系のディンキン図形は図 3.4 で与えられる．

注意 3.1 図からわかるように，これらのルート系の間には次の同型がある．
$$B_2 \cong C_2, \quad A_3 \cong D_3$$
この 2 組以外には同型関係はない．

各ルート系は次のように具体的に記述できる．以下，$\varepsilon_1, \ldots, \varepsilon_n$ は $\mathbb{R}^n$ の標準基底
$$\varepsilon_1 = \begin{pmatrix} 1 \\ 0 \\ \vdots \\ 0 \end{pmatrix}, \quad \cdots, \quad \varepsilon_n = \begin{pmatrix} 0 \\ \vdots \\ 0 \\ 1 \end{pmatrix}$$
とし，$\mathbb{R}^n$ の内積は標準的なもの
$$(x, y) = x_1 y_1 + \cdots + x_n y_n$$
($x = x_1 \varepsilon_1 + \cdots + x_n \varepsilon_n$, $y = y_1 \varepsilon_1 + \cdots + y_n \varepsilon_n$) とする．内積によって，$V$ とその双対空間 V^* を同一視する．

A_n 型：$\mathbb{R}^{n+1}$ の n 次元部分空間 $V : x_1 + \cdots + x_{n+1} = 0$ の部分集合
$$\Delta = \{\varepsilon_j - \varepsilon_k \mid j, k = 1, \ldots, n+1, \ j \neq k\} \quad (|\Delta| = n(n+1))$$
V のワイル領域 $V_0 = \{(x_1, \ldots, x_{n+1}) \in V \mid x_1 > x_2 > \cdots > x_{n+1}\}$ に対して，
$$\Delta^+ = \{\varepsilon_j - \varepsilon_k \mid j < k\}$$

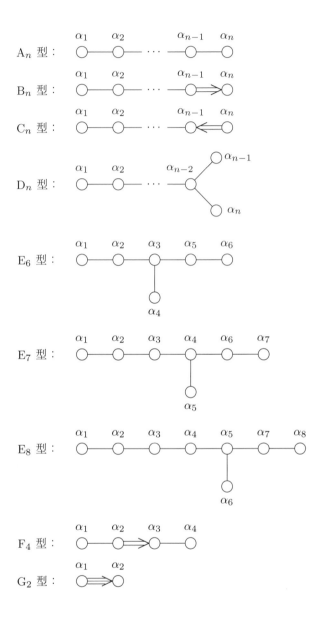

図 **3.4** ディンキン図形

単純ルート (Ψ の元) は
$$\alpha_1 = \varepsilon_1 - \varepsilon_2, \ \alpha_2 = \varepsilon_2 - \varepsilon_3, \ \ldots, \ \alpha_n = \varepsilon_n - \varepsilon_{n+1}$$

B_n 型：$V = \mathbb{R}^n$ の部分集合
$$\Delta = \{\pm \varepsilon_j \mid j = 1, \ldots, n\} \sqcup \{\pm \varepsilon_j \pm \varepsilon_k \mid j < k\} \quad (|\Delta| = 2n^2)$$
$V_0 = \{(x_1, \ldots, x_n) \in V \mid x_1 > x_2 > \cdots x_n > 0\}$ に対して，
$$\Delta^+ = \{\varepsilon_j \mid j = 1, \ldots, n\} \sqcup \{\varepsilon_j \pm \varepsilon_k \mid j < k\}$$
単純ルートは
$$\alpha_1 = \varepsilon_1 - \varepsilon_2, \ \alpha_2 = \varepsilon_2 - \varepsilon_3, \ \ldots, \ \alpha_{n-1} = \varepsilon_{n-1} - \varepsilon_n, \ \alpha_n = \varepsilon_n$$

C_n 型：$V = \mathbb{R}^n$ の部分集合
$$\Delta = \{\pm 2\varepsilon_j \mid j = 1, \ldots, n\} \sqcup \{\pm \varepsilon_j \pm \varepsilon_k \mid j < k\} \quad (|\Delta| = 2n^2)$$
$V_0 = \{(x_1, \ldots, x_n) \in V \mid x_1 > x_2 > \cdots x_n > 0\}$ に対して，
$$\Delta^+ = \{2\varepsilon_j \mid j = 1, \ldots, n\} \sqcup \{\varepsilon_j \pm \varepsilon_k \mid j < k\}$$
単純ルートは
$$\alpha_1 = \varepsilon_1 - \varepsilon_2, \ \alpha_2 = \varepsilon_2 - \varepsilon_3, \ \ldots, \ \alpha_{n-1} = \varepsilon_{n-1} - \varepsilon_n, \ \alpha_n = 2\varepsilon_n$$

D_n 型：$V = \mathbb{R}^n$ の部分集合
$$\Delta = \{\pm \varepsilon_j \pm \varepsilon_k \mid j, k = 1, \ldots, n, j < k\} \quad (|\Delta| = 2n(n-1))$$
$V_0 = \{(x_1, \ldots, x_n) \in V \mid x_1 > x_2 > \cdots x_{n-1} > |x_n|\}$ に対して，
$$\Delta^+ = \{\varepsilon_j \pm \varepsilon_k \mid j < k\}$$
単純ルートは
$$\alpha_1 = \varepsilon_1 - \varepsilon_2, \ \cdots, \ \alpha_{n-1} = \varepsilon_{n-1} - \varepsilon_n, \ \alpha_n = \varepsilon_{n-1} + \varepsilon_n$$

例外型については，簡単なものから順に考えよう．

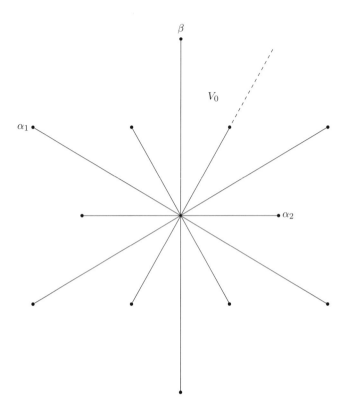

図 **3.5** G_2 型ルート系

G_2 型：図 3.5 のような 12 個のルートから成る．V_0, α_1, α_2 を図のように取ると $\Psi = \{\alpha_1, \alpha_2\}$ である．（図の β は最高ルートと呼ばれる：3.6 節）

F_4 型：$V = \mathbb{R}^4$ の部分集合

$$\Delta = \{\pm \varepsilon_j \mid j = 1, \ldots, 4\} \sqcup \left\{ \frac{1}{2} \sum_{j=1}^{4} c_j \varepsilon_j \;\middle|\; c_j = \pm 1 \right\} \sqcup \{\pm \varepsilon_j \pm \varepsilon_k \mid j < k\}$$

（$|\Delta| = 8 + 16 + 24 = 48$）$V_0$ を

$$V_0 = \{(x, y, z, w) \in V \mid x > y > z > 0,\ x + y + z + w < 0\}$$

と取れば，単純ルートは

$$\alpha_1 = \varepsilon_1 - \varepsilon_2,\ \alpha_2 = \varepsilon_2 - \varepsilon_3,\ \alpha_3 = \varepsilon_3,\ \alpha_4 = -\frac{1}{2}(\varepsilon_1 + \varepsilon_2 + \varepsilon_3 + \varepsilon_4)$$

E_8 型：$V = \mathbb{R}^8$ の部分集合

$$\Delta = \{\pm\varepsilon_j \pm \varepsilon_k \mid j < k\} \sqcup \left\{\frac{1}{2}\sum_{j=1}^{8} c_j \varepsilon_j \,\bigg|\, c_j = \pm 1,\ \prod_{j=1}^{8} c_j = 1\right\}$$

($|\Delta| = 112 + 128 = 240$) V_0 を

$$V_0 = \{(x_1, \ldots, x_8) \mid x_1 > x_2 > \cdots > x_6 > |x_7|,\ x_1 + \cdots + x_8 < 0\}$$

と取れば，単純ルートは

$$\alpha_1 = \varepsilon_1 - \varepsilon_2,\ \alpha_2 = \varepsilon_2 - \varepsilon_3,\ \cdots,\ \alpha_6 = \varepsilon_6 - \varepsilon_7,\ \alpha_7 = \varepsilon_6 + \varepsilon_7,$$
$$\alpha_8 = -\frac{1}{2}(\varepsilon_1 + \cdots + \varepsilon_8)$$

E_7 型：E_8 型ルートのうち，1 つのルート γ に直交するルートの集合である．$\gamma = \varepsilon_7 - \varepsilon_8$ とすれば，

$$\Delta = \{\pm(\varepsilon_7 + \varepsilon_8)\} \sqcup \{\pm\varepsilon_j \pm \varepsilon_k \mid 1 \le j < k \le 6\}$$
$$\sqcup \left\{\frac{1}{2}\sum_{j=1}^{8} c_j \varepsilon_j \,\bigg|\, c_j = \pm 1,\ \prod_{j=1}^{8} c_j = 1,\ c_7 = c_8\right\}$$

である（$|\Delta| = 2 + 60 + 64 = 126$）．単純ルートは

$$\alpha_1 = \varepsilon_1 - \varepsilon_2,\ \alpha_2 = \varepsilon_2 - \varepsilon_3,\ \cdots,\ \alpha_5 = \varepsilon_5 - \varepsilon_6,\ \alpha_6 = \varepsilon_5 + \varepsilon_6,$$
$$\alpha_7 = -\frac{1}{2}(\varepsilon_1 + \cdots + \varepsilon_8)$$

E_6 型：E_8 型ルートのうち，$\angle \gamma_1 0 \gamma_2 = 120°$ となる 2 つのルート $\gamma_1,\ \gamma_2$ に直交するルートの集合である（補題 6.19，系 6.20 参照）．$\gamma_1 = \varepsilon_6 - \varepsilon_7,\ \gamma_2 = \varepsilon_7 - \varepsilon_8$ とすれば，

$$\Delta = \{\pm\varepsilon_j \pm \varepsilon_k \mid 1 \le j < k \le 5\}$$
$$\sqcup \left\{\frac{1}{2}\sum_{j=1}^{8} c_j \varepsilon_j \,\bigg|\, c_j = \pm 1,\ \prod_{j=1}^{8} c_j = 1,\ c_6 = c_7 = c_8\right\}$$

である（$|\Delta| = 40 + 32 = 72$）．単純ルートは

$\alpha_1 = \varepsilon_1 - \varepsilon_2,\ \alpha_2 = \varepsilon_2 - \varepsilon_3,\ \alpha_3 = \varepsilon_3 - \varepsilon_4,\ \alpha_4 = \varepsilon_4 - \varepsilon_5,\ \alpha_5 = \varepsilon_4 + \varepsilon_5,$
$\alpha_6 = -\dfrac{1}{2}(\varepsilon_1 + \cdots + \varepsilon_8)$

注意 3.2 被約でない既約ルート系は次の BC_n 型 $(n \geq 1)$ だけであることが容易に示せる ([22] 5.9 節).

BC_n 型:

$$\Delta = \{\pm \varepsilon_j \mid j = 1, \ldots, n\} \sqcup \{\pm \varepsilon_j \pm \varepsilon_k \mid j < k\} \sqcup \{\pm 2\varepsilon_j \mid j = 1, \ldots, n\} \subset \mathbb{R}^n$$

このルート系は捩れ共役類に関する制限ルート系および対称空間の制限ルート系として現れる.

3.5 複素半単純リー環とコンパクトリー環の分類

複素（あるいは実）リー環 $\mathfrak{g}$ について

$$B(X, Y) = \mathrm{tr}(\mathrm{ad}(X)\mathrm{ad}(Y)) \quad \text{for } X, Y \in \mathfrak{g}$$

で定義される $\mathfrak{g}$ 上の双線形形式は**キリング形式** (Killing form) と呼ばれる. 明らかに $B(\ ,\ )$ は $\mathfrak{g}$ の任意の自己同型に関して不変である. 特に, $\mathfrak{g}$ をリー環に持つ連結リー群 G の随伴作用によって不変であるので,

$$B(\mathrm{Ad}(g)X, \mathrm{Ad}(g)Y) = B(X, Y) \quad \text{for } g \in G,\ X, Y \in \mathfrak{g}$$

であり, したがって $\mathfrak{g}$ の作用に関して

$$B([Z, X], Y) + B(X, [Z, Y]) = 0 \quad \text{for } X, Y, Z \in \mathfrak{g}$$

が成り立つ. 書き直すと

$$B([X, Y], Z) = B(X, [Y, Z]) \quad \text{for } X, Y, Z \in \mathfrak{g} \tag{3.5}$$

となる. 次の定理が知られている.

定理 3.9 (E. Cartan) リー環 $\mathfrak{g}$ が半単純であるための必要十分条件は $B(\ ,\ )$ が非退化であることである.

複素リー環 $\mathfrak{g}$ の部分リー環 $\mathfrak{h}$ であって次の 2 条件を満たすものを，**カルタン部分環** (Cartan subalgebra) という．
（ⅰ）$\mathfrak{h}$ は可換であり，$\mathfrak{z}_\mathfrak{g}(\mathfrak{h}) = \mathfrak{h}$ である．
（ⅱ）任意の $Y \in \mathfrak{h}$ に対し，線形写像 $\mathrm{ad}(Y) : \mathfrak{g} \to \mathfrak{g}$ は対角化可能である．
次の定理が知られている．

定理 3.10 複素半単純リー環 $\mathfrak{g}$ について，
（ⅰ）$\mathfrak{g}$ のカルタン部分環が存在する．
（ⅱ）$\mathfrak{g}$ のすべてのカルタン部分環は互いに $\mathfrak{g}$ の内部自己同型によって共役である．

定理 2.33 により，コンパクトリー環 $\mathfrak{g}$ に対して，その複素化 $\mathfrak{g}_\mathbb{C}$ は複素半単純リー環である．また，明らかに $\mathfrak{g}$ の極大トーラス $\mathfrak{t}$ の複素化 $\mathfrak{t}_\mathbb{C}$ は $\mathfrak{g}_\mathbb{C}$ のカルタン部分環である．

2.2 節のルート系とルート空間分解の定義においては，カルタン部分環の条件（ⅰ），（ⅱ）だけを用いていることがわかるので，定理 3.10（ⅰ）により，複素半単純リー環 $\mathfrak{g}$ のルート系 $\Delta = \Delta(\mathfrak{g},\mathfrak{h})$ とルート空間分解

$$\mathfrak{g} = \mathfrak{h} \oplus \bigoplus_{\alpha \in \Delta} \mathfrak{g}(\mathfrak{h},\alpha) \tag{3.6}$$

が定義でき，さらに定理 3.10（ⅱ）により，Δ の同型類は $\mathfrak{h}$ の取り方によらず，$\mathfrak{g}$ によって一意的に定まることもわかる．

補題 3.11 複素半単純リー環 $\mathfrak{g}$ のルート空間分解 (3.6) について，$\alpha, \beta \in \Delta \sqcup \{0\}$，$\alpha + \beta \neq 0$ のとき，

$$B(\mathfrak{g}(\mathfrak{h},\alpha), \mathfrak{g}(\mathfrak{h},\beta)) = \{0\}$$

証明 $X \in \mathfrak{g}(\mathfrak{h},\alpha)$，$Y \in \mathfrak{g}(\mathfrak{h},\beta)$，$Z \in \mathfrak{g}(\mathfrak{h},\gamma)$ のとき，

$$\mathrm{ad}(X)\mathrm{ad}(Y)Z \in \mathfrak{g}(\mathfrak{h},\alpha+\beta+\gamma))$$

であるから，$\alpha + \beta \neq 0$ のとき

$$Z \mapsto \mathrm{ad}(X)\mathrm{ad}(Y)Z$$

のトレースは 0 である． □

補題 3.12 複素半単純リー環 $\mathfrak{g}$ のルート空間 $\mathfrak{g}(\mathfrak{h},\alpha)$ の 0 でない元 X_α に対し，$\alpha([X_{-\alpha}, X_\alpha]) = 2$ となる $X_{-\alpha} \in \mathfrak{g}(\mathfrak{h}, -\alpha)$ が存在する．

証明 $B(\ ,\ )$ は非退化であるから，補題 3.11 により

$$B(X_\alpha, X_{-\alpha}) \neq 0$$

となる $X_{-\alpha} \in \mathfrak{g}(\mathfrak{h}, -\alpha)$ が存在する．$Y_\alpha = [X_{-\alpha}, X_\alpha] \in \mathfrak{g}(\mathfrak{h}, 0) = \mathfrak{h}$ とおくとき，(3.5) により，任意の $Z \in \mathfrak{h}$ に対し

$$B(Z, Y_\alpha) = B(Z, [X_{-\alpha}, X_\alpha]) = B([Z, X_{-\alpha}], X_\alpha) = -\alpha(Z) B(X_{-\alpha}, X_\alpha)$$

である．$\alpha(Z) \neq 0$ となる $Z \in \mathfrak{h}$ が存在するので $Y_\alpha \neq 0$ である．

$\alpha(Y_\alpha) \neq 0$ が示せれば，$X_{-\alpha}$ を定数倍することによって，$\alpha(Y_\alpha) = 2$ になるので，これを示そう．$\alpha(Y_\alpha) = 0$ を仮定して矛盾を導けばよい．任意の $\beta \in \Delta$ に対し，$\beta(Y_\alpha) = 0$ となることを示せば，$\mathrm{ad}(Y_\alpha) = 0$ となり，$B(\ ,\ )$ が非退化であることに矛盾する．$\beta(Y_\alpha) \neq 0$ となる $\beta \in \Delta$ の存在を仮定し，$\gamma = \beta - m\alpha \in \Delta$ となる最大の整数 m を取り，$\mathfrak{g}(\mathfrak{h}, \gamma)$ の 0 でない元 X_γ を取る．このとき，任意の $k = 0, 1, 2, \ldots$ に対して

$$\mathrm{ad}(X_{-\alpha})\mathrm{ad}(X_\alpha)^k X_\gamma = k\gamma(Y_\alpha)\mathrm{ad}(X_\alpha)^{k-1} X_\gamma$$

であることが，k に関する帰納法により示せる．$\gamma(Y_\alpha) = \beta(Y_\alpha) \neq 0$ であるから，これはすべての自然数 k について

$$\mathrm{ad}(X_\alpha)^k X_\gamma \neq 0$$

であることを意味するが，十分大きな k に対しては $\gamma + k\alpha \notin \Delta$ であるので，矛盾である． □

系 2.12 および定理 2.22 も同様に複素半単純リー環に対して成り立つので，Δ は被約ルート系であって，すべての $\alpha \in \Delta$ に対し $\dim \mathfrak{g}(\mathfrak{h}, \alpha) = 1$ である．したがって $\dim \mathfrak{g} = |\Delta| + |\Psi|$ である．

次の定理は付録で証明する．

定理 3.13 任意の既約な被約ルート系 Δ に対し，
（ⅰ）複素単純リー環 $\mathfrak{g}$ であって，そのルート系 $\Delta(\mathfrak{g}, \mathfrak{h})$ が Δ と同型になるも

のが存在する.

(ⅱ) さらに, $\mathfrak{g}$ のコンパクト実型 $\mathfrak{u}$ であって, $\mathfrak{u} \cap \mathfrak{h}$ が $\mathfrak{u}$ の極大トーラスであるものが存在する.

注意 3.3 古典型のルート系に対しては次の通りである (例 2.6, 例 2.23, 例 2.24).

Δ	$\mathfrak{g}$	$\mathfrak{u}$
A_n	$\mathfrak{sl}(n+1, \mathbb{C})$	$\mathfrak{su}(n+1)$
B_n	$\mathfrak{o}(2n+1, \mathbb{C})$	$\mathfrak{o}(2n+1)$
C_n	$\mathfrak{sp}(n, \mathbb{C})$	$\mathfrak{sp}(n)$
D_n	$\mathfrak{o}(2n, \mathbb{C})$	$\mathfrak{o}(2n)$

例外型についてはある種の非結合代数を用いた構成法も知られているが, 付録で述べる構成法が, Kac-Moody リー環や量子群の構成にも用いられている統一的方法である (Chevalley [10], Harish-Chandra [14], Jacobson [17], Kac [18], 谷崎 [32]) [3].

さらに, 次の一意性定理も同時に示される.

定理 3.14 (ⅰ) 2 つの複素単純リー環が同じルート系を持てば, それらは同型である.

(ⅱ) 2 つのコンパクト単純リー環が同じルート系を持てば, それらは同型である.

系 3.15 次の 3 つのものは互いに 1 対 1 に対応する.
(ⅰ) コンパクト単純リー環の同型類
(ⅱ) 複素単純リー環の同型類
(ⅱ) 既約な被約ルート系の同型類

---

[3] Cartan [5] の証明は $[X_\alpha, X_\beta] = c_{\alpha,\beta} X_{\alpha+\beta}$ となる $\{c_{\alpha,\beta}\}_{\alpha,\beta \in \Delta}$ をヤコビ恒等式が成り立つように与えるものであった. Weyl [34] はこれを統一的に行なった ([15] Chapter III 参照).

3.6 最高ルートと拡大ディンキン図形

$\beta \in \Delta$ が次の性質

$$\alpha \in \Delta \Longrightarrow \beta(Y) - \alpha(Y) \geq 0 \text{ for all } Y \in V_0 \tag{3.7}$$

を満たすとき,$\beta = \alpha_{\max}$ はルート系 Δ の V_0 (Δ_+) に関する**最高ルート** (maximal root) と呼ばれる.Δ が既約のとき,Δ の最高ルートがただ 1 つ存在することが,表現論を用いると証明できるが,ここでは具体的に,古典型と 5 つの例外型のそれぞれの場合に前節の表示を用いて最高ルートを示すだけにとどめよう.

最高ルート β は V_0 の閉包 V_0^{cl} に入っている.なぜならば,$\beta \notin V_0^{cl}$ とすると,ある $\alpha \in \Psi$ に対し

$$(\beta, \alpha) < 0$$

であるので,$Y \in V_0$ に対し

$$(w_\alpha(\beta))(Y) = (\beta - \frac{2(\beta, \alpha)}{(\alpha, \alpha)}\alpha)(Y) > \beta(Y)$$

となるからである.

このことから,「最低ルート」

$$\alpha_0 = -\beta$$

はすべての $\alpha \in \Psi$ に対し,

$$(\alpha_0, \alpha) \leq 0$$

を満たすことがわかる.したがって,集合 $\{\alpha_0\} \sqcup \Psi$ からディンキン図形と同様な**拡大ディンキン図形** (extended Dynkin diagram)(図 3.6, 3.7 にまとめて示す.α_0 は二重丸であり,他の丸の中の数字は

$$\beta = m_1\alpha_1 + \cdots + m_n\alpha_n$$

と書くときの係数 m_j である[4]).)を描くことができる.

A_n 型:$\beta = \varepsilon_1 - \varepsilon_{n+1} = \alpha_1 + \alpha_2 + \cdots + \alpha_n$
B_n 型:$\beta = \varepsilon_1 + \varepsilon_2 = \alpha_1 + 2\alpha_2 + \cdots + 2\alpha_{n-1} + 2\alpha_n$

---

[4] 丸の中の数字 m_j は書かないのが通常の拡大ディンキン図形の描き方である.

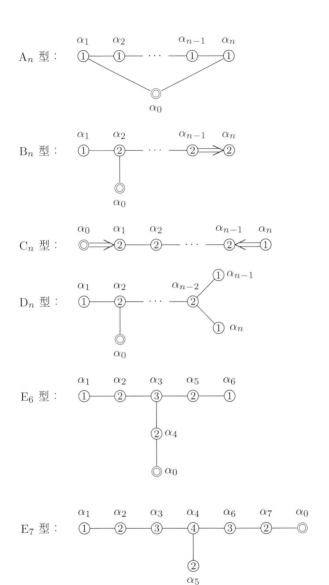

図 **3.6** 拡大ディンキン図形

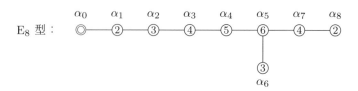

図 3.7 拡大ディンキン図形（続き）

C_n 型：$\beta = 2\varepsilon_1 = 2\alpha_1 + \cdots + 2\alpha_{n-1} + \alpha_n$

D_n 型：$\beta = \varepsilon_1 + \varepsilon_2 = \alpha_1 + 2\alpha_2 + \cdots + 2\alpha_{n-2} + \alpha_{n-1} + \alpha_n$

G_2 型：$\beta = 2\alpha_1 + 3\alpha_2$（図 3.5）

F_4 型：$\beta = \varepsilon_1 - \varepsilon_4 = 2\alpha_1 + 3\alpha_2 + 4\alpha_3 + 2\alpha_4$

E_8 型：$\beta = \varepsilon_1 - \varepsilon_8 = 2\alpha_1 + 3\alpha_2 + 4\alpha_3 + 5\alpha_4 + 6\alpha_5 + 3\alpha_6 + 4\alpha_7 + 2\alpha_8$

E_7 型：$\beta = -(\varepsilon_1 + \varepsilon_8) = \alpha_1 + 2\alpha_2 + 3\alpha_3 + 4\alpha_4 + 2\alpha_5 + 3\alpha_6 + 2\alpha_7$

E_6 型：$\beta = \dfrac{1}{2}(\varepsilon_1 + \varepsilon_2 + \varepsilon_3 + \varepsilon_4 - \varepsilon_5 - \varepsilon_6 - \varepsilon_7 - \varepsilon_8)$
$\phantom{E_6 \text{型}：\beta} = \alpha_1 + 2\alpha_2 + 3\alpha_3 + 2\alpha_4 + 2\alpha_5 + \alpha_6$

第 4 章

コンパクトリー群の構造

4.1 $\mathfrak{g}$ の特異元の分類と構造

G は $\mathrm{Ad}(G)$ がコンパクトなリー群とする.系 2.17 により,G のリー環 $\mathfrak{g}$ の任意の元は極大トーラス $\mathfrak{t}$ のある元に $\mathrm{Ad}(G)$-共役であり,さらに,系 3.4 により,$\mathfrak{t}$ のすべての元は $(\mathfrak{t}^+)^{cl} = -i(i\mathfrak{t}^+)^{cl}$ のある元に $W(\Delta)$-共役である.ただし,$W(\Delta)$ はルート系 $\Delta = \Delta(\mathfrak{g}_\mathbb{C}, \mathfrak{t})$ に関するワイル群 (2.6 節,3.2 節) とし,$i\mathfrak{t}^+$ は $i\mathfrak{t}$ 上の $W(\Delta)$ の作用に関する 1 つのワイル領域とする.$Y \in i\mathfrak{t}^+$ を 1 つ取り,

$$\Delta^+ = \{\alpha \in \Delta \mid \alpha(Y) > 0\}$$

とおくと,Δ^+ は $Y \in i\mathfrak{t}^+$ の取り方によらない.Ψ を Δ^+ の単純ルートの集合とする.

Ψ の任意の部分集合 Ξ に対し,

$$\mathfrak{t}_\Xi^+ = \{Y \in \mathfrak{t} \mid \alpha(iY) = 0 \text{ for } \alpha \in \Xi,\ \beta(iY) > 0 \text{ for } \beta \in \Psi - \Xi\}$$

とおくと,$(\mathfrak{t}^+)^{cl}$ は

$$(\mathfrak{t}^+)^{cl} = \bigsqcup_{\Xi \subset \Psi} \mathfrak{t}_\Xi^+$$

と分解できる.明らかに

$$\mathfrak{g}_{\mathrm{reg}} = \mathrm{Ad}(G)\mathfrak{t}^+ = \mathrm{Ad}(G)\mathfrak{t}_\phi^+$$

であり,$\mathfrak{g}_\Xi = \mathrm{Ad}(G)\mathfrak{t}_\Xi^+$ とおくと,

$$\mathfrak{g}_{\mathrm{sing}} = \bigcup_{\phi \neq \Xi \subset \Psi} \mathfrak{g}_\Xi$$

である.

$\Xi \subset \Psi$ に対し，Ξ のルートの線形結合で表わされる Δ のルートの集合を $\langle \Xi \rangle$ で表わす．このとき，任意の $Y \in \mathfrak{t}_\Xi^\pm$ について

$$\mathfrak{z}_{\mathfrak{g}_\mathbb{C}}(Y) = \mathfrak{t}_\mathbb{C} \oplus \bigoplus_{\alpha \in \langle \Xi \rangle} \mathfrak{g}_\mathbb{C}(\mathfrak{t}, \alpha)$$

である．よって $\mathfrak{z}_\mathfrak{g}(Y)$ は Y の取り方によらず，Ξ によって定まる．

$Y \in \mathfrak{t}_\Xi^\pm$ を 1 つ固定し，その $\mathfrak{g}$ における近傍について考察しよう．$\mathfrak{g}$ の部分空間 $\mathfrak{q}$ を

$$\mathfrak{q} = \left(\bigoplus_{\beta \in \Delta - \langle \Xi \rangle} \mathfrak{g}_\mathbb{C}(\mathfrak{t}, \beta) \right) \cap \mathfrak{g}$$

で定義すると，

$$\mathfrak{g} = \mathfrak{z}_\mathfrak{g}(Y) \oplus \mathfrak{q}$$

となる．また，$\mathfrak{z}_\mathfrak{g}(Y)$ は

$$\mathfrak{z}_\mathfrak{g}(Y) = \mathfrak{t}_\Xi \oplus \mathfrak{s}_\Xi$$

と分解できる．ただし，$\mathfrak{t}_\Xi = \{X \in \mathfrak{t} \mid \alpha(X) = 0 \text{ for all } \alpha \in \Xi\}$, $\mathfrak{s}_\Xi = [\mathfrak{z}_\mathfrak{g}(Y), \mathfrak{z}_\mathfrak{g}(Y)]$ とする．

$\mathfrak{g}$ の任意の部分空間 $\mathfrak{m}$ とその元 $X \in \mathfrak{m}$ に対し，X の $\mathfrak{m}$ における ε-近傍を $U_\varepsilon(\mathfrak{m}, X)$ で表わそう．すなわち，

$$U_\varepsilon(\mathfrak{m}, X) = \{X' \in \mathfrak{m} \mid |X' - X| < \varepsilon\}$$

($|X| = (X, X)^{1/2}$) である．また，$U_\varepsilon(\mathfrak{m}) = U_\varepsilon(\mathfrak{m}, 0)$ とする．

$V_\varepsilon(Y) = \{Y' + Z \mid Y' \in U_\varepsilon(\mathfrak{t}_\Xi, Y), Z \in U_\varepsilon(\mathfrak{s}_\Xi)\} \cong U_\varepsilon(\mathfrak{t}_\Xi, Y) \times U_\varepsilon(\mathfrak{s}_\Xi)$ とおき，写像

$$\varphi : U_\varepsilon(\mathfrak{q}) \times V_\varepsilon(Y) \to \mathfrak{g} \tag{4.1}$$

を $\varphi(X, Z) = \mathrm{Ad}(\exp X)(Z)$ で定義する．$X \in \mathfrak{q}$ に対し，

$$\frac{d}{dt} \mathrm{Ad}(\exp tX) Y |_{t=0} = [X, Y]$$

であり，$\mathfrak{q} \ni X \mapsto [X, Y] = -[Y, X] \in \mathfrak{q}$ は全単射であるので，十分小さな $\varepsilon > 0$ に対し，(4.1) は $\mathfrak{g}$ における Y の近傍の局所座標系を与える．また，任意の $Z \in \mathfrak{t} \cap V_\varepsilon(Y)$, $\beta \in \Delta - \langle \Xi \rangle$ に対し，

$$\beta(Z) \neq 0 \qquad (4.2)$$

としてよい.

補題 4.1 $\mathfrak{g}_\Xi \cap V_\varepsilon(Y) = \mathfrak{t}_\Xi \cap V_\varepsilon(Y)$

証明 $\mathfrak{g}_\Xi = \mathrm{Ad}(G)\mathfrak{t}_\Xi^\pm$ の元 $Z' = \mathrm{Ad}(g)Z$ について $Z' \in V_\varepsilon(Y)$ とする. $\mathrm{Ad}(Z_G(Y)_0)$ の作用により, $Z' \in V_\varepsilon(Y) \cap \mathfrak{t}$ としてよい. さらに, 系 2.19 により, $g \in N_G(\mathfrak{t})$ としてよい.

$$\Delta \ni \alpha \mapsto \alpha' = \alpha \circ \mathrm{Ad}(g) \in \Delta$$

は Δ 上の全単射を与えるが, $\alpha' \in \langle \Xi \rangle$ のとき

$$\alpha(Z') = \alpha'(Z) = 0$$

であって, $Z' \in V_\varepsilon(Y)$ であるから, (4.2) により $\alpha \in \langle \Xi \rangle$ である. よって

$$\alpha \in \langle \Xi \rangle \iff \alpha' \in \langle \Xi \rangle$$

となり, すべての $\alpha \in \langle \Xi \rangle$ に対し $\alpha(Z') = 0$ であるから, $Z' \in \mathfrak{t}_\Xi$ が従う. □

命題 4.2 $\Xi \neq \phi$ のとき, $\mathfrak{g}_\Xi$ は $\mathfrak{g}$ の余次元 3 以上の局所閉部分多様体である.

証明 $\mathrm{Ad}(g)Y \in \mathrm{Ad}(G)\mathfrak{t}_\Xi^\pm = \mathfrak{g}_\Xi$ の座標近傍を

$$\varphi_g(X, Z) = \mathrm{Ad}(g)\varphi(X, Z) \quad \text{for } X \in U_\varepsilon(\mathfrak{q}), Z \in V_\varepsilon(Y)$$

で与える. $\varepsilon > 0$ を十分小さく取れば, (4.2) が満たされるので, 補題 4.1 により

$$\varphi_g(U_\varepsilon(\mathfrak{q}) \times V_\varepsilon(Y)) \cap \mathfrak{g}_\Xi = \varphi_g(U_\varepsilon(\mathfrak{q}) \times (V_\varepsilon(Y) \cap \mathfrak{t}_\Xi))$$

となり, $\mathfrak{g}_\Xi$ は $\mathfrak{g}$ の局所閉部分多様体である.

$\alpha \in \Xi$ のとき, $\mathfrak{z}_{\mathfrak{g}_\mathbb{C}}(Y)$ の 3 次元部分リー環

$$\mathfrak{l}_\mathbb{C} = \mathbb{C}X_\alpha \oplus \mathbb{C}X_{-\alpha} \oplus \mathbb{C}[X_{-\alpha}, X_\alpha]$$

$(0 \neq X_\alpha \in \mathfrak{g}_\mathbb{C}(\mathfrak{t}_\mathbb{C}, \alpha), X_{-\alpha} = \tau(X_\alpha))$ は $\mathfrak{s}_\Xi$ の複素化に含まれるので, $\mathfrak{g}$ における $\mathfrak{g}_\Xi$ の余次元は 3 以上である. □

$\varepsilon > 0$ をさらに小さく取って，任意の $Z \in \mathfrak{t} \cap V_\varepsilon(Y)$, $\alpha \in \langle \Xi \rangle$, $\beta \in \Delta - \langle \Xi \rangle$ に対し，

$$|\alpha(Z)| < |\beta(Z)| \tag{4.3}$$

となるようにしておく．このとき，$\mathrm{Ad}(G)V_\varepsilon(Y)$ から $\mathfrak{g}_\Xi = \mathrm{Ad}(G)U_\varepsilon(\mathfrak{t}_\Xi, Y)$ への射影 π_Ξ が

$$\pi_\Xi(\mathrm{Ad}(g)Z) = \mathrm{Ad}(g)\pi_\Xi(Z)$$

によって定義できる．ただし，$Z \in \mathfrak{z}_\mathfrak{g}(Y)$ のとき，$\pi_\Xi(Z)$ は直和分解 $\mathfrak{z}_\mathfrak{g}(Y) = \mathfrak{t}_\Xi \oplus \mathfrak{s}_\Xi$ に関する $\mathfrak{t}_\Xi$ への射影である．この写像が well-defined であるために，$\mathrm{Ad}(g)Z = \mathrm{Ad}(g')Z'$ のときに像が同じであることを示す必要がある．$g' = e$ のときを示せばよい．$\mathrm{Ad}(g)Z = Z'$ とする．$Z_G(Y)_0$ の作用により，$Z, Z' \in V_\varepsilon(Y) \cap \mathfrak{t}$ と仮定してよい．さらに，系 2.19 により，$g \in N_G(\mathfrak{t})$ としてよい．

$$\Delta \ni \alpha \mapsto f(\alpha) = \alpha \circ \mathrm{Ad}(g) \in \Delta$$

は Δ 上の全単射を与えるが，$f(\alpha) \in \langle \Xi \rangle$, $f(\beta) \in \Delta - \langle \Xi \rangle$ のとき，(4.3) により

$$|\alpha(Z')| = |f(\alpha)(Z)| < |f(\beta)(Z)| = |\beta(Z')|$$

となる．$Z' \in V_\varepsilon(Y) \cap \mathfrak{t}$ であるから，(4.3) によって，$\alpha \in \langle \Xi \rangle$, $\beta \in \Delta - \langle \Xi \rangle$ となる．よって，$f(\langle \Xi \rangle) = \langle \Xi \rangle$ であるので，$\mathrm{Ad}(g)\mathfrak{t}_\Xi = \mathfrak{t}_\Xi$ である．よって，射影 $\pi_\Xi|_\mathfrak{t} : \mathfrak{t} \to \mathfrak{t}_\Xi$ は $\mathrm{Ad}(g)$ と可換であるので，示された．

命題 4.3 $\mathfrak{g}_\mathrm{reg}$ は単連結である．

証明 命題 4.2 によって「明らか」と言ってもかまわないが，丁寧に証明してみよう[1]．

正方形 $D = [0,1] \times [0,1]$ とその境界 ∂D を考え，任意の連続写像

$$f : \partial D \to \mathfrak{g}_\mathrm{reg}$$

が D から $\mathfrak{g}_\mathrm{reg}$ への連続写像に拡張できることを示せばよい．

Ψ のすべての部分集合 $\Xi_1, \ldots, \Xi_{2^n}$ $(n = |\Psi|)$ を

$$(\mathfrak{g}_{\Xi_i})^{cl} \supset \mathfrak{g}_{\Xi_j} \Longrightarrow i \leq j \tag{4.4}$$

---

[1] 命題 4.18，命題 5.21 (ii) の証明も同様である．

となるように並べる．特に，$\Xi_1 = \phi$，$\Xi_{2^n} = \Psi$ である．$k = 1, \ldots, 2^n$ に対し

$$\mathfrak{g}_k = \bigcup_{i \leq k} \mathfrak{g}_{\Xi_i}$$

とおく．$\mathfrak{g}_{2^n} = \bigcup_{i=1}^{2^n} \mathfrak{g}_{\Xi_i} = \mathfrak{g}$ は単連結であるので，$f : \partial D \to \mathfrak{g}_{\text{reg}}$ は連続写像 $\widetilde{f} : D \to \mathfrak{g}_{2^n}$ に拡張できる．$k \geq 2$ に対し，f が D から $\mathfrak{g}_k$ への連続写像であって $f(\partial D) \subset \mathfrak{g}_{\text{reg}}$ のときに，連続写像

$$\widetilde{f} : D \to \mathfrak{g}_{k-1}$$

であって $\widetilde{f}|_{\partial D} = f|_{\partial D}$ を満たすものが構成できればよい．

$\Xi_k = \Xi$ とおき，$F = \mathfrak{g}_\Xi \cap f(D)$ とおく．$F = \phi$ であれば何もしなくてよいので，$F \neq \phi$ のときを考える．(4.4) により $\mathfrak{g}_{\Xi_j}$ が $\mathfrak{g}_\Xi$ の境界に含まれれば $j > k$ であるので，仮定により $\mathfrak{g}_{\Xi_j} \cap f(D) = \phi$ である．よって

$$F = \mathfrak{g}_\Xi \cap f(D) = (\mathfrak{g}_\Xi)^{cl} \cap f(D)$$

は $\mathfrak{g}$ の有界閉部分集合である．

すべての $\text{Ad}(g)Y \in F$ に対し，$\varepsilon = \varepsilon_Y > 0$ を (4.3) が成り立ち，$\varphi : U_\varepsilon(\mathfrak{q}) \times V_\varepsilon(Y) \to \mathfrak{g}$ が微分同相になるように選ぶ．さらに，$\delta_Y > 0$ を Y の $2\delta_Y$-近傍

$$W(Y, 2\delta_Y) = U_{2\delta_Y}(\mathfrak{g}, Y) = Y + U_{2\delta_Y}(\mathfrak{g})$$

が $\varphi(U_\varepsilon(\mathfrak{q}) \times V_\varepsilon(Y))$ に含まれるように選ぶ．(注意：$g \in G$ に対し，$\text{Ad}(g)$ は $\mathfrak{g}$ の等長写像であるので，$\text{Ad}(g)Y$ の δ-近傍は

$$W(\text{Ad}(g)Y, \delta) = \text{Ad}(g)W(Y, \delta) = \text{Ad}(g)U_\delta(\mathfrak{g}, Y) = \text{Ad}(g)Y + U_\delta(\mathfrak{g})$$

である．) F はコンパクトであるので，有限集合 $\{\text{Ad}(g_p)Y_p \mid p = 1, \ldots, m\} \subset F$ が存在して，F は

$$\bigcup_{p=1}^m W(\text{Ad}(g_p)Y_p, \delta_{Y_p})$$

に含まれる．

$\delta = \min_{1 \leq p \leq m} \delta_{Y_p}$ とおく．D を N^2 個の正方形 $D_{i,j} = [(i-1)/N, i/N] \times [(j-1)/N, j/N]$ に分割する．f はコンパクト集合 D 上の連続写像であるので，一様

連続である.よって，N を十分大きく取れば

$$(s,t),(s',t') \in D_{i,j} \implies |f(s,t)-f(s',t')| < \delta \tag{4.5}$$

が成り立つ.

$\{1,\ldots,N\} \times \{1,\ldots,N\}$ の部分集合 I を

$$I = \{(i,j) \mid f(D_{i,j}) \cap F \neq \phi\}$$

で定義し，$F_{i,j} = f(D_{i,j}) \cap F$ とおくと，

$$F = \bigcup_{(i,j) \in I} F_{i,j}$$

である.各 $(i,j) \in I$ に対し,

$$F_{i,j} \cap W(\mathrm{Ad}(g_p)Y_p, \delta_{Y_p}) \neq \phi$$

となる $p = p(i,j)$ ($1 \leq p \leq m$) を 1 つずつ取る. (4.5) により,

$$f(D_{i,j}) \subset W(\mathrm{Ad}(g_p)Y_p, 2\delta_{Y_p}) \subset \mathrm{Ad}(g_p)\varphi(U_\varepsilon(\mathfrak{q}) \times V_\varepsilon(Y_p))$$

である.ただし，$\varepsilon = \varepsilon_{Y_p}$ とする. $(i,j) \in I$ に対し, $W_{p(i,j)} = W_p = \mathrm{Ad}(g_p)\varphi(U_\varepsilon(\mathfrak{q}) \times V_\varepsilon(Y_p))$ と表わす.また，微分同相写像 $\eta_p : W_p \to (W_p \cap \mathfrak{t}_\Xi) \times U_\varepsilon(\mathfrak{s}_\Xi)$ を

$$\eta_p : \mathrm{Ad}(g_p \exp X)(Y'+Z) \mapsto (\mathrm{Ad}(g_p \exp X)(Y'), Z)$$
$$= (\pi_\Xi(\mathrm{Ad}(g_p \exp X)(Y'+Z)), Z)$$

($X \in U_\varepsilon(\mathfrak{q})$, $Y' \in U_\varepsilon(\mathfrak{t}_\Xi, Y)$, $Z \in U_\varepsilon(\mathfrak{s}_\Xi)$) で定義する.

D の分割 $D = \bigcup D_{i,j}$ に関する格子点 $P_{i,j} = (i/N, j/N)$ について, $f(P_{i,j}) \notin F$ のときは $\widetilde{f}(P_{i,j}) = f(P_{i,j})$ とし, $f(P_{i,j}) \in F$ のときは $0 < |Z| < \min(\varepsilon_{Y_{p(i,j)}}, \varepsilon_{Y_{p(i+1,j)}}, \varepsilon_{Y_{p(i,j+1)}}, \varepsilon_{Y_{p(i+1,j+1)}})$ を満たす $Z \in \mathfrak{s}_\Xi$ を取って,

$$\widetilde{f}(P_{i,j}) = \eta_p^{-1}(f(P_{i,j}), Z)$$

($p = p(i,j)$) とする.このとき，$\widetilde{f}(P_{i,j}) \in W_{p(i,j)} \cap W_{p(i+1,j)} \cap W_{p(i,j+1)} \cap W_{p(i+1,j+1)}$ である.

次に，$P_{i-1,j}$ と $P_{i,j}$ を結ぶ線分 $\ell_{i,j}$ 上で $\widetilde{f}$ を定めよう. $f(\ell_{i,j}) \cap F = \phi$ のときは $\ell_{i,j}$ 上 $\widetilde{f} = f$ とする. $f(\ell_{i,j}) \cap F \neq \phi$ のとき, $p = p(i,j)$, $\varepsilon = $

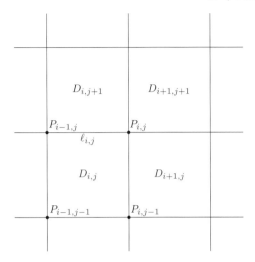

図 4.1 D の分割

$\min(\varepsilon_{Y_{p(i,j)}}, \varepsilon_{Y_{p(i,j+1)}})$ として,

$$\eta_p(\widetilde{f}(P_{i-1,j})) = (\pi_\Xi(\widetilde{f}(P_{i-1,j})), Z_1), \quad \eta_p(\widetilde{f}(P_{i,j})) = (\pi_\Xi(\widetilde{f}(P_{i,j})), Z_2)$$

とおく $(Z_1, Z_2 \neq 0)$. $U_\varepsilon(\mathfrak{s}_\Xi) - \{0\}$ は連結であるので, 連続写像

$$\zeta : \ell_{i,j} \to U_\varepsilon(\mathfrak{s}_\Xi) - \{0\}$$

が $\zeta(P_{i-1,j}) = Z_1$, $\zeta(P_{i,j}) = Z_2$ を満たすように取れる. $\ell_{i,j}$ 上の $\widetilde{f}$ の値を

$$\widetilde{f}(Q) = \eta_p^{-1}(\pi_\Xi(f(Q)), \zeta(Q)) \quad \text{for } Q \in \ell_{i,j}$$

で定義する. $P_{i,j-1}$ と $P_{i,j}$ を結ぶ線分上にも同様に $\widetilde{f}$ を構成する.

最後に $D_{i,j}$ 上に $\widetilde{f}$ を構成する. $f(D_{i,j}) \cap F = \phi$ のときは $D_{i,j}$ 上 $\widetilde{f} = f$ とすればよい. $f(D_{i,j}) \cap F \neq \phi$ のとき, これまでの議論により, $D_{i,j}$ の境界 $\partial D_{i,j}$ 上で連続写像 $\widetilde{f} : \partial D_{i,j} \to W_p - (W_p \cap \mathfrak{g}_\Xi)$ が構成できている $(p = p(i,j))$. η_p で移すと,

$$\eta_p(\widetilde{f}(Q)) = (\pi_\Xi(f(Q)), \zeta(Q)) \quad \text{for } Q \in \partial D_{i,j}$$

と書ける. $\mathfrak{s}_\Xi$ は 3 次元以上のユークリッド空間であるので, $U_\varepsilon(\mathfrak{s}_\Xi) - \{0\}$ ($\varepsilon = \varepsilon_{Y_p}$) は単連結であり, 連続写像 $\zeta : \partial D_{i,j} \to U_\varepsilon(\mathfrak{s}_\Xi) - \{0\}$ は連続写像 $\zeta : D_{i,j} \to U_\varepsilon(\mathfrak{s}_\Xi) - \{0\}$ に拡張できる.

$$\widetilde{f}(Q) = \eta_p^{-1}(\pi_\Xi(f(Q)), \zeta(Q)) \quad \text{for } Q \in D_{i,j}$$

とおけばよい. □

4.2　$\mathfrak{g}$ の $\mathrm{Ad}(G)$-軌道分解

この節以降, G は連結とする.

定理 4.4　(i) G/T は単連結である.
(ii) $Z_G(\mathfrak{t}) = T$ [2]（特に, G の中心 Z は任意の極大トーラスに含まれる.）
(iii) $N_G(\mathfrak{t})/T = W(\Delta)$

証明　(i) 写像

$$\pi : (G/T) \times \mathfrak{t}^+ \ni (gT, Y) \mapsto \mathrm{Ad}(g)Y \in \mathfrak{g}_{\mathrm{reg}}$$

は被覆写像であり, 命題 4.3 により $\mathfrak{g}_{\mathrm{reg}}$ は単連結である. したがって, G/T は単連結であり, π は全単射である.
(ii) π は合成写像

$$(G/T) \times \mathfrak{t}^+ \to (G/Z_G(\mathfrak{t})) \times \mathfrak{t}^+ \to \mathfrak{g}_{\mathrm{reg}}$$

だから $Z_G(\mathfrak{t}) = T$ である.
(iii) $N_G(\mathfrak{t})/Z_G(\mathfrak{t}) \supsetneq W(\Delta)$ とすると, $Z_G(\mathfrak{t}) = T$ に含まれない $g \in N_G(\mathfrak{t})$ であって, $\mathrm{Ad}(g)\mathfrak{t}^+ = \mathfrak{t}^+$ を満たすものが存在する. $\mathrm{Ad}(g)$ が $\mathfrak{t}^+$ 上恒等写像であれば, $\mathfrak{t}$ 上でも恒等写像であるので, $\mathrm{Ad}(g)Y = Y'$ となる相異なる $Y, Y' \in \mathfrak{t}^+$ が存在する.

$$\pi(gT, Y) = Y' = \pi(eT, Y')$$

となり, π は全単射であったから, $g \in T$, $Y = Y'$ となり矛盾する. □

系 4.5　任意の $X \in \mathfrak{g}$ に対し, $Z_G(X)$ は連結である.

---

[2]　他書では, 1 つの元で生成される T の稠密な部分群を用いて証明する方法がよく書かれている (G のコンパクト性を仮定).

証明 定理 2.16 により，$X \in \mathfrak{t}$ と仮定してよい．任意の $g \in Z_G(X)$ に対し，

$$\mathrm{Ad}(g)\mathfrak{t} \subset \mathfrak{z}_{\mathfrak{g}}(\mathrm{Ad}(g)X) = \mathfrak{z}_{\mathfrak{g}}(X)$$

だから，$\mathfrak{t}$ および $\mathrm{Ad}(g)\mathfrak{t}$ は $\mathfrak{z}_{\mathfrak{g}}(X)$ の極大トーラスである．したがって，定理 2.16 により

$$\mathrm{Ad}(h)\mathrm{Ad}(g)\mathfrak{t} = \mathfrak{t}$$

となる $h \in Z_G(X)_0$ が存在する．よって

$$hg \in N_G(\mathfrak{t}), \quad \mathrm{Ad}(hg)X = X$$

だから，定理 4.4 (iii) および定理 3.3 (iii) により $\mathrm{Ad}(hg)|_{\mathfrak{t}}$ は w_α $(\alpha(X) = 0)$ の積で表わせる．$\alpha(X) = 0$ のとき，$\widetilde{w_\alpha} = \mathrm{Ad}(\exp\frac{\pi}{2}(X_\alpha + X_{-\alpha})) \in Z_G(X)_0$ だから，

$$hg \in Z_G(X)_0 T = Z_G(X)_0$$

である．よって

$$g \in Z_G(X)_0$$

となる． $\square$

系 4.6 任意の $X \in \mathfrak{g}$ の $\mathrm{Ad}(G)$-軌道は $(\mathfrak{t}^+)^{cl}$ と 1 点で交わる．

証明 定理 2.16 と系 3.4 により，$\mathfrak{g}$ 上の任意の $\mathrm{Ad}(G)$-軌道は $(\mathfrak{t}^+)^{cl}$ と交わる．

$$\mathrm{Ad}(g)Y = Y' \quad \text{for } Y, Y' \in (\mathfrak{t}^+)^{cl}$$

のとき，$Y = Y'$ を示せばよい．

$\mathfrak{t}$ および $\mathfrak{t}' = \mathrm{Ad}(g)\mathfrak{t}$ は Y' を含む極大トーラスだから，定理 2.16 により

$$\mathrm{Ad}(h)\mathrm{Ad}(g)\mathfrak{t} = \mathrm{Ad}(h)\mathfrak{t}' = \mathfrak{t}$$

となる $h \in Z_G(Y')_0$ が存在する．よって

$$hg \in N_G(\mathfrak{t}), \quad \mathrm{Ad}(hg)Y = Y'$$

だから，系 3.4 と定理 4.4 により $Y = Y'$ である． $\square$

$\{Y_\alpha \mid \alpha \in \Delta\}$ によって生成される it の格子 (lattice) を Γ [3]で表わし,

$$\Gamma_G = \{Y \in it \mid 2\pi i Y = e\}$$

とおくと, 命題 2.10 (iv) により

$$\Gamma_G \supset \Gamma$$

である[4].

系 4.7 $\mathfrak{g}$ が半単純のとき, G の中心 Z は有限群である[5]. ($G/Z \cong \mathrm{Ad}(G)$ はコンパクトであるので, G もコンパクトである.)

証明 補題 2.27 (i) により $\mathfrak{t}$ は $2\pi i \Gamma$ で生成されるので,

$$T \cong \mathfrak{t}/2\pi i \Gamma_G$$

はコンパクトである. 定理 4.4 (ii) により, Z は T に含まれる離散部分群であるから有限群である. □

4.3 コンパクトリー群の共役類

定理 4.8 $G = \bigcup_{g \in G} g T g^{-1}$

証明[6] 定理 4.4 により $Z \subset T$ だから, G/Z について示せばよいので, G はコンパクトと仮定してよい. 写像

$$\Phi : G \times G \ni (g, h) \mapsto g h g^{-1} \in G$$

について, $\Phi(G, T) = G$ を示せばよい. Φ は連続写像で, G, T はコンパクトだから, $\Phi(G, T)$ はコンパクトであり, したがって G の閉部分集合である. G の

---

[3] $\Gamma = \{\sum_{\alpha \in \Delta} c_\alpha Y_\alpha \mid c_\alpha \in \mathbb{Z}\}$. コルート Y_α で生成される格子であるので, **コルート格子** (coroot lattice) と呼ばれる.

[4] 4.7 節で, G が単連結のとき $\Gamma_G = \Gamma$ を証明する.

[5] Z の構造については 4.8 節で調べる.

[6] この証明は 小林-大島 [20] の方法を用いた.

連結性により, $\Phi(G,T)$ が G の開部分集合であることを示せばよい. $g \in G$ の作用 $h \mapsto ghg^{-1}$ は位相同型なので, 任意の $t \in T$ の G における近傍が $\Phi(G,T)$ に含まれることを示せばよい.

t の G における中心化群 $H = Z_G(t) = \{g \in G \mid gt = tg\}$ のリー環は

$$\mathfrak{h} = \mathfrak{z}_\mathfrak{g}(t) = \{X \in \mathfrak{g} \mid \mathrm{Ad}(t)X = X\}$$

であるが, $\mathfrak{t}$ は $\mathfrak{h}$ の極大トーラスであるから, 系 2.17 により

$$t \exp \mathfrak{h} = t\Phi(H_0, T) = \Phi(H_0, T)$$

である. よって

$$\Phi(G,T) = \Phi(G, t\exp \mathfrak{h})$$

である.

$X \in \mathfrak{g}$, $s \in \mathbb{R}$ に対し, 曲線

$$t^{-1}\Phi(\exp sX, t) = t^{-1}(\exp sX)t(\exp sX)^{-1} = \exp(s\mathrm{Ad}(t)^{-1}X)\exp(-sX)$$

の $s=0$ における接ベクトルは補題 4.10 により

$$\mathrm{Ad}(t)^{-1}X - X$$

である. また, $t^{-1}\Phi(e, t\exp\mathfrak{h}) = \exp\mathfrak{h}$ である. したがって

$$\mathfrak{h} + \{\mathrm{Ad}(t)^{-1}X - X \mid X \in \mathfrak{g}\} = \mathfrak{g} \tag{4.6}$$

を示せばよい.

$\mathfrak{h}$ の内積 $(\ ,\ )$ に関する直交補空間を $\mathfrak{h}^\perp$ とする. $\mathrm{Ad}(t)^{-1}$ によって $\mathfrak{g}_\mathbb{C}$ は (エルミート計量 $(*,\overline{*})$ を用いて) 固有空間分解され, $\mathfrak{h}_\mathbb{C}$ が 1-固有空間であるので, $\mathfrak{h}_\mathbb{C}^\perp$ は 1 以外の固有値に対する固有空間の直和である. よって

$$\mathfrak{h}_\mathbb{C}^\perp \ni X \mapsto \mathrm{Ad}(t)^{-1}X - X \in \mathfrak{h}_\mathbb{C}^\perp$$

は全単射であり, これを $\mathfrak{h}^\perp$ に制限したものも全単射である. よって (4.6) は成り立つ. □

系 4.9 $\mathrm{Ad}(G)$ がコンパクトのとき, 連結リー群 G の指数写像 $\exp : \mathfrak{g} \to G$ は全射である.

次の補題は G が線形リー群であれば明らかであり，一般にも容易に示せる．

補題 4.10　リー群 G 上の 2 曲線 $g(t), h(t)$ が $g(0) = h(0) = e$ を満たすとき，$k(t) = g(t)h(t)$ について
$$k'(0) = g'(0) + h'(0)$$
である．

定理 4.11　包含写像により，T 上の W-軌道の集合と G の共役類は 1 対 1 に対応する．

証明　$a, b \in T$ が同じ W-軌道に属するならば，$gag^{-1} = b$ となる $g \in N_G(\mathfrak{t})$ が存在するので，a と b は G-共役である．

逆に $a, b \in T$ がある $g \in G$ によって $gag^{-1} = b$ のときに，a, b が $N_G(\mathfrak{t})$-共役であることを示せばよい．
$$\mathfrak{t}' = \mathrm{Ad}(g)\mathfrak{t}$$
とおくと，任意の $Y \in \mathfrak{t}'$ に対し，$\mathrm{Ad}(g)^{-1}Y \in \mathfrak{t}$ だから
$$\mathrm{Ad}(b)Y = \mathrm{Ad}(gag^{-1})Y = \mathrm{Ad}(g)\mathrm{Ad}(a)\mathrm{Ad}(g)^{-1}Y = \mathrm{Ad}(g)\mathrm{Ad}(g)^{-1}Y = Y$$
となる．したがって
$$\mathfrak{t}' \subset \mathfrak{z}_\mathfrak{g}(b)$$
である．$\mathfrak{t}$ も $\mathfrak{z}_\mathfrak{g}(b)$ の極大トーラスだから，定理 2.16 により
$$\mathrm{Ad}(x)\mathfrak{t}' = \mathfrak{t}$$
となる $x \in (Z_G(b))_0$ が存在する．$\mathrm{Ad}(xg)\mathfrak{t} = \mathfrak{t}$ だから $xg \in N_G(\mathfrak{t})$ であり，
$$xgag^{-1}x^{-1} = xbx^{-1} = b$$
であるので，示された． □

4.4　アフィンワイル群

4.2 節で定義したように，$\{Y_\alpha \mid \alpha \in \Delta\}$ で生成される $i\mathfrak{t}$ 上の格子を Γ で表わすと，命題 2.10 (iv) により，

4.4 アフィンワイル群

$$\exp 2\pi i \Gamma = \{e\}$$

である．Γ を自然に it 上の平行移動のなす群と見なす．ワイル群 W と Γ で生成される it 上の変換群 $\widetilde{W}$ を**アフィンワイル群** (affine Weyl group) という．W は Γ に作用するので，$\widetilde{W}$ は半直積群

$$W \ltimes \Gamma$$

の構造を持つ[7]．

$\alpha \in \Delta$ と $k \in \mathbb{Z}$ に対し，

$$w_{\alpha, k}(Y) = w_\alpha(Y) + kY_\alpha \quad \text{for } Y \in it$$

とおくと，$w_{\alpha, k}$ は超平面

$$H_{\alpha, k} = \{Y \in it \mid \alpha(Y) = k\}$$

に関する鏡映である．したがって，it の超平面の族 $\widetilde{\mathcal{H}}$ を

$$\widetilde{\mathcal{H}} = \{H_{\alpha, k} \mid \alpha \in \Delta, \ k \in \mathbb{Z}\}$$

で定義するとき，次が成り立つ．

命題 4.12 $\widetilde{W}$ は $\widetilde{\mathcal{H}}$ に関する鏡映群である．

$\widetilde{W}$ に関する it のワイル領域の 1 つを C_0 とする．

命題 4.13 $G = \bigcup_{g \in G} g(\exp 2\pi i C_0^{cl}) g^{-1}$

証明 定理 4.8 により，任意の $g \in G$ に対し

$$g = h(\exp 2\pi i Y) h^{-1}$$

となる $h \in G$ と $Y \in it$ が存在する．また，系 3.4 と命題 4.12 により

$$Y = \operatorname{Ad}(k) Z + \gamma$$

となる $k \in N_G(\mathfrak{t})$, $\gamma \in \Gamma$, $Z \in C_0^{cl}$ が存在する．よって

$$g = hk(\exp Z) k^{-1} h^{-1} \qquad \square$$

---

[7] $W \ltimes \Gamma$ は集合 $W \times \Gamma$ 上に積を $(w_1, \gamma_1) \cdot (w_2, \gamma_2) = (w_1 w_2, \gamma_1 + w_1(\gamma_2))$ によって定義して得られる群である．

4.5 基本胞体

G を連結コンパクト単純リー群とする．$V = it$ のワイル領域 it^+ に対する Δ の基本系を Ψ とし，最高ルートを $\alpha_{\max}$ とする．$C_0 = \{Y \in it^+ \mid \alpha_{\max}(Y) < 1\}$ とおく．

命題 4.14 C_0 は $\widetilde{\mathcal{H}}$ に関するワイル領域である．（$\widetilde{\mathcal{H}}$ に関するこの形のワイル領域を**基本胞体** (fundamental cell) と呼ぶ．Cartan [8] 参照．）

証明 (3.7) により，$Y \in C_0$ のとき，任意の $\alpha \in \Delta^+$ に対し，

$$0 < \alpha(Y) \leq \alpha_{\max}(Y) < 1$$

である．したがって，任意の $\alpha \in \Delta^-$ に対しても，

$$0 > \alpha(Y) > -1$$

であるので，任意の $\alpha \in \Delta$ に対し，

$$\alpha(Y) \notin \mathbb{Z}$$

である．よって，C_0 は it の超平面の族 $\widetilde{\mathcal{H}}$ に関するあるワイル領域に含まれる．一方，C_0 は

$$\alpha(Y) > 0 \ (\alpha \in \Psi) \text{ および } \alpha_{\max}(Y) < 1$$

で定義されるので，C_0 を真に含む it の連結集合は $\widetilde{\mathcal{H}}$ に属する超平面

$$\alpha(Y) = 0 \ (\alpha \in \Psi) \text{ または } \alpha_{\max}(Y) = 1$$

のいずれかと交わる．よって C_0 は $\widetilde{\mathcal{H}}$ に関するワイル領域である． □

G が半単純のときは，$\widetilde{\mathcal{H}}$ に関するワイル領域として各単純成分の基本胞体の直積を取ることができる．

4.6 G の特異元の分類と構造

C_0 を $\widetilde{\mathcal{H}}$ に関する1つのワイル領域とし，$C = C_0^{cl}$ とする．$\widetilde{\mathcal{H}}_{\partial C_0}$ の任意の部分集合 Ξ に対し，

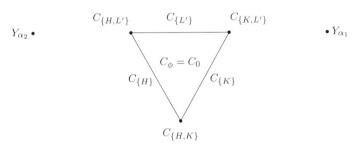

図 4.2 $C = C_0^{cl}$ の分割 $(G = SU(3))$

$$C_\Xi = \{Y \in C \mid Y \in H \text{ for } H \in \Xi,\ Y \notin H' \text{ for } H' \in \widetilde{\mathcal{H}}_{\partial C_0} - \Xi\}$$

とおくと,
$$C = \bigsqcup_{\Xi \subset \widetilde{\mathcal{H}}_{\partial C_0}} C_\Xi$$

であり, $G_\Xi = \displaystyle\bigcup_{g \in G} g(\exp 2\pi i C_\Xi)g^{-1}$ とおくと, 命題 4.13 により

$$G = \bigcup_{\Xi \subset \widetilde{\mathcal{H}}_{\partial C_0}} G_\Xi$$

である. (注意:$C_\phi = C_0$ である. また, $\Xi \subset \widetilde{\mathcal{H}}_{\partial C_0}$ の取り方により, $C_\Xi = \phi$ となることもある.)

例 4.15 $G = SU(3)$ のとき, C_0 として基本胞体を取ると,
$$\widetilde{\mathcal{H}}_{\partial C_0} = \{H, K, L'\}$$
($H = H_{\alpha_1,0}$, $K = H_{\alpha_2,0}$, $L' = H_{\alpha_{\max},1}$) である. $C = C_0^{cl}$ は図 4.2 のように C_Ξ に分割される. $C_{\{H,K,L'\}} = \phi$ に注意する.

例 4.16 $G = SU(2) \times SU(2)$ のとき, $\Delta = \{\alpha, -\alpha, \beta, -\beta\}$ であり, α と β は

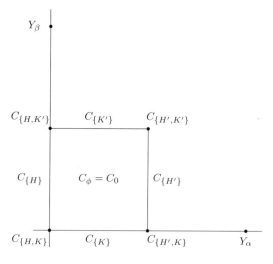

図 4.3 $C = C_0^{cl}$ の分割 $(G = SU(2) \times SU(2))$

直交する．$\widetilde{\mathcal{H}}$ に関するワイル領域として $SU(2)$ の基本胞体の直積

$$C_0 = \{Y \in it \mid 0 < \alpha(Y) < 1,\ 0 < \beta(Y) < 1\}$$

を取ることができる．

$$\widetilde{\mathcal{H}}_{\partial C_0} = \{H, H', K, K'\}$$

($H = H_{\alpha,0}$, $H' = H_{\alpha,1}$, $K = H_{\beta,0}$, $K' = H_{\beta,1}$) であり，$C = C_0^{cl}$ は図 4.3 のように C_Ξ に分割される．$\Xi \supset \{H, H'\}$ または $\Xi \supset \{K, K'\}$ のとき $C_\Xi = \phi$ であることに注意する．

$G_{\text{reg}} = G_\phi$ とおく．命題 4.2 と同様に次の命題が成り立つ．

命題 4.17 $\Xi \neq \phi$, $C_\Xi \neq \phi$ のとき，G_Ξ は G の余次元 3 以上の局所閉部分多様体である．

また，命題 4.3 と同様にして，次の命題も証明できる．

命題 4.18 G が単連結のとき，G_{reg} も単連結である．

4.7 単連結コンパクトリー群の構造

4.2 節で定義したように，$\Gamma_G = \{Y \in i\mathfrak{t} \mid \exp 2\pi i Y = e\}$ とすると，$\Gamma \subset \Gamma_G$ であるが，次が成り立つ．

定理 4.19 （ⅰ）G が単連結 $\Longrightarrow \Gamma_G = \Gamma$
（ⅱ）$\Gamma_G = \Gamma \Longrightarrow G$ は単連結
（ⅲ）G が単連結のとき，$\exp 2\pi i C_0^{cl}$ は G の任意の共役類と 1 点で交わる．

証明 （ⅰ）G は単連結とする．写像

$$\pi : G/T \times C_0 \ni (gT, Y) \mapsto g(\exp 2\pi i Y)g^{-1} \in G_{\mathrm{reg}} \tag{4.7}$$

は全射であり，被覆写像である．G は単連結と仮定しているので，命題 4.18 により G_{reg} も単連結であり，したがって (4.7) は全単射である．

W と Γ_G で生成される $\mathfrak{t}$ の変換群

$$\widetilde{W}_G \cong W \ltimes \Gamma_G$$

も $\widetilde{\mathcal{H}}$ を保つので，これに関するワイル領域の集合に作用する．Γ_G が Γ を真に含むとすると，$\widetilde{W}_G$ は $\widetilde{W}$ を真に含むので，

$$\widetilde{w} C_0 = C_0$$

を満たす自明でない $\widetilde{w} \in \widetilde{W}_G$ が存在する．

$$\widetilde{w}(Y) = \mathrm{Ad}(g)Y + \gamma = Y' \quad (g \in N_G(\mathfrak{t}),\ \gamma \in \Gamma_G,\ Y, Y' \in C_0)$$

とすると，

$$\pi(gT, Y) = g(\exp 2\pi i Y)g^{-1} = \exp(2\pi i \mathrm{Ad}(g)Y) = \exp 2\pi i (\mathrm{Ad}(g)Y + \gamma)$$
$$= \exp Y' = \pi(eT, Y')$$

となり，(4.7) は全単射であったから

$$g \in T, \quad Y = Y'$$

である．さらに $C_0 = \widetilde{w}(C_0) = \mathrm{Ad}(g)C_0 + \gamma = C_0 + \gamma$ なので，

$$\gamma = 0$$

もわかる．したがって，$\widetilde{w}$ は恒等写像になり，矛盾する．よって $\Gamma_G = \Gamma$ が示された．

(ⅱ) G が単連結でないとする．G の普遍被覆群を $\widetilde{G}$ とし，$p : \widetilde{G} \to G$ を被覆写像とする．$\widetilde{G}$ における指数写像を $\exp_{\widetilde{G}} : \mathfrak{g} \to \widetilde{G}$ で表わす．このとき，$p^{-1}(e)$ は $\widetilde{G}$ の中心に含まれるので，極大トーラス $\widetilde{T} = \exp_{\widetilde{G}} \mathfrak{t}$ に含まれる．よって
$$\{e\} \subsetneq p^{-1}(e) \subset \widetilde{T}$$
である．$Y \in \mathfrak{t}$ について
$$Y \in \Gamma_G \iff \exp Y = e \iff \exp_{\widetilde{G}} Y \in p^{-1}(e)$$
であって，(ⅰ) により
$$Y \in \Gamma \iff \exp_{\widetilde{G}} Y = e$$
であるから，$\Gamma \subsetneq \Gamma_G$ である．

(ⅲ) (ⅰ) により，写像
$$Y \to \exp 2\pi i Y \tag{4.8}$$
は $\mathfrak{t}$ 上の $\widetilde{W}$-軌道の集合 $\widetilde{W} \backslash \mathfrak{t}$ から T 上の W-軌道の集合 $W \backslash T$ への全単射を与える．系 3.4 により，包含写像によって
$$C_0^{cl} \cong \widetilde{W} \backslash \mathfrak{t}$$
であり，定理 4.11 により
$$W \backslash T \cong \{G \text{ の共役類}\}$$
だから，(4.8) は C_0^{cl} から G の共役類への全単射を与える． □

例 4.20 特殊直交群 $SO(m)$ について調べよう．例 2.23 のように，次の $c \in U(m)$ による共役群 $G = cSO(m)c^{-1}$ を考える．
$$c = \frac{1}{\sqrt{2}}(I_m + iI'_m)$$
ただし
$$I'_m = \begin{pmatrix} 0 & & 1 \\ & \iddots & \\ 1 & & 0 \end{pmatrix}$$

とする．

まず，$m = 2n+1$ のときを考える．例 2.23 のように
$$Y(a_1, \ldots, a_n) = \mathrm{diag}(a_1, \ldots, a_n, 0, -a_n, \ldots, -a_1)$$
とおくとき，G のリー環 $\mathfrak{g} = \mathrm{Ad}(c)\mathfrak{o}(m)$ の極大トーラスとして
$$\mathfrak{t} = \{Y(a_1, \ldots, a_n) \mid a_1, \ldots, a_n \in i\mathbb{R}\}$$
が取れる．
$$Y_{(1)} = E_{1,1} - E_{m,m} = Y(1, 0, \ldots, 0), \ldots,$$
$$Y_{(n)} = E_{n,n} - E_{n+2,n+2} = Y(0, \ldots, 0, 1)$$
は $i\mathfrak{t}$ の標準的な直交基底である．これの双対基底を $\varepsilon_1, \ldots, \varepsilon_n \in i\mathfrak{t}^*$ とする．すなわち
$$\varepsilon_j : Y(a_1, \ldots, a_n) \mapsto a_j$$
とする．このとき $\mathfrak{g}$ のルート系は
$$\Delta = \Delta(\mathfrak{g}_\mathbb{C}, \mathfrak{t}) = \{\pm \varepsilon_j \mid j = 1, \ldots, n\} \sqcup \{\pm \varepsilon_j \pm \varepsilon_k \mid j \neq k\}$$
(B_n 型) である．
$$\exp Y(a_1, \ldots, a_n) = \mathrm{diag}(e^{a_1}, \ldots, e^{a_n}, 1, e^{-a_n}, \ldots, e^{-a_1})$$
であるから，
$$\exp 2\pi Y(a_1, \ldots, a_n) = e \iff a_1, \ldots, a_n \in i\mathbb{Z}$$
すなわち
$$\Gamma_G = \mathbb{Z} Y_{(1)} \oplus \cdots \oplus \mathbb{Z} Y_{(n)}$$
である．

命題 2.10(注意 2.6) により，$\alpha \in \Delta$ に対し $Y_\alpha \in i\mathfrak{t}$ は
$$\alpha(Y_\alpha) = 2$$
および
$$(Y_\alpha, Z) = 0 \iff \alpha(Z) = 0 \quad \text{for } Z \in \mathfrak{t}$$
によって一意に定まる．よって

$$Y_{\varepsilon_j} = 2Y_{(j)}, \quad Y_{\varepsilon_j \pm \varepsilon_k} = Y_{(j)} \pm Y_{(k)}$$

である.$\varGamma$ は Y_α $(\alpha \in \varDelta)$ によって生成される $i\mathfrak{t}$ の格子であるから

$$\varGamma = \{c_1 Y_{(1)} + \cdots + c_n Y_{(n)} \mid c_1, \ldots, c_n \in \mathbb{Z}, \ c_1 + \cdots + c_n \in 2\mathbb{Z}\}$$

となる.

次に $m = 2n$ のときを考える.

$$Y(a_1, \ldots, a_n) = \mathrm{diag}(a_1, \ldots, a_n, -a_n, \ldots, -a_1)$$

とおくとき,

$$\mathfrak{t} = \{Y(a_1, \ldots, a_n) \mid a_1, \ldots, a_n \in i\mathbb{R}\}$$

は $\mathfrak{g}$ の極大トーラスである.$Y_{(1)}, \ldots, Y_{(n)}, \varepsilon_1, \ldots, \varepsilon_n$ を $m = 2n+1$ のときと同様に取る.このとき

$$\varDelta = \varDelta(\mathfrak{g}_\mathbb{C}, \mathfrak{t}) = \{\pm \varepsilon_j \pm \varepsilon_k \mid j \neq k\}$$

(D_n 型) である.容易に

$$\varGamma_G = \mathbb{Z}Y_{(1)} \oplus \cdots \oplus \mathbb{Z}Y_{(n)}$$

である.一方,

$$Y_{\varepsilon_j \pm \varepsilon_k} = Y_{(j)} \pm Y_{(k)}$$

であるから,

$$\varGamma = \{c_1 Y_{(1)} + \cdots + c_n Y_{(n)} \mid c_1, \ldots, c_n \in \mathbb{Z}, \ c_1 + \cdots + c_n \in 2\mathbb{Z}\}$$

となる.

したがって,すべての m $(m \geq 3)$ について,定理 4.19 により,$SO(m)$ は単連結でなく,その二重被覆である普遍被覆群 $\widetilde{G}$ が存在する.$\widetilde{G} = Spin(m)$ は**スピノル群** (spinor group) と呼ばれ,クリフォード代数を用いると具体的に構成できる ([20] 等参照).

注意 4.1 系 1.4 と定理 3.14 により,2 つの単連結単純コンパクトリー群について,ルート系 (ディンキン図形) が同じであれば,それらは同型である.これによって $m = 3, 4, 5, 6$ のとき,$Spin(m)$ は他のよく知られた群と同型であることがわかる.

$$B_1 = A_1 \quad \therefore Spin(3) \cong SU(2)$$

$$D_2 = A_1 \sqcup A_1 \quad \therefore Spin(4) \cong SU(2) \times SU(2)$$

$$B_2 = C_2 \quad \therefore Spin(5) \cong Sp(2) \quad (次の例 4.21 参照)$$

$$D_3 = A_3 \quad \therefore Spin(6) \cong SU(4)$$

例 4.21 コンパクトシンプレクティック群 $Sp(n) = Sp(n, \mathbb{C}) \cap U(2n)$ について調べよう. 例 2.24 のように, 次の $c \in U(2n)$ による共役群 $G = cSp(n)c^{-1}$ を考える.

$$c = \begin{pmatrix} I_n & 0 \\ 0 & I'_n \end{pmatrix}$$

$Y(a_1, \ldots, a_n) = \mathrm{diag}(a_1, \ldots, a_n, -a_n, \ldots, -a_1)$ とおくとき,

$$\mathfrak{t} = \{Y(a_1, \ldots, a_n) \mid a_1, \ldots, a_n \in i\mathbb{R}\}$$

は $\mathfrak{g} = \mathrm{Ad}(c)\mathfrak{sp}(n)$ の極大トーラスである. 例 2.24 のように $i\mathfrak{t}$ の標準的な直交基底

$$Y_{(1)} = E_{1,1} - E_{2n,2n} = Y(1, 0, \ldots, 0), \ldots,$$

$$Y_{(n)} = E_{n,n} - E_{n+1,n+1} = Y(0, \ldots, 0, 1)$$

を取り, その双対基底を $\varepsilon_1, \ldots, \varepsilon_n \in i\mathfrak{t}^*$ とする. すなわち

$$\varepsilon_j : Y(a_1, \ldots, a_n) \mapsto a_j$$

とする. このとき $\mathfrak{g}$ のルート系は

$$\Delta = \Delta(\mathfrak{g}_{\mathbb{C}}, \mathfrak{t}) = \{\pm \varepsilon_j \pm \varepsilon_k \mid j \neq k\} \sqcup \{\pm 2\varepsilon_j \mid j = 1, \ldots, n\}$$

(C_n 型) である.

$$\exp Y(a_1, \ldots, a_n) = \mathrm{diag}(e^{a_1}, \ldots, e^{a_n}, 1, e^{-a_n}, \ldots, e^{-a_1})$$

であるから,

$$\exp 2\pi Y(a_1, \ldots, a_n) = e \iff a_1, \ldots, a_n \in i\mathbb{Z}$$

すなわち

$$\Gamma_G = \mathbb{Z}Y_{(1)} \oplus \cdots \oplus \mathbb{Z}Y_{(n)}$$

である.

一方,例 4.20 と同様にして
$$Y_{\pm\varepsilon_j\pm\varepsilon_k} = \pm Y_{(j)} \pm Y_{(k)}, \quad Y_{\pm 2\varepsilon_j} = \pm Y_{(j)}$$
である.Γ は Y_α $(\alpha \in \Delta)$ で生成されるので,
$$\Gamma = \mathbb{Z}Y_{(1)} \oplus \cdots \oplus \mathbb{Z}Y_{(n)} = \Gamma_G$$
である.したがって,定理 4.19 により $G \cong Sp(n)$ は単連結である.

4.8 基本胞体と単連結コンパクト単純リー群の中心

$\Psi = \{\alpha_1, \ldots, \alpha_n\}$ に対して,$Y_1, \ldots, Y_n \in i\mathfrak{t}$ を
$$\alpha_j(Y_k) = \delta_{jk}$$
で定義する.3.6 節で得られた $\alpha_{\max}$ の Ψ の 1 次結合による表示を
$$\alpha_{\max} = m_1\alpha_1 + \cdots + m_n\alpha_n$$
とし,
$$C_Z = \{0\} \sqcup \{Y_j \mid m_j = 1\}$$
とおく.

定理 4.22 連結単連結コンパクト単純リー群 G の中心 Z は
$$Z = \{e\} \sqcup \{\exp 2\pi i Y_j \mid m_j = 1\} = \exp 2\pi i C_Z$$
であり,その群構造は表 4.1 で与えられる.

ただし,$\mathbb{Z}_k = \mathbb{Z}/k\mathbb{Z}$ (k 次巡回群) とする.

証明 定理 4.19 により,$\exp 2\pi i C$ に含まれる Z の元を決定すればよい.$Y \in i\mathfrak{t}$ について,$\exp 2\pi i Y \in Z$ であるための条件は,すべての $\alpha \in \Delta$ と $X_\alpha \in \mathfrak{g}_\mathbb{C}(\mathfrak{t},\alpha)$ に対し
$$\mathrm{Ad}(\exp 2\pi i Y)X_\alpha = X_\alpha$$
となることである.$\mathrm{Ad}(\exp 2\pi i Y)X_\alpha = e^{2\pi i \alpha(Y)} X_\alpha$ であるから

表 4.1

type	G	Z
A_n	$SU(n+1)$	$\mathbb{Z}_{n+1}$
B_n	$Spin(2n+1)$	$\mathbb{Z}_2$
C_n	$Sp(n)$	$\mathbb{Z}_2$
D_{2m}	$Spin(4m)$	$\mathbb{Z}_2 \times \mathbb{Z}_2$
D_{2m+1}	$Spin(4m+2)$	$\mathbb{Z}_4$
E_6	E_6	$\mathbb{Z}_3$
E_7	E_7	$\mathbb{Z}_2$
E_8	E_8	$\{e\}$
F_4	F_4	$\{e\}$
G_2	G_2	$\{e\}$

$$\alpha(Y) \in \mathbb{Z} \quad \text{for all } \alpha \in \Delta$$

である．よって，$Y = c_1 Y_1 + \cdots + c_n Y_n$ と表わすとき

$$c_j \in \mathbb{Z} \quad \text{for all } j = 1, \ldots, n \tag{4.9}$$

である．

一方，$Y \in C = C_0^{cl}$ であるための条件は $\alpha(Y) \geq 0$ for $\alpha \in \Psi$, $\alpha_{\max}(Y) \leq 1$ であるから，

$$k_j \geq 0 \text{ for } j = 1, \ldots, n, \ m_1 c_1 + \cdots + m_n c_n \leq 1 \tag{4.10}$$

である．(4.9) と (4.10) を同時に満たす $Y = c_1 Y_1 + \cdots + c_n Y_n$ は 0 と $m_j = 1$ を満たす j に対する Y_j (すなわち C_Z の元) だけであるから

$$Z = \{e\} \sqcup \{\exp 2\pi i Y_j \mid m_j = 1\} = \exp 2\pi i C_Z$$

が示された．

Z の位数が表にあげた群の位数に等しいことは，3.6 節の $\alpha_{\max} = m_1 \alpha_1 + \cdots + m_n \alpha_n$ の表からわかる．Z の位数が 1 または素数のときは群構造は一意的

なので，A_n, D_{2m}, D_{2m+1} 型のときだけを調べればよい．

A_n 型のとき，
$$\alpha_j(Y_{\alpha_k}) = \begin{cases} 2 & (j = k \text{ のとき}) \\ -1 & (j - k = \pm 1 \text{ のとき}) \end{cases}$$

であるから，
$$Y_{\alpha_1} = 2Y_1 - Y_2, \ Y_{\alpha_2} = -Y_1 + 2Y_2 - Y_3, \ldots,$$
$$Y_{\alpha_{n-1}} = -Y_{n-2} + 2Y_{n-1} - Y_n, \ Y_{\alpha_n} = -Y_{n-1} + 2Y_n$$

である．よって
$$Y_2 = 2Y_1 - Y_{\alpha_1} \in 2Y_1 + \Gamma,$$
$$Y_3 \in -Y_1 + 2Y_2 + \Gamma = 3Y_1 + \Gamma,$$
$$\cdots$$
$$Y_n \in nY_1 + \Gamma$$

であるので，
$$\exp 2\pi i Y_k = (\exp 2\pi i Y_1)^k \quad \text{for } k = 1, \ldots, n$$

となり，$Z = \{e\} \sqcup \{\exp 2\pi i Y_j \mid j = 1, \ldots, n\}$ は位数 $n+1$ の巡回群である．

D_n 型のとき，例 4.20 の表示を用いて
$$Y_1 = Y_{(1)}, \ Y_{n-1} = \frac{1}{2}(Y_{(1)} + \cdots + Y_{(n-1)} - Y_{(n)}),$$
$$Y_n = \frac{1}{2}(Y_{(1)} + \cdots + Y_{(n-1)} + Y_{(n)})$$

である．n が偶数のとき，
$$2Y_1, \ 2Y_{n-1}, \ 2Y_n \in \Gamma$$

だから $Z \cong \mathbb{Z}_2 \times \mathbb{Z}_2$ であり，n が奇数のとき，
$$2Y_n \in Y_{(1)} + \Gamma = Y_1 + \Gamma$$

だから $Z \cong \mathbb{Z}_4$ である． □

4.9 中心の基本胞体への作用と拡大ディンキン図形の自己同型

前節で示したように，コンパクト単純リー群 G が単連結のとき，その中心 Z は基本胞体の閉包 C の頂点のうち，C_Z の点すなわち原点と $m_j = 1$ を満たす単純ルート α_j に対応する点 Y_j の写像

$$Y \mapsto \exp 2\pi i Y$$

による像である．

G の中心の各元 $z = \exp 2\pi i Y \in Z$ ($Y \in C_Z$) に対し，写像

$$G \ni g \mapsto zg \in G$$

は共役類を共役類に移すので，定理 4.19 により，C 上の全単射 φ_z を定める．これは it 上の平行移動 $X \mapsto Y + X$ [8)] にアフィンワイル群の作用を合成したものだから，等長変換であって頂点を頂点に移す．Z の各元に対応する頂点の行き先は Z の群構造から前節で調べた通りである．それ以外の頂点の行き先も以下に述べるように，拡大ディンキン図形を保つように一意的に定まることがわかる．φ_z は等長変換なので C の他のすべての点の行き先も自動的に決まる．

基本胞体 C_0 は $n+1$ 個の超平面

$$H_0 : \alpha_{\max}(Y) = 1, \quad H_1 : \alpha_1(Y) = 0, \quad \ldots, \quad H_n : \alpha_n(Y) = 0$$

で囲まれているが，これらの超平面の内側向きの法線ベクトルはそれぞれ

$$\alpha_0 = -\alpha_{\max}, \alpha_1, \ldots, \alpha_n$$

であって，拡大ディンキン図形に対応している．φ_z は等長変換であるので，角度を保ち，したがって超平面のなす角すなわち法線ベクトルのなす角を保つ．また，法線ベクトルの長さを保つことも示せる．よって，φ_z は拡大ディンキン図形の自己同型 $\widetilde{\varphi_z}$ を導く．

図 3.6 を見てわかるように，A_n 型以外のとき，α_0 および $m_j = 1$ を満たす単純ルート α_j は拡大ディンキン図形の枝の端点であり，それらの行き先を指定すれば $\widetilde{\varphi_z}$ は定まる (図 4.4, 4.5)．A_n 型のときは拡大ディンキン図形はループ状に

[8)] 任意の $\alpha \in \Delta$ に対し，$\alpha(Y) \in \mathbb{Z}$ だから，これは C_0 から別のワイル領域 C'_0 への全単射を与える．

なっていて，$\widetilde{\varphi_z}$ はその回転である．各型について，Z の生成元の C の頂点に対する作用は次の表のようになる．(E_8, F_4, G_2 型については $Z = \{e\}$ だから書いてない．D_{2m} 型については，$Z \cong \mathbb{Z}_2 \times \mathbb{Z}_2$ の 2 つの生成元 $\exp 2\pi i Y_1$, $\exp 2\pi i Y_n$ の作用が書いてある．D_{2m}, D_{2m+1} 型の k は $k = 2, \ldots, n-2$)

type	Z の生成元 z	φ_z の C の頂点への作用
A_n	$\exp 2\pi i Y_1$	$0 \mapsto Y_1 \mapsto Y_2 \mapsto \cdots \mapsto Y_n \mapsto 0$
B_n	$\exp 2\pi i Y_1$	$0 \leftrightarrow Y_1,\ Y_k/2 \mapsto Y_k/2\ (k = 2, \ldots, n)$
C_n	$\exp 2\pi i Y_n$	$0 \leftrightarrow Y_n,\ Y_k/2 \leftrightarrow Y_{n-k}/2\ (k = 1, \ldots, n-1)$
D_{2m}	$\exp 2\pi i Y_1$	$0 \leftrightarrow Y_1,\ Y_{n-1} \leftrightarrow Y_n,\ Y_k/2 \mapsto Y_k/2$
D_{2m}	$\exp 2\pi i Y_n$	$0 \leftrightarrow Y_n,\ Y_1 \leftrightarrow Y_{n-1},\ Y_k/2 \leftrightarrow Y_{n-k}/2$
D_{2m+1}	$\exp 2\pi i Y_n$	$0 \mapsto Y_n \mapsto Y_1 \mapsto Y_{n-1} \mapsto 0,\ Y_k/2 \leftrightarrow Y_{n-k}/2$
E_6	$\exp 2\pi i Y_1$	$0 \mapsto Y_1 \mapsto Y_6 \mapsto 0,\ Y_3/3 \mapsto Y_3/3,$ $Y_5/2 \mapsto Y_2/2 \mapsto Y_4/2 \mapsto Y_5/2$
E_7	$\exp 2\pi i Y_1$	$0 \leftrightarrow Y_1,\ Y_7/2 \leftrightarrow Y_2/2,\ Y_6/3 \leftrightarrow Y_3/3,$ $Y_4/4 \mapsto Y_4/4,\ Y_5/2 \mapsto Y_5/2$

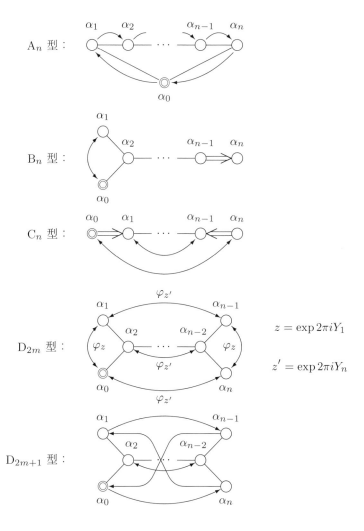

図 **4.4** 拡大ディンキン図形への $\widetilde{\varphi_z}$ の作用

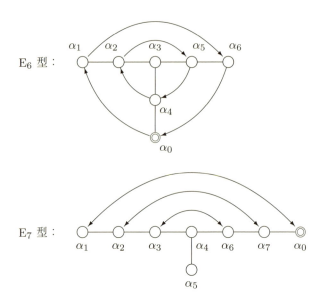

図 **4.5** 拡大ディンキン図形への $\widetilde{\varphi_z}$ の作用 (続き)

第 5 章

コンパクトリー群の対合

5.1 コンパクト単純リー環の自己同型群

連結リー群 G のリー環を $\mathfrak{g}$ とし, G の中心を Z とするとき, 商群 G/Z は随伴作用
$$G/Z \ni gZ \mapsto \mathrm{Ad}(g) \in \mathrm{Aut}(\mathfrak{g})$$
によって $\mathfrak{g}$ の自己同型群 $\mathrm{Aut}(\mathfrak{g})$ の部分群と見なせるが, これは群 G の取り方によらずにリー環 $\mathfrak{g}$ のみによって決まるので, $\mathfrak{g}$ の**内部自己同型群**と呼ばれ記号 $\mathrm{Int}(\mathfrak{g})$ で表わされる. $\mathrm{Int}(\mathfrak{g})$ は $\{\exp \mathrm{ad}(X) \mid X \in \mathfrak{g}\}$ で生成される $\mathrm{Aut}(\mathfrak{g})$ の部分群であると言っても同じことである. $\mathrm{Int}(\mathfrak{g})$ の元を $\mathfrak{g}$ の**内部自己同型** (inner automorphism) といい, それ以外の $\mathfrak{g}$ の自己同型を**外部自己同型** (outer automorphism) という.

$f \in \mathrm{Aut}(\mathfrak{g})$, $X, Y \in \mathfrak{g}$ のとき
$$f(\mathrm{ad}(X) f^{-1}(Y)) = f([X, f^{-1}(Y)]) = [f(X), Y] = \mathrm{ad}(f(X))Y$$
であるので,
$$f(\exp \mathrm{ad}(X)) f^{-1} = \exp \mathrm{ad}(f(X))$$
となり, $\mathrm{Int}(\mathfrak{g})$ は $\mathrm{Aut}(\mathfrak{g})$ の正規部分群であることがわかる.

$\mathfrak{g}$ をコンパクトリー環とし, $\mathfrak{t}$ を $\mathfrak{g}$ の極大トーラスとする. ルート系 $\Delta = \Delta(\mathfrak{g}_{\mathbb{C}}, \mathfrak{t})$ の基本系 Ψ の置換 ρ であって, 内積を保つ: すなわち
$$(\rho(\alpha), \rho(\beta)) = (\alpha, \beta) \quad \text{for all } \alpha, \beta \in \Psi$$
であるもののなす群を $\mathrm{Aut}(\Psi)$ とする. これは対応するディンキン図形の「自己同型群」と見なせる. $\mathfrak{g}$ が単純のとき, ディンキン図形の観察により明らかに $\mathrm{Aut}(\Psi)$ は次の表のようになる. ただし S_3 は 3 次対称群である.

type	Aut(Ψ)
A_n $(n \geq 2)$	$\mathbb{Z}_2$
D_n $(n \geq 5)$	$\mathbb{Z}_2$
D_4	S_3
E_6	$\mathbb{Z}_2$
その他	$\{e\}$

各 $\alpha \in \Psi$ に対し,2.3 節のように $X_\alpha \in \mathfrak{g}_{\mathbb{C}}(\mathfrak{t}, \alpha)$ を $\alpha([\tau(X_\alpha), X_\alpha]) = 2$ となるように取る.このとき,付録の定理 3.14 の証明を見れば,$\rho \in \mathrm{Aut}(\Psi)$ に対し

$$f_\rho(X_\alpha) = X_{\rho(\alpha)}, \ f_\rho(\tau(X_\alpha)) = \tau(X_{\rho(\alpha)}) \ \text{for } \alpha \in \Psi$$

によって $\mathfrak{g}$ の自己同型 f_ρ が定義できる.この形の $\mathfrak{g}$ の自己同型は**特殊自己同型** (special automorphism) と呼ばれる.

例 5.1 (AI 型) $\mathfrak{g} = \mathfrak{su}(n+1)$ の自然な自己同型 $\theta(X) = \overline{X} = -{}^t X$ を考える[1].上記の構成との関係を調べよう.例 2.23 のように

$$c = \frac{1}{\sqrt{2}}(I_{n+1} + iI'_{n+1}) \in U(n+1)$$

による θ の共役

$$\theta' = \mathrm{Ad}(c)\theta\mathrm{Ad}(c)^{-1}$$

を考える.$X \in \mathfrak{g}$ に対し,

$$\theta'(X) = -c \, {}^t(c^{-1} X c) c^{-1} = -c^2 \, {}^t X c^{-2}$$
$$= -iI'_{n+1} \, {}^t X (-iI'_{n+1}) = -I'_{n+1} \, {}^t X I'_{n+1}$$

であるから,

$$\theta'(E_{j,k}) = -E_{n+2-k, n+2-j}$$

である.$\mathfrak{g}$ の極大トーラス $\mathfrak{t} = \{\mathrm{diag}(a_1, \ldots, a_{n+1}) \mid a_j \in i\mathbb{R}, \ a_1 + \cdots + a_{n+1} =$

---

[1] $\theta^2 = \mathrm{id}.$ であるので,θ は $\mathfrak{g}$ の対合であり,これに対する対称部分環は $\mathfrak{g}^\theta = \mathfrak{o}(n+1)$ である (5.3 節).

$0\}$ に対し, θ' の作用は

$$\theta' : \mathrm{diag}(a_1,\ldots,a_{n+1}) \mapsto \mathrm{diag}(-a_{n+1},\ldots,-a_1)$$

であるので, $\alpha_j : \mathrm{diag}(a_1,\ldots,a_{n+1}) \mapsto a_j - a_{j+1}$ は θ' によって $\alpha_{n-j+1} : \mathrm{diag}(a_1,\ldots,a_{n+1}) \mapsto a_{n-j+1} - a_{n-j+2}$ に移る.

まず, $n = 2m$ のときを考える. $\mathfrak{g}_{\mathbb{C}}(\mathfrak{t},\alpha_j)$ の元 X_{α_j} を

$$X_{\alpha_j} = \begin{cases} E_{j,j+1} & (j \leq m \text{ のとき}) \\ -E_{j,j+1} & (j \geq m+1 \text{ のとき}) \end{cases}$$

で定義すれば

$$\theta'(X_{\alpha_j}) = X_{\alpha_{n+1-j}}$$

が成り立つので, θ' はディンキン図形の自己同型 $\alpha_j \mapsto \alpha_{n-j+1}$ に対する $\mathfrak{g}$ の特殊自己同型である. (このように特殊自己同型は $\mathfrak{g}_{\mathbb{C}}(\mathfrak{t},\alpha_j)$ の元 X_{α_j} の取り方に依存する概念であることに注意しよう.)

次に $n = 2m - 1$ のときを考える. この場合, α_m は θ' の作用によって動かないが,

$$\theta'(E_{m,m+1}) = -E_{m,m+1}$$

であるので,

$$\theta'(X) = -X \qquad \text{for all } X \in \mathfrak{g}_{\mathbb{C}}(\mathfrak{t},\alpha_m)$$

である. よって θ' は特殊自己同型ではない.

例 5.2 (AII 型) $\mathfrak{g} = \mathfrak{su}(2m)$ とし, $\mathfrak{g}$ の自己同型 θ を

$$\theta(X) = J_m\,{}^t X J_m$$

で定義する. ただし,

$$J_m = \begin{pmatrix} 0 & -I_m \\ I_m & 0 \end{pmatrix}$$

とする.

$$c = \begin{pmatrix} I_m & 0 \\ 0 & I'_m \end{pmatrix}$$

による θ の共役 $\theta' = \mathrm{Ad}(c) \circ \theta \circ \mathrm{Ad}(c)^{-1}$ については

$$\theta'(X) = J'_m \, {}^t X J'_m$$

となることがわかる. ただし,

$$J'_m = \begin{pmatrix} 0 & -I'_m \\ I'_m & 0 \end{pmatrix}$$

とする. よって

$$\theta'(E_{j,k}) = \begin{cases} -E_{2m+1-k,2m+1-j} & (j,k \leq m \text{ または } j,k > m \text{ のとき}) \\ E_{2m+1-k,2m+1-j} & (j \leq m < k \text{ または } k \leq m < j \text{ のとき}) \end{cases}$$

となる.

$\mathfrak{g}$ の極大トーラス $\mathfrak{t} = \{\mathrm{diag}(a_1, \ldots, a_{2m}) \mid a_j \in i\mathbb{R}\}$ に対し, θ' の作用は

$$\theta' : \mathrm{diag}(a_1, \ldots, a_{2m}) \mapsto \mathrm{diag}(-a_{2m}, \ldots, -a_1)$$

であるので, $\alpha_j : \mathrm{diag}(a_1, \ldots, a_{2m}) \mapsto a_j - a_{j+1}$ は θ' によって $\alpha_{2m-j} :$ $\mathrm{diag}(a_1, \ldots, a_{2m}) \mapsto a_{2m-j} - a_{2m-j+1}$ に移る. $\mathfrak{g}_\mathbb{C}(\mathfrak{t}, \alpha_j)$ の元 X_{α_j} を

$$X_{\alpha_j} = \begin{cases} E_{j,j+1} & (j \leq m \text{ のとき}) \\ -E_{j,j+1} & (j \geq m+1 \text{ のとき}) \end{cases}$$

で定義すれば

$$\theta'(X_{\alpha_j}) = X_{\alpha_{2m-j}}$$

が成り立つので, θ' はディンキン図形の自己同型 $\alpha_j \mapsto \alpha_{2m-j}$ に対する $\mathfrak{g}$ の特殊自己同型である.

補題 5.3 $\mathfrak{g}$ の自己同型 f が $\mathfrak{t}$ 上恒等写像であるとき, $f = \mathrm{Ad}(t)$ for some $t \in T$ である.

証明 f を $\mathfrak{g}_\mathbb{C}$ の複素線形自己同型に拡張する. 各 $\alpha \in \Psi$ に対し, f は $\mathfrak{g}_\mathbb{C}(\mathfrak{t}, \alpha)$ をそれ自身に移すので, $f(X_\alpha) = c_\alpha X_\alpha$ を満たす $c_\alpha \in \mathbb{C}^\times$ が存在する. $\mathfrak{g}$ に関する $\mathfrak{g}_\mathbb{C}$ の複素共役写像 τ は f と可換であるから,

$$f(\tau(X_\alpha)) = \tau(f(X_\alpha)) = \tau(c_\alpha X_\alpha) = \overline{c_\alpha}\tau(X_\alpha)$$

である.よって

$$f([\tau(X_\alpha), X_\alpha]) = c_\alpha\overline{c_\alpha}[\tau(X_\alpha), X_\alpha]$$

であるが,$[\tau(X_\alpha), X_\alpha] \in i\mathfrak{t}$ であるから $c_\alpha\overline{c_\alpha} = 1$ すなわち $|c_\alpha| = 1$ である.
$t \in T$ を $t^\alpha = c_\alpha$ for all $\alpha \in \Psi$ となるように取ると[2]),

$$f(X_\alpha) = c_\alpha X_\alpha = \mathrm{Ad}(t)X_\alpha$$

$$f(\tau(X_\alpha)) = c_\alpha^{-1}\tau(X_\alpha) = t^{-\alpha}\tau(X_\alpha) = \mathrm{Ad}(t)\tau(X_\alpha)$$

となり,$\mathfrak{g}_\mathbb{C}$ は $X_\alpha, \tau(X_\alpha)\,(\alpha \in \Psi)$ によって生成されるので,$f = \mathrm{Ad}(t)$ である.
□

定理 5.4 $\mathrm{Aut}(\Psi) \ni \rho \mapsto f_\rho \in \mathrm{Aut}(\mathfrak{g})$ によって $\mathrm{Aut}(\Psi)$ と $\mathrm{Aut}(\mathfrak{g})/\mathrm{Int}(\mathfrak{g})$ は同型である.

証明 $f \in \mathrm{Aut}(\mathfrak{g})$ とする.$f(\mathfrak{t})$ も $\mathfrak{g}$ の極大トーラスであるので,定理 2.16 により

$$\mathrm{Ad}(g)f(\mathfrak{t}) = \mathfrak{t}$$

となる $g \in G$ が存在する.$\mathfrak{g}$ の自己同型 $\mathrm{Ad}(g) \circ f$ は $\mathfrak{t}$ を不変にするので,ルート系 $\Delta = \Delta(\mathfrak{g}_\mathbb{C}, \mathfrak{t})$ をそれ自身に移すが,$\mathfrak{t}_0$ を $\mathfrak{t}$ の 1 つのワイル領域とするとき,さらに

$$\mathrm{Ad}(\widetilde{w})\mathrm{Ad}(g)f(\mathfrak{t}_0) = \mathfrak{t}_0$$

となる $\widetilde{w} \in N_G(\mathfrak{t})$ を取ることができる.したがって $\mathfrak{g}$ の自己同型 $f_0 = \mathrm{Ad}(\widetilde{w}) \circ \mathrm{Ad}(g) \circ f$ は $\mathfrak{t}_0$ に対応する Δ の基本系 Ψ の元の置換 $\rho \in \mathrm{Aut}(\Psi)$ を引き起こす.$\mathfrak{g}$ は単純であるので,Ψ は $i\mathfrak{t}^*$ の基底であり,よって f_0 と f_ρ の $\mathfrak{t}$ 上の作用は同じである.補題 5.3 により

$$f_0 \circ f_\rho^{-1} = \mathrm{Ad}(t)$$

となる $t \in T$ が存在する.よって

---

[2]) $t = \exp Y\,(Y \in \mathfrak{t})$ のとき,$t^\alpha = e^{\alpha(Y)}$ と定義する.これは $t = \exp Y$ となる $Y \in \mathfrak{t}$ の取り方によらない.

$$\mathrm{Ad}(t)^{-1} \circ \mathrm{Ad}(\widetilde{w}) \circ \mathrm{Ad}(g) \circ f = \mathrm{Ad}(t)^{-1} \circ f_0 = f_\rho$$

が成り立つ．すなわち，写像 $\rho \mapsto f_\rho$ が $\mathrm{Aut}(\mathfrak{g})/\mathrm{Int}(\mathfrak{g})$ への全射を与えることが示された．

一方，$f_\rho = \mathrm{Ad}(g)$ for some $g \in G$ とすると，$g \in N_G(\mathfrak{t})$ であり，$\mathrm{Ad}(g)$ は Ψ に対応するワイル領域 $\mathfrak{t}_0$ をそれ自身に移すので，定理 4.4 により $\mathrm{Ad}(g)|_\mathfrak{t}$ は恒等写像である．よって ρ も恒等写像である．すなわち，写像 $\mathrm{Aut}(\Psi) \ni \rho \mapsto f_\rho \mathrm{Int}(\mathfrak{g}) \in \mathrm{Aut}(\mathfrak{g})/\mathrm{Int}(\mathfrak{g})$ が単射であることが示された．□

注意 5.1 （ⅰ）複素単純リー環 $\mathfrak{g}_\mathbb{C}$ の（複素リー環としての）自己同型群 $\mathrm{Aut}(\mathfrak{g}_\mathbb{C}) = \{f \in GL(\mathfrak{g}_\mathbb{C}) \mid f([X,Y]) = [f(X), f(Y)] \text{ for } X, Y \in \mathfrak{g}_\mathbb{C}\}$ についても同じ形の同型

$$\mathrm{Aut}(\Psi) \to \mathrm{Aut}(\mathfrak{g}_\mathbb{C})/\mathrm{Int}(\mathfrak{g}_\mathbb{C})$$

が示せる．

（ⅱ）実（あるいは複素）n 次元可換リー環 $\mathfrak{g}$ については，明らかに $\mathrm{Int}(\mathfrak{g}) = \{e\}$ であり，$\mathrm{Aut}(\mathfrak{g}) \cong GL(n, \mathbb{R})$ $(GL(n, \mathbb{C}))$ である．

演習問題 5.1 次のコンパクトリー環 $\mathfrak{g}$ について $\mathrm{Aut}(\Psi)$ を求めよ．
(1) $\mathfrak{g} = \mathfrak{su}(2) \oplus \cdots \oplus \mathfrak{su}(2)$ （n 個の直和）
(2) $\mathfrak{g} = \mathfrak{su}(m) \oplus \cdots \oplus \mathfrak{su}(m)$ （n 個の直和，$m \geq 3$）

5.2 半単純リー環の微分

一般に，リー環 $\mathfrak{g}$ に対し，線形写像 $D : \mathfrak{g} \to \mathfrak{g}$ が条件

$$D([X,Y]) = [D(X), Y] + [X, D(Y)] \quad \text{for } X, Y \in \mathfrak{g}$$

を満たすとき，D を $\mathfrak{g}$ の**微分** (derivation) という．特に，$Z \in \mathfrak{g}$ に対し，$D = \mathrm{ad}(Z)$ はこの条件を満たすので，この形の微分を $\mathfrak{g}$ の**内部微分** (inner derivation) という．

通常の微分と同様に次が示せる．

補題 5.5 （ライプニッツの法則） $D^k([X,Y]) = \sum_{i=0}^{k} \binom{k}{i} [D^{k-i}(X), D^i(Y)]$

$GL(\mathfrak{g})$ の 1 径数部分群 $t \mapsto \exp tD$ を考える.

命題 5.6 D が $\mathfrak{g}$ の微分のとき, $\exp tD \in \operatorname{Aut}(\mathfrak{g})$

証明 $X, Y \in \mathfrak{g}$ に対し, 補題 5.5 により

$$(\exp tD)([X, Y])$$
$$= [X, Y] + tD([X, Y]) + \frac{t^2}{2!}D^2([X, Y]) + \cdots + \frac{t^k}{k!}D^k([X, Y]) + \cdots$$
$$= [X, Y] + t([D(X), Y] + [X, D(Y)])$$
$$\quad + \frac{t^2}{2!}([D^2(X), Y] + 2[D(X), D(Y)] + [X, D^2(Y)]) + \cdots$$
$$= [X + tD(X) + \frac{t^2}{2!}D^2(X) + \cdots, Y + tD(Y) + \frac{t^2}{2!}D^2(Y) + \cdots]$$
$$= [(\exp tD)(X), (\exp tD)(Y)] \qquad \square$$

定理 5.7 コンパクト単純リー環 $\mathfrak{g}$ の微分は内部微分である.

証明 D を $\mathfrak{g}$ の微分とすると, 命題 5.6 により, $\exp tD \in \operatorname{Aut}(\mathfrak{g})$ である. 定理 5.4 により, $\operatorname{Aut}(\mathfrak{g})$ の単位元の連結成分は $\operatorname{Int}(\mathfrak{g})$ であるので, $\exp tD \in \operatorname{Int}(\mathfrak{g})$ となり, $D = \operatorname{ad}(Z)$ for some $Z \in \mathfrak{g}$ である. $\qquad \square$

系 5.8 (1) 複素半単純リー環の (複素線形) 微分は内部微分である.
(2) 実半単純リー環の微分は内部微分である[3]).

証明 (1) 複素半単純リー環は複素単純リー環の直和であるので, 複素単純リー環 $\mathfrak{g}$ について考えればよい. 定理 3.13 により,

$$\mathfrak{g} = \mathfrak{u} \oplus i\mathfrak{u}$$

となるコンパクト単純リー環 $\mathfrak{u}$ が存在する. $\mathfrak{g}$ の複素線形微分 $D : \mathfrak{g} \to \mathfrak{g}$ を $\mathfrak{u}$ に制限すると,

$$D|_{\mathfrak{u}} = D_1 + iD_2, \qquad D_1, D_2 : \mathfrak{u} \to \mathfrak{u}$$

と 2 つの $\mathfrak{u}$ の微分 D_1, D_2 で表わせる. 定理 5.7 により, $D_1 = \operatorname{ad}(Z_1), D_2 =$

---

[3]) 任意の標数 0 の体上の半単純リー環について成り立つ (Bourbaki [4], § 6.1).

$\mathrm{ad}(Z_2)$ $(Z_1, Z_2 \in \mathfrak{u})$ であるから, $D = \mathrm{ad}(Z_1 + iZ_2)$ である.

(2) $D : \mathfrak{g} \to \mathfrak{g}$ を実半単純リー環 $\mathfrak{g}$ の微分とすると, D は $\mathfrak{g}_{\mathbb{C}}$ の複素線形な微分に一意的に拡張できる. (1) により,

$$D = \mathrm{ad}(X + iY) = \mathrm{ad}(X) + i\mathrm{ad}(Y) \quad \text{for some } X, Y \in \mathfrak{g}$$

であるが, D は $\mathfrak{g}$ を $\mathfrak{g}$ に移すので, $i\mathrm{ad}(Y) : \mathfrak{g} \to i\mathfrak{g}$ はゼロ写像であり, $D = \mathrm{ad}(X)$ となる. □

系 5.9 実または複素半単純リー環の自己同型群の単位元の連結成分 $\mathrm{Aut}(\mathfrak{g})_0$ は内部自己同型群 $\mathrm{Int}(\mathfrak{g})$ である.

証明 $\mathbb{R} \ni t \to f(t) \in \mathrm{Aut}(\mathfrak{g})$ を実または複素半単純リー環 $\mathfrak{g}$ の 1 径数部分群とすると,

$$D = \frac{d}{dt} f(t)|_{t=0} : \mathfrak{g} \to \mathfrak{g}$$

は $\mathfrak{g}$ の微分である ($\mathfrak{g}$ が複素リー環のときは複素線形微分). 系 5.8 により $D = \mathrm{ad}(X)$ for some $X \in \mathfrak{g}$ であるので,

$$f(t) = \exp t\mathrm{ad}(X) \in \mathrm{Int}(\mathfrak{g})$$

である. $\mathrm{Aut}(\mathfrak{g})_0$ は 1 径数部分群で生成されるので証明された. □

5.3 コンパクト単純リー環の対合

リー環 $\mathfrak{g}$ の自己同型 θ は, θ^2 が恒等写像であるとき, $\mathfrak{g}$ の**対合** (involution) という. $\mathfrak{g}$ の対合 θ に対し, $\mathfrak{g}$ の任意の自己同型 f による共役

$$f \circ \theta \circ f^{-1}$$

もまた対合である. $\mathfrak{g}$ の対合の分類では自己同型による共役類を決定するのが本来の目的であるが, 内部自己同型による共役類

$$\{f \circ \theta \circ f^{-1} \mid f \in \mathrm{Int}(\mathfrak{g})\}$$

を調べる方が, より詳しいことがわかる.

$\mathfrak{g}$ の対合 θ に対し,

$$\mathfrak{g}^\theta = \{X \in \mathfrak{g} \mid \theta(X) = X\}$$

を θ に関する $\mathfrak{g}$ の**対称部分環** (symmetric subalgebra) という. $\mathfrak{g}^{-\theta} = \{X \in \mathfrak{g} \mid \theta(X) = -X\}$ は $\mathfrak{g}$ におけるキリング形式に関する $\mathfrak{g}^\theta$ の直交補空間であることに注意する.

対合 θ, θ' が自己同型 f によって

$$\theta' = f \circ \theta \circ f^{-1} \tag{5.1}$$

と共役であれば,

$$\mathfrak{g}^{\theta'} = f\mathfrak{g}^\theta \tag{5.2}$$

であるが, 逆に (5.2) が成り立つとき, キリング形式の f による不変性により

$$\mathfrak{g}^{-\theta'} = f\mathfrak{g}^{-\theta}$$

であり, したがって (5.1) が成り立つ. すなわち, 対合の共役類と対称部分環の共役類は 1 対 1 に対応する. この意味でも内部自己同型による共役類を調べることは重要である.

5.4 　内部型対合の分類

コンパクト単純リー環 $\mathfrak{g}$ の対合 θ が内部自己同型であるとき, **内部型** (inner type) であるという. これに対し, 外部自己同型であるとき, **外部型** (outer type) であるという.

内部型対合の内部自己同型による共役類を調べよう. 本節の方法は Gantmacher [12], [13], Borel-De Siebenthal [3] によるものである. $\mathfrak{g}$ をリー環として持つ連結リー群を G とするとき, $\mathrm{Int}(\mathfrak{g}) \cong G/Z$ であるから, G/Z の位数 2 の元の G-共役類を調べればよい. G が単連結の場合には共役類と中心の構造が詳しくわかっているので, それを用いればよい.

$\mathfrak{t}$ を $\mathfrak{g}$ の極大トーラスとし, C_0 を基本胞体とする. 定理 4.19 により, 単連結コンパクト単純リー群 G の任意の共役類は $\exp 2\pi i C$ ($C = C_0^{cl}$) と 1 点で交わるので, $\exp 2\pi i C$ の元 g であって $g^2 \in Z$ となるものを調べればよい. $Y \in C$, $g = \exp 2\pi i Y$ とし,

$$Y = c_1 Y_1 + \cdots + c_n Y_n$$

とすると，$g^2 \in Z$ であるための必要十分条件は

$$c_j \in \mathbb{Z}/2 \quad \text{for all } j = 1, \ldots, n$$

である．また，(4.10) により $Y \in C$ であるための条件は

$$c_j \geq 0 \text{ for } j = 1, \ldots, n, \; m_1 c_1 + \cdots + m_n c_n \leq 1$$

であったから，定理 4.22 で調べた $g \in Z$ ($Y \in C_Z$) の場合を除くと，次の 2 通りの場合しかないことがわかる．

(1)' $Y = \dfrac{1}{2}(X_1 + X_2)$, $X_1, X_2 \in C_Z$, $X_1 \neq X_2$

(2) $Y = \dfrac{1}{2} Y_j$, $m_j = 2$

次に，g と gz ($z \in Z$) が G/Z において同じものを表わすことを考慮する必要があるが，これは 4.9 節で調べた Z の C への作用を見ればわかる．特に，Z は C_Z に推移的に作用し，C_Z は 0 を含むので，(1)' の形のものの Z-軌道の代表元として

(1) $Y = \dfrac{1}{2} Y_j$, $m_j = 1$

の形の元が取れる．(1) および (2) のいずれの場合も $Y = (1/2) Y_j$ for some j の形であることに注意する．

(1) の形の内部型対合の内部自己同型群による共役類の代表元として次のものが取れる．左端は E. Cartan による分類記号である．

type	$\mathfrak{g}$	j	$\mathfrak{g}^\theta$
AIII	$\mathfrak{su}(n+1)$	$1 \leq j \leq [(n+1)/2]$	$\mathfrak{su}(j) \oplus \mathfrak{su}(n+1-j) \oplus \mathbb{R}$
BI	$\mathfrak{o}(2n+1)$	1	$\mathfrak{o}(2n-1) \oplus \mathbb{R}$
CI	$\mathfrak{sp}(n)$	n	$\mathfrak{u}(n)$
DI	$\mathfrak{o}(2n)$	1	$\mathfrak{o}(2n-2) \oplus \mathbb{R}$
DIII	$\mathfrak{o}(2n)$	$n-1$	$\mathfrak{u}(n)$
DIII	$\mathfrak{o}(2n)$	n	$\mathfrak{u}(n)$
EIII	E_6	6	$\mathfrak{o}(10) \oplus \mathbb{R}$
EVII	E_7	1	$E_6 \oplus \mathbb{R}$

注意 5.2 （ⅰ）$\mathfrak{g}$ が A_n 型のとき，4.9 節で述べたように，Z の生成元 $z = \exp 2\pi i Y_1$ の C_Z への作用 φ_z は

$$0 \mapsto Y_1 \mapsto Y_2 \mapsto \cdots \mapsto Y_n \mapsto 0$$

で与えられるので，$(1/2)Y_j = (1/2)(0 + Y_j) \in C$ の $\varphi(Z)$-軌道は

$$\{\frac{1}{2}Y_j, \frac{1}{2}(Y_1 + Y_{j+1}), \ldots, \frac{1}{2}(Y_{n-j} + Y_n),$$
$$\frac{1}{2}Y_{n+1-j}, \frac{1}{2}(Y_{n+2-j} + Y_1), \ldots, \frac{1}{2}(Y_n + Y_{j-1})\}$$

である．この中で (1) の型のものは

$$\frac{1}{2}Y_j \quad \text{と} \quad \frac{1}{2}Y_{n+1-j}$$

である．したがって AIII 型の対合の内部自己同型群による共役類の代表系としては上記の表のように

$$Y = \frac{1}{2}Y_j \quad (1 \leq j \leq \left[\frac{n+1}{2}\right])$$

に対する $\theta = \mathrm{Ad}(\exp 2\pi i Y)$ を取ることができる．

（ⅱ）DIII 型の 2 種類は n が奇数のとき内部自己同型により互いに共役であるが，n が偶数のときはそうでない．4.9 節で述べたように，n が奇数のとき，$z = \exp 2\pi i Y_{n-1}$ の C_Z への作用 φ_z は

$$0 \mapsto Y_{n-1} \mapsto Y_1 \mapsto Y_n \mapsto 0$$

で与えられるので，

$$\varphi_z(\frac{1}{2}Y_n) = \varphi_z(\frac{1}{2}(Y_n + 0)) = \frac{1}{2}(0 + Y_{n-1}) = \frac{1}{2}Y_{n-1}$$

となり，一方，n が偶数のときは，$Z \cong \mathbb{Z}_2 \times \mathbb{Z}_2$ の生成元 $z_1 = \exp 2\pi i Y_{n-1}$, $z_2 = \exp 2\pi i Y_n$ について

$$\varphi_{z_1}(\frac{1}{2}Y_{n-1}) = \varphi_{z_1}(\frac{1}{2}(0 + Y_{n-1})) = \frac{1}{2}(Y_{n-1} + 0) = \frac{1}{2}Y_{n-1}$$
$$\varphi_{z_2}(\frac{1}{2}Y_{n-1}) = \varphi_{z_2}(\frac{1}{2}(0 + Y_{n-1})) = \frac{1}{2}(Y_n + Y_1)$$

であるので，$(1/2)Y_{n-1}$ と $(1/2)Y_n$ は Z の作用で移り合わないからである．しかし，外部自己同型も許せば互いに共役なので 1 種類にまとめられる．

（ⅲ）DIII 型かつ n が偶数のとき以外は，内部自己同型群による共役類と自己同型群による共役類は一致する．

(2) 型の $Y = (1/2)Y_j$ は C の頂点であるので，$z \in Z$ の作用 φ_z は 4.9 節で調べた通りである．したがって (1) 型の場合よりも容易に次のような内部自己同型群による共役類の代表元が取れることがわかる．(2) 型については内部自己同型群による共役類と自己同型群による共役類はすべて一致する．左端は E. Cartan による分類記号である．

type	$\mathfrak{g}$	j	$\mathfrak{g}^\theta$
BI	$\mathfrak{o}(2n+1)$	$2 \leq j \leq n$	$\mathfrak{o}(2j) \oplus \mathfrak{o}(2n-2j+1)$
CII	$\mathfrak{sp}(n)$	$1 \leq j \leq [n/2]$	$\mathfrak{sp}(j) \oplus \mathfrak{sp}(n-j)$
DI	$\mathfrak{o}(2n)$	$2 \leq j \leq [n/2]$	$\mathfrak{o}(2j) \oplus \mathfrak{o}(2n-2j)$
EII	E_6	4	$\mathfrak{su}(6) \oplus \mathfrak{su}(2)$
EV	E_7	5	$\mathfrak{su}(8)$
EVI	E_7	7	$\mathfrak{o}(12) \oplus \mathfrak{su}(2)$
EVIII	E_8	8	$\mathfrak{o}(16)$
EIX	E_8	1	$E_7 \oplus \mathfrak{su}(2)$
FI	F_4	1	$\mathfrak{sp}(3) \oplus \mathfrak{sp}(1)$
FII	F_4	4	$\mathfrak{o}(9)$
G	G_2	1	$\mathfrak{su}(2) \oplus \mathfrak{su}(2)$

$\mathfrak{k} = \mathfrak{g}^\theta$ は次のようにして求められる．命題 3.5 (iv) により，任意の $\beta \in \Delta$ は

$$\beta = c_1\alpha_1 + \cdots + c_n\alpha_n \quad (c_1, \ldots, c_n \in \mathbb{Z})$$

と表わせるが，$X_\beta \in \mathfrak{g}_\mathbb{C}(\mathfrak{t}, \beta)$ のとき，

$$[Y, X_\beta] = \beta(Y)X_\beta = \frac{c_j}{2}X_\beta$$

であるので，

$$\theta(X_\beta) = \mathrm{Ad}(\exp 2\pi i Y)X_\beta = e^{c_j\pi i}X_\beta = (-1)^{c_j}X_\beta$$

となる．よって $\mathfrak{k}$ のルート系は

$$\Delta(\mathfrak{k}_\mathbb{C}, \mathfrak{t}) = \{\beta = c_1\alpha_1 + \cdots + c_n\alpha_n \in \Delta \mid c_j \in 2\mathbb{Z}\}$$

であることがわかる. $c \in \mathbb{Z}$ に対し,

$$\Delta(c) = \{\beta = c_1\alpha_1 + \cdots + c_n\alpha_n \in \Delta \mid c_j = c\} = \{\beta \in \Delta \mid \beta(Y_j) = c\}$$

とおくと,

$$\Delta(\mathfrak{k}_{\mathbb{C}}, \mathfrak{t}) = \bigsqcup_{c \in 2\mathbb{Z}} \Delta(c)$$

と書ける.

(3.7) により, 任意の $\beta = c_1\alpha_1 + \cdots + c_n\alpha_n \in \Delta$ に対し,

$$-m_j \leq c_j \leq m_j$$

であることに注意する. したがって, Y が (1) の型のとき,

$$\Delta(\mathfrak{k}_{\mathbb{C}}, \mathfrak{t}) = \Delta(0)$$

である. よって $\Delta(\mathfrak{k}_{\mathbb{C}}, \mathfrak{t})$ の基本系として $\Psi' = \Psi - \{\alpha_j\}$ が取れる. すなわち, そのディンキン図形は Δ のディンキン図形から α_j に対応する頂点を除いたものである. この場合, $\mathfrak{k}$ は半単純ではなく, 1 次元の中心 $\mathbb{R}(iY_j)$ を持つ[4].

一方, Y が (2) の型のときは

$$\Delta(\mathfrak{k}_{\mathbb{C}}, \mathfrak{t}) = \Delta(-2) \sqcup \Delta(0) \sqcup \Delta(2)$$

である.

$$P = \Delta(-2) \sqcup (\Delta(0) \cap \Delta^+), \quad \Psi' = (\Psi - \{\alpha_j\}) \sqcup \{\alpha_0\}$$

とおく. ただし, $\alpha_0 = -\alpha_{\max}$ (3.6 節) である. $\Delta(\mathfrak{k}_{\mathbb{C}}, \mathfrak{t}) = P \sqcup (-P)$ であり, 任意の $\beta \in \Delta(-2)$ に対し, (3.7) により

$\beta - \alpha_0$ は $\Psi - \{\alpha_j\}$ の非負整数係数 1 次結合で書ける

ことがわかる. よって, P の任意のルートは Ψ' の非負整数係数 1 次結合で書けるので, Ψ' は $\Delta(\mathfrak{k}_{\mathbb{C}}, \mathfrak{t})$ の (正のルート系 P に対応する) 基本系である. そのディンキン図形は $\mathfrak{g}$ の拡大ディンキン図形から α_j に対応する頂点を除いたものである. この場合, $\mathfrak{k}$ は半単純である. (1) 型, (2) 型の Ψ' のディンキン図形はそれぞれ図 5.1, 5.2, 5.3 のようになる. これらの図から $\mathfrak{g}^\theta$ の形がわかる.

---

[4] $c = \exp \pi i Y = \exp(\pi/2) i Y_j$ とおくとき, $\mathrm{Ad}(c)$ は $\mathfrak{p} = \mathfrak{g}^{-\theta}$ 上の複素構造を定義する. この複素構造によって, 対称空間 G/K にエルミート対称空間の構造が入ることが知られている. 逆に, 任意のコンパクト型既約エルミート対称空間は (1) の型の対合によって得られることもわかる. したがって, (1) の型の対合を**エルミート型**の対合, (2) の型の対合を**非エルミート型**の (内部型) 対合と呼ぶのもよいと思われる.

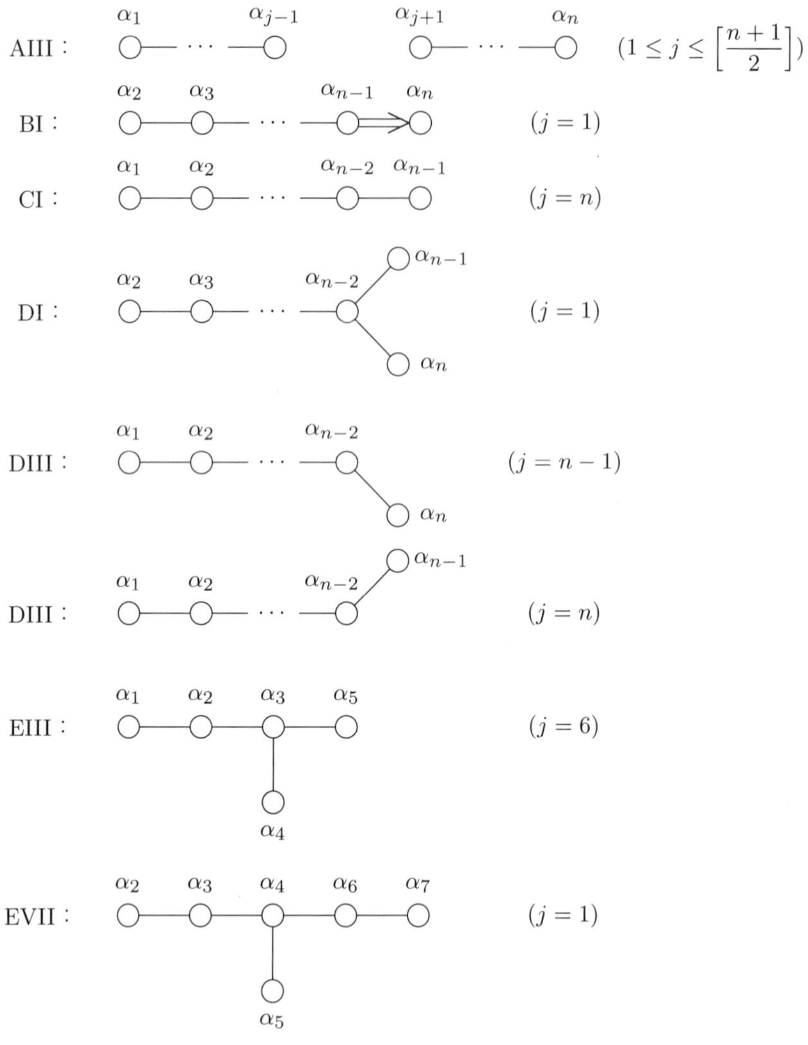

$$
\begin{array}{ll}
\text{AIII}: & \overset{\alpha_1}{\bigcirc}\!\!-\!\cdots\!-\!\overset{\alpha_{j-1}}{\bigcirc} \qquad \overset{\alpha_{j+1}}{\bigcirc}\!\!-\!\cdots\!-\!\overset{\alpha_n}{\bigcirc} \quad (1\le j\le \left[\tfrac{n+1}{2}\right]) \\[6pt]
\text{BI}: & \overset{\alpha_2}{\bigcirc}\!\!-\!\overset{\alpha_3}{\bigcirc}\!-\!\cdots\!-\!\overset{\alpha_{n-1}}{\bigcirc}\!\Rightarrow\!\overset{\alpha_n}{\bigcirc} \qquad (j=1) \\[6pt]
\text{CI}: & \overset{\alpha_1}{\bigcirc}\!\!-\!\overset{\alpha_2}{\bigcirc}\!-\!\cdots\!-\!\overset{\alpha_{n-2}}{\bigcirc}\!-\!\overset{\alpha_{n-1}}{\bigcirc} \qquad (j=n) \\[6pt]
\text{DI}: & \overset{\alpha_2}{\bigcirc}\!-\!\overset{\alpha_3}{\bigcirc}\!-\!\cdots\!-\!\overset{\alpha_{n-2}}{\bigcirc}\!\!\begin{array}{c}\nearrow\alpha_{n-1}\\ \searrow\alpha_n\end{array} \qquad (j=1) \\[10pt]
\text{DIII}: & \overset{\alpha_1}{\bigcirc}\!-\!\overset{\alpha_2}{\bigcirc}\!-\!\cdots\!-\!\overset{\alpha_{n-2}}{\bigcirc}\!\searrow\!\overset{\alpha_n}{\bigcirc} \qquad (j=n-1) \\[8pt]
\text{DIII}: & \overset{\alpha_1}{\bigcirc}\!-\!\overset{\alpha_2}{\bigcirc}\!-\!\cdots\!-\!\overset{\alpha_{n-2}}{\bigcirc}\!\nearrow\!\overset{\alpha_{n-1}}{\bigcirc} \qquad (j=n) \\[8pt]
\text{EIII}: & \overset{\alpha_1}{\bigcirc}\!-\!\overset{\alpha_2}{\bigcirc}\!-\!\overset{\alpha_3}{\underset{|}{\bigcirc}}\!-\!\overset{\alpha_5}{\bigcirc} \qquad (j=6) \\
& \qquad\qquad\ \underset{\alpha_4}{\bigcirc} \\[6pt]
\text{EVII}: & \overset{\alpha_2}{\bigcirc}\!-\!\overset{\alpha_3}{\bigcirc}\!-\!\overset{\alpha_4}{\underset{|}{\bigcirc}}\!-\!\overset{\alpha_6}{\bigcirc}\!-\!\overset{\alpha_7}{\bigcirc} \qquad (j=1) \\
& \qquad\qquad\ \underset{\alpha_5}{\bigcirc}
\end{array}
$$

図 **5.1** (1) 型の $\Psi' = \Psi - \{\alpha_j\}$

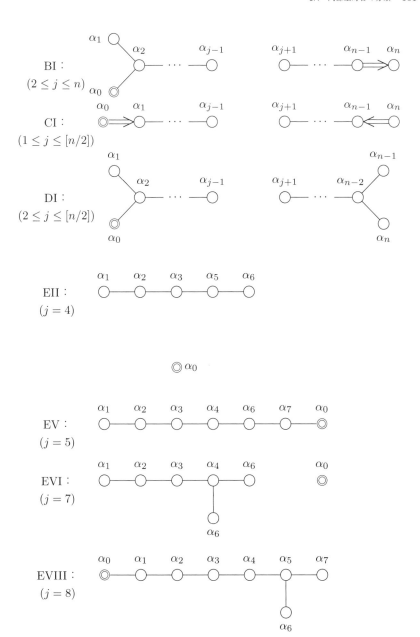

図 **5.2** (2) 型の $\Psi' = (\Psi \sqcup \{\alpha_0\}) - \{\alpha_j\}$

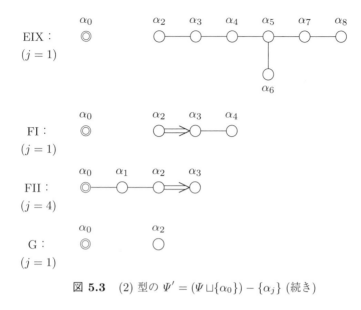

図 5.3 (2) 型の $\Psi' = (\Psi \sqcup \{\alpha_0\}) - \{\alpha_j\}$ (続き)

例 5.10 (BI 型, DI 型) 古典型のときは行列計算により示す方がわかりやすい. 例えば, BI 型と DI 型のときは次のとおりである. 例 2.23 のように $SO(m)$ の $c = (1/\sqrt{2})(I_m + iI'_m) \in U(m)$ による共役群 $G = cSO(m)c^{-1}$ を考える. まず, $m = 2n + 1$ のときを考える. $\mathfrak{g}$ の極大トーラス $\mathfrak{t}$, ルート系

$$\Delta = \Delta(\mathfrak{g}_{\mathbb{C}}, \mathfrak{t}) = \{\pm \varepsilon_j \mid j = 1, \ldots, n\} \sqcup \{\pm \varepsilon_j \pm \varepsilon_k \mid j \neq k\}$$

も例 4.20 のように取る. このとき, Δ の単純ルートとして

$$\alpha_1 = \varepsilon_1 - \varepsilon_2,\ \alpha_2 = \varepsilon_2 - \varepsilon_3,\ \ldots,\ \alpha_{n-1} = \varepsilon_{n-1} - \varepsilon_n,\ \alpha_n = \varepsilon_n$$

を取る. $Y_j \in i\mathfrak{t}$ は $\alpha_k(Y_j) = \delta_{jk}$ によって定義されるので

$$Y_j = Y_{(1)} + \cdots + Y_{(j)} = \begin{pmatrix} I_j & & 0 \\ & 0 & \\ 0 & & -I_j \end{pmatrix}$$

である. $\theta = \mathrm{Ad}(g)$ を定義する g は

$$g = \exp \pi i Y_j = \begin{pmatrix} -I_j & & 0 \\ & I_{2n+1-2j} & \\ 0 & & -I_j \end{pmatrix}$$

と計算できる (BI 型). よって $\mathfrak{k} = \mathfrak{g}^\theta$ は

$$\mathfrak{k} = \left\{ \begin{pmatrix} A & 0 & B \\ 0 & X' & 0 \\ C & 0 & D \end{pmatrix} \in \mathfrak{g} \right\}$$

の形である.

$$\mathfrak{k}_1 = \left\{ \begin{pmatrix} A & 0 & B \\ 0 & 0 & 0 \\ C & 0 & D \end{pmatrix} \in \mathfrak{g} \right\}, \quad \mathfrak{k}_2 = \left\{ \begin{pmatrix} 0 & 0 & 0 \\ 0 & X' & 0 \\ 0 & 0 & 0 \end{pmatrix} \in \mathfrak{g} \right\}$$

とおくと, $\mathfrak{k} = \mathfrak{k}_1 \oplus \mathfrak{k}_2$ であって

$$\mathfrak{k}_1 \cong \left\{ X = \begin{pmatrix} A & B \\ C & D \end{pmatrix} \right\} = \{ X \in \mathfrak{u}(2j) \mid I'_{2j}{}^t X I'_{2j} = -X \} \cong \mathfrak{o}(2j)$$

$$\mathfrak{k}_2 \cong \{ X' \in \mathfrak{u}(2n+1-2j) \mid I'_{2n+1-2j}{}^t X I'_{2n+1-2j} = -X \} \cong \mathfrak{o}(2n+1-2j)$$

である. $m = 2n$ のときの $\theta = \mathrm{Ad}(\exp \pi i Y_j)$ (DI 型) についても同様である.

5.5 内部型対合に関する対称部分群の形

$\mathfrak{g}$ を単純コンパクトリー環とし, θ をその内部型対合とする. G を $\mathfrak{g}$ をリー環に持つ連結単連結リー群とすると, θ は G の対合[5)] θ を定義する.

次の一般的な定理の証明は付録で与える.

定理 5.11 (Borel [2] Theorem 3.4) コンパクトリー群 G が連結かつ単連結のとき, G の任意の自己同型 σ について, $G^\sigma = \{ g \in G \mid \sigma(g) = g \}$ は連結である.

[5)] リー群 G の位数 2 の自己同型. リー環 $\mathfrak{g}$ の対合と同じ文字で表わす.

この定理により $K = G^\theta$ は連結であるが，一般に単連結ではない．

$\widetilde{K}$ を K の普遍被覆群とし，$p : \widetilde{K} \to K$ を被覆写像とする．$\widetilde{K}$ における指数写像を $\exp_{\widetilde{K}} : \mathfrak{k} \to \widetilde{K}$ と表わして G, K における指数写像 $\exp$ と区別する．前節のように $\mathfrak{t}$ を $\mathfrak{g}$ の極大トーラスとして，

$$\theta = \mathrm{Ad}(\exp \pi i Y_j), \quad m_j = 1 \text{ または } 2$$

としてよい．このとき，$\mathfrak{t}$ は $\mathfrak{k}$ の極大トーラスになっている．G は単連結なので，定理 4.19 により

$$\exp|_{\mathfrak{t}}^{-1}(e) = 2\pi i \varGamma \tag{5.3}$$

である．ただし，$\varGamma$ はコルート系 $\varDelta^\vee = \{Y_\alpha \mid \alpha \in \varDelta\}$ で生成される $i\mathfrak{t}$ の格子である．$\{Y_\alpha \mid \alpha \in \varPsi\}$ は $\varDelta^\vee$ の基本系であるので，命題 3.5 (iv) により

$$\varGamma = \bigoplus_{\alpha \in \varPsi} \mathbb{Z} Y_\alpha$$

と書けることに注意する．

前節のように

$$\varPsi' = \begin{cases} \varPsi - \{\alpha_j\} & (m_j = 1 \text{ のとき}) \\ (\varPsi - \{\alpha_j\}) \sqcup \{\alpha_0\} & (m_j = 2 \text{ のとき}) \end{cases}$$

はルート系 $\varDelta(\mathfrak{k}_\mathbb{C}, \mathfrak{t})$ の基本系である．

$$\varGamma' = \bigoplus_{\alpha \in \varPsi'} \mathbb{Z} Y_\alpha$$

とおくと，(5.3) と同様にして

$$\exp_{\widetilde{K}}|_{\mathfrak{t}}^{-1}(e) = 2\pi i \varGamma' \tag{5.4}$$

が成り立つ．$p^{-1}(e)$ は $\widetilde{K}$ の中心に含まれ，したがって $\widetilde{T} = \exp_{\widetilde{K}} \mathfrak{t}$ に含まれる．(5.3), (5.4) により

$$p^{-1}(e) = \exp_{\widetilde{K}} 2\pi i \mathbb{Z} Y_{\alpha_j}$$

であることがわかる．$m_j = 1$ のとき，これは $\mathbb{Z}$ と同型であるが，$m_j = 2$ のときは，次のようにこれは $\mathbb{Z}_2$ または $\{e\}$ と同型になる．

$Y_\alpha = 2\alpha/(\alpha,\alpha)$, $\alpha_{\max} = \sum_{k=1}^{n} m_k \alpha_k$ であるから

$$Y_{\alpha_{\max}} = \sum_{k=1}^{n} \frac{(\alpha_k, \alpha_k)}{(\alpha_{\max}, \alpha_{\max})} m_k Y_{\alpha_k}$$

となる.したがって, $|\alpha_j| = |\alpha_{\max}|$ のとき

$$Y_{\alpha_j} \notin \varGamma', \quad 2Y_{\alpha_j} \in \varGamma'$$

となり, $|\alpha_j| = (1/\sqrt{2})|\alpha_{\max}|$ のとき

$$Y_{\alpha_j} \in \varGamma'$$

となる (G 型のときは, $j=1$ だから $|\alpha_j| = |\alpha_1| = |\alpha_{\max}|$). まとめると, 次のようになる.

定理 5.12 被覆写像 $p: \widetilde{K} \to K$ の核 $p^{-1}(e)$ は

$$p^{-1}(e) = \exp_{\widetilde{K}} 2\pi i \mathbb{Z} Y_{\alpha_j}$$

で与えられ,

(i) $m_j = 1$ ((1) 型) のとき, $p^{-1}(e) \cong \mathbb{Z}$
(ii) $m_j = 2$ ((2) 型) かつ $|\alpha_j| = |\alpha_{\max}|$ のとき, $p^{-1}(e) \cong \mathbb{Z}_2$
(iii) $m_j = 2$ かつ $|\alpha_j| = (1/\sqrt{2})|\alpha_{\max}|$ のとき, $p^{-1}(e) = \{e\}$

である.

さらに詳しく, 前節の分類表に沿って簡単なものから順に見て行こう. (iii) の

$$m_j = 2 \quad \text{かつ} \quad |\alpha_j| = (1/\sqrt{2})|\alpha_{\max}|$$

となるのは, 次の 3 種類の場合だけであり, $p^{-1}(e) = \{e\}$ であるので, $K = G^\theta$ の形も明らかである.

type	G	j	$K = G^\theta$
BI	$Spin(2n+1)$	n	$Spin(2n)$
CII	$Sp(n)$	$1 \leq j \leq [n/2]$	$Sp(j) \times Sp(n-j)$
FII	F_4	4	$Spin(9)$

（ⅱ）の

$$m_j = 2 \quad \text{かつ} \quad |\alpha_j| = |\alpha_{\max}|$$

となるのは，(2) 型の残りのすべての場合である．$z = \exp_{\widetilde{K}} 2\pi i Y_{\alpha_j}$ が $\widetilde{K}$ のどのような位数 2 の中心元であるかを調べる必要がある．

Ψ' の既約分解を

$$\Psi' = \Psi'_1 \sqcup \cdots \sqcup \Psi'_r$$

とし，対応する $\widetilde{K}$, $\mathfrak{k}$ の既約分解を

$$\widetilde{K} = \widetilde{K}_1 \times \cdots \times \widetilde{K}_r, \qquad \mathfrak{k} = \mathfrak{k}_1 \oplus \cdots \oplus \mathfrak{k}_r$$

とする．さらに，各既約成分への射影

$$\widetilde{K} \to \widetilde{K}_k, \qquad \mathfrak{k} \to \mathfrak{k}_k \qquad (k = 1, \ldots, r)$$

を p_k で表わそう．拡大ディンキン図形 $\Psi' \sqcup \{\alpha_j\} = \Psi \sqcup \{\alpha_0\}$ は連結であり，ループを持たないので，Ψ' の各既約成分 Ψ'_k について，

$$(\alpha_j, \alpha_{(k)}) \neq 0$$

となる $\alpha_{(k)} \in \Psi'_k$ がただ 1 つ存在する．

$$|\alpha_{(k)}| \leq |\alpha_{\max}| = |\alpha_j|$$

であるので，

$$\alpha_{(k)}(Y_{\alpha_j}) = \frac{2(\alpha_{(k)}, \alpha_j)}{(\alpha_j, \alpha_j)} = -1$$

が成り立つ．図 3.6 と図 5.2, 5.3 の比較により，$\Delta((\mathfrak{k}_k)_{\mathbb{C}}, \mathfrak{t})$ の Ψ'_k に関する最高ルートを単純ルートの線形結合で表わしたときの $\alpha_{(k)}$ の係数が 1 であることがわかる．したがって，$p_k(-Y_{\alpha_j})$ は $\mathfrak{k}_k$ の基本胞体の 0 以外の頂点であるので，$z_k = p_k(\exp_{\widetilde{K}} 2\pi i Y_{\alpha_j}) = \exp_{\widetilde{K}} 2\pi i p_k(Y_{\alpha_j})$ は $\widetilde{K}_k$ の単位元でない中心元であることがわかる．$z = \exp_{\widetilde{K}} 2\pi i Y_{\alpha_j}$ の位数が 2 であるので，z_k の位数も 2 である．

注意 5.3 （ⅰ）定理 4.22 の表を見れば，D_{2m} 型以外の連結単連結コンパクト単純リー群については，位数 2 の中心元は存在すればただ 1 つであることがわかる．

（ⅱ）D_{2m} 型 ($m \geq 2$) の連結単連結コンパクト単純リー群 $G = Spin(4m)$ に

については，位数 2 の中心元は

$$z_1 = \exp 2\pi i Y_1, \qquad z_2 = \exp 2\pi i Y_{2m-1}, \qquad z_3 = \exp 2\pi i Y_{2m}$$

の 3 つである．$m \geq 3$ のとき，z_2 と z_3 は外部自己同型によって移りあうが，z_1 とは移りあわない．$G/\{e, z_1\}$ は $SO(4m)$ と同型であるが，$G/\{e, z_2\} \cong G/\{e, z_3\}$ は $SO(4m)$ と同型でないリー群であり，$Ss(4m)$ という記号で表される．$m = 2$ のときは，z_1, z_2, z_3 はすべて互いに G の外部自己同型によって移りあう．

図 5.2 を見れば，Ψ' の既約成分 Ψ'_k が D_{2m} 型 ($m \geq 3$) になり得るのは BI, DI, EVI, EVIII の 4 種類の型の場合のみである．BI, DI 型のとき，

$$\Psi'_1 = \{\alpha_0, \alpha_1, \ldots, \alpha_{j-1}\}$$

が D_{2m} 型 ($m \geq 3$) であるとすると，$\alpha_{(1)} = \alpha_{j-1}$ は Ψ'_1 の自己同型 $\alpha_0 \leftrightarrow \alpha_1$ によって不変であるので，

$$\widetilde{K}_1/\{e, p_1(z)\} \cong SO(2j)$$

である．

DI 型で，

$$\Psi'_2 = \{\alpha_j, \ldots, \alpha_n\}$$

が D_{2m} 型 ($m \geq 3$) であるときも，$\alpha_{(2)} = \alpha_{j+1}$ は Ψ'_2 の自己同型 $\alpha_{n-1} \leftrightarrow \alpha_n$ によって不変であるので，

$$\widetilde{K}_2/\{e, p_2(z)\} \cong SO(2n - 2j)$$

である．

EVI 型のとき，Ψ' の既約成分は

$$\Psi'_1 = \{\alpha_1, \ldots, \alpha_6\}, \qquad \Psi'_2 = \{\alpha_0\}$$

であり，Ψ'_1 は D_6 型である．この場合，$\alpha_{(1)} = \alpha_6$ は Ψ'_1 の自己同型 $\alpha_5 \leftrightarrow \alpha_6$ によって不変ではないので

$$\widetilde{K}_1/\{e, p_1(z)\} \cong Ss(12)$$

である．

EVIII 型のとき，

$$\Psi' = \Psi_1' = \{\alpha_0, \alpha_1, \ldots, \alpha_7\}$$

は既約であって D_8 型である. $\alpha_{(1)} = \alpha_7$ は Ψ' の自己同型 $\alpha_6 \leftrightarrow \alpha_7$ によって不変ではないので

$$\widetilde{K}/\{e, z\} \cong Ss(16)$$

である.

(ⅱ) の場合をまとめると次の表のようになる.

type	G	j	$K = G^\theta$
BI	$Spin(2n+1)$		$(Spin(2j) \times Spin(2n-2j+1))/\mathbb{Z}_2$
DI	$Spin(2n)$		$(Spin(2j) \times Spin(2n-2j))/\mathbb{Z}_2$
EII	E_6	4	$(SU(6) \times SU(2))/\mathbb{Z}_2$
EV	E_7	5	$SU(8)/\mathbb{Z}_2$
EVI	E_7	7	$(Spin(12) \times SU(2))/\mathbb{Z}_2$
EVIII	E_8	8	$Spin(16)/\mathbb{Z}_2 \cong Ss(16)$
EIX	E_8	1	$(E_7 \times SU(2))/\mathbb{Z}_2$
FI	F_4	1	$(Sp(3) \times Sp(1))/\mathbb{Z}_2$
G	G_2	1	$(SU(2) \times SU(2))/\mathbb{Z}_2$

(注: BI 型のとき $2 \le j \le n-1$, DI 型のとき $2 \le j \le [n/2]$)

ただし, $\mathbb{Z}_2 = \{e, z\}$ は $K = G^\theta$ の普遍被覆群 $\widetilde{K}$ の中心に含まれる位数 2 の部分群であり, $\widetilde{K}$ の各既約成分への z の射影 ($= z'$ と表わそう) は単位元ではない. したがって, 位数 2 の中心元である. BI, DI 型について, $Spin(2j)/\{e, z'\} \cong SO(2j)$, DI 型について, $Spin(2n-2j)/\{e, z'\} \cong SO(2n-2j)$ である. ($j = 2$ のとき, $Spin(4)$ は既約ではないが, $Spin(4) \cong SU(2) \times SU(2)$ への射影を考えれば, 同じ形になる.) 一方, EVI 型については $Spin(12)/\{e, z'\} \cong Ss(12)$ であり, EVIII 型についても表に書いたようになる.

例 5.13 (BI 型, DI 型) BI 型と DI 型について具体的に考察してみよう. 例 5.10 のように

5.5 内部型対合に関する対称部分群の形　109

$$g = \exp \pi i Y_j = \begin{pmatrix} -I_j & & 0 \\ & I_{m-2j} & \\ 0 & & -I_j \end{pmatrix} \in G \cong SO(m)$$

を取る. $\theta = \mathrm{Ad}(g) : \mathfrak{g} \to \mathfrak{g}$ の G への持ち上げは

$$\theta : g' \mapsto gg'g^{-1}$$

である. よって

$$G^\theta = \left\{ \begin{pmatrix} A & 0 & B \\ 0 & h & 0 \\ C & 0 & D \end{pmatrix} \in G \right\}$$

である. $G = cSO(m)c^{-1}$ $(c = (1/\sqrt{2})(I_m + iI'_m))$ であったが, $cgc^{-1} = g$ であるので,

$$c^{-1}G^\theta c = \{g' \in SO(m) \mid gg'g^{-1} = g'\}$$

である. さらに g は

$$\begin{pmatrix} -I_{2j} & 0 \\ 0 & I_{m-2j} \end{pmatrix}$$

と $SO(m)$ の元で共役だから

$$G^\theta \cong \left\{ \begin{pmatrix} A & 0 \\ 0 & B \end{pmatrix} \ \middle| \ A \in O(2j),\ B \in O(m-2j),\ \det A \det B = 1 \right\}$$

である. すなわち, G^θ は連結でなく, 2つの連結成分を持つ.

G の普遍被覆群 $\widetilde{G} \cong Spin(m)$ については定理 5.11 により $\widetilde{G}^\theta$ は連結である. よって, 被覆写像を $p : \widetilde{G} \to G$ とするとき,

$$\widetilde{G}^\theta = p^{-1}(G_0^\theta), \quad G_0^\theta \cong SO(2j) \times SO(m-2j)$$

である. 例 4.20 のように

$$Y_{(1)} = E_{1,1} - E_{m,m},\ \ldots,\ Y_{(n)} = E_{n,n} - E_{m+1-n,m+1-n}$$

とおくと,

であり,

$$\Gamma_G = \{Y \in \mathfrak{t} \mid \exp 2\pi i Y = e\} = \bigoplus_{k=1}^{n} \mathbb{Z} Y_{(k)}$$

であり,

$$\Gamma = \Gamma_{\widetilde{G}} = \{Y \in \mathfrak{t} \mid \exp_{\widetilde{G}} 2\pi i Y = e\} = \{\sum_{k=1}^{n} c_k Y_{(k)} \mid c_k \in \mathbb{Z},\ \sum_{k=1}^{n} c_k \in 2\mathbb{Z}\}$$

であった. さらに,

$$\Gamma_{\widetilde{K}} = \Gamma' = \{Y \in \mathfrak{t} \mid \exp_{\widetilde{K}} 2\pi i Y = e\} = \Gamma_{\widetilde{K_1}} \oplus \Gamma_{\widetilde{K_2}}$$
$$= \{\sum_{k=1}^{n} c_k Y_{(k)} \mid c_k \in \mathbb{Z},\ \sum_{k=1}^{j} c_k \in 2\mathbb{Z},\ \sum_{k=j+1}^{n} c_k \in 2\mathbb{Z}\}$$

である. よって,

$$z = \exp_{\widetilde{K}} 2\pi i Y_{\alpha_j} = \exp_{\widetilde{K}} 2\pi i (Y_{(j)} - Y_{(j+1)})$$

とおけば

$$\widetilde{G}^\theta \cong \widetilde{K}/\{e, z\} \cong (Spin(2j) \times Spin(m-2j))/\mathbb{Z}_2$$

である.

最後に (i) ((1) 型) の場合を調べよう. AIII 型以外のとき, α_j はディンキン図形の端点であるので, $\Psi' = \Psi - \{\alpha_j\}$ は既約である. よって, $\mathfrak{k}, \widetilde{K}$ の既約分解を

$$\mathfrak{k} = \mathfrak{k}_0 \oplus \mathfrak{k}_1, \quad \widetilde{K} = \widetilde{K}_0 \times \widetilde{K}_1$$

($\mathfrak{k}_0 \cong \widetilde{K}_0 \cong \mathbb{R}$) とおくことができる. 直和成分への射影を

$$p_s : \mathfrak{k} \to \mathfrak{k}_s, \quad p_s : \widetilde{K} \to \widetilde{K}_s\ (s = 0, 1)$$

とする.

例外型から調べよう.

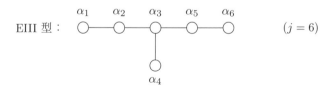

$\mathfrak{k}_1 \cong \mathfrak{o}(10)$, $\widetilde{K}_1 \cong Spin(10)$ である. 被覆写像 $p : \widetilde{K} \to K$ の核 $p^{-1}(e) \cong \mathbb{Z}$ の生成元 $z = \exp_{\widetilde{K}} 2\pi i Y_{\alpha_6}$ について調べる.

$$\alpha_1(Y_{\alpha_6}) = \alpha_2(Y_{\alpha_6}) = \alpha_3(Y_{\alpha_6}) = \alpha_4(Y_{\alpha_6}) = 0, \quad \alpha_5(Y_{\alpha_6}) = \frac{2(\alpha_5, \alpha_6)}{(\alpha_6, \alpha_6)} = -1$$

であり, $\alpha_1, \ldots, \alpha_5$ は $\mathfrak{k}_0$ 上 0 であるから, $Z = p_1(Y_{\alpha_6})$ について

$$\alpha_1(Z) = \alpha_2(Z) = \alpha_3(Z) = \alpha_4(Z) = 0, \quad \alpha_5(Z) = -1$$

である. よって, 定理 4.22 により, $p_1(z) = \exp_{\widetilde{K}} 2\pi i Z$ は位数 4 の $\widetilde{K}_1 \cong Spin(10)$ の中心元である. よって, z^4 で生成される $p^{-1}(e)$ の部分群 $\Gamma_{z^4} (\cong \mathbb{Z})$ は $\widetilde{K}_0$ に含まれる.

$$T = \widetilde{K}_0 / \Gamma_{z^4}$$

と表わすと $\widetilde{K}/\Gamma_{z^4} = T \times \widetilde{K}_1$ であるので

$$K \cong \widetilde{K}/\Gamma \cong (T \times \widetilde{K}_1)/\mathbb{Z}_4 \cong (T \times Spin(10))/\mathbb{Z}_4$$

である.

EVII 型：
α_1 — α_2 — α_3 — α_4 — α_6 — α_7
（α_4 の下に α_5）
$(j = 1)$

$\widetilde{K}_1$ は E_6 型単連結コンパクトリー群である. $Z = p_1(Y_{\alpha_1})$ について

$$\alpha_3(Z) = \alpha_4(Z) = \alpha_5(Z) = \alpha_6(Z) = \alpha_7(Z) = 0, \quad \alpha_2(Z) = -1$$

であるので, 定理 4.22 により, $p_1(z) = \exp_{\widetilde{K}} 2\pi i Z$ は位数 3 の $\widetilde{K}_1$ の中心元である. よって, $T = \widetilde{K}_0/\Gamma_{z^3}$ とおくと, $\widetilde{K}/\Gamma_{z^3} = T \times \widetilde{K}_1$ であるので

$$K \cong (T \times \widetilde{K}_1)/\mathbb{Z}_3 \cong (T \times E_6)/\mathbb{Z}_3$$

である.

以下の古典型については, 具体的な行列計算の助けを借りる.

BI 型：

$$\underset{\alpha_1}{\circ}\!\!-\!\!\underset{\alpha_2}{\circ}\!\!-\cdots-\!\!\underset{\alpha_{n-1}}{\circ}\!\!\Rightarrow\!\!\underset{\alpha_n}{\circ} \qquad (j=1)$$

$\widetilde{K}_1 \cong Spin(2n-1)$ である．$Z = p_1(Y_{\alpha_1})$ について

$$\alpha_3(Z) = \cdots = \alpha_n(Z) = 0, \quad \alpha_2(Z) = -1$$

であるので，定理 4.22 により，$p_1(z) = \exp_{\widetilde{K}} 2\pi i Z$ は位数 2 の $\widetilde{K}_1$ の中心元である．よって，$T = \widetilde{K}_0/\Gamma_{z^2}$ とおくと，$\widetilde{K}/\Gamma_{z^2} = T \times \widetilde{K}_1$ であるので

$$K \cong (T \times \widetilde{K}_1)/\mathbb{Z}_2 \cong (T \times Spin(2n-1))/\mathbb{Z}_2$$

である．

次のように具体的に示すこともできる．例 5.13 で見たように，$G = SO(2n+1)$ について

$$G^\theta \cong \{(A,B) \in O(2) \times O(2n-1) \mid \det A \det B = 1\}$$
$$G_0^\theta \cong SO(2) \times SO(2n-1)$$

であるので，G の 2 重被覆群である $\widetilde{G} = Spin(2n+1)$ については，$SO(2)$ の 2 重被覆群を $Spin(2)$ と書けば，例 5.13 と同様にして

$$\widetilde{G}^\theta \cong (Spin(2) \times Spin(2n-1))/\mathbb{Z}_2$$

となる．

DI 型：

$$\underset{\alpha_1}{\circ}\!\!-\!\!\underset{\alpha_2}{\circ}\!\!-\cdots-\!\!\underset{\alpha_{n-2}}{\circ}\!\!\genfrac{}{}{0pt}{}{\nearrow\underset{}{\circ}\,\alpha_{n-1}}{\searrow\underset{}{\circ}\,\alpha_n} \qquad (j=1)$$

BI 型のときとまったく同様に

$$K \cong (T \times \widetilde{K}_1)/\mathbb{Z}_2 \cong (T \times Spin(2n-2))/\mathbb{Z}_2$$
$$\cong (Spin(2) \times Spin(2n-2))/\mathbb{Z}_2$$

である．

CI 型：
$$\underset{\alpha_1}{\circ}—\underset{\alpha_2}{\circ}—\cdots—\underset{\alpha_{n-1}}{\circ}\Leftarrow\underset{\alpha_n}{\circ}\qquad (j=n)$$

例 4.21 の記号を用いて具体的に計算してみる．単純ルートを標準的に

$$\alpha_1=\varepsilon_1-\varepsilon_2,\ \ldots,\ \alpha_{n-1}=\varepsilon_{n-1}-\varepsilon_n,\ \alpha_n=2\varepsilon_n$$

とすると，$Y_n \in i\mathfrak{t}$ は

$$\alpha_1(Y_n)=\cdots=\alpha_{n-1}(Y_n)=0,\quad \alpha_n(Y_n)=1$$

によって定義されるので

$$Y_n=\frac{1}{2}(Y_{(1)}+\cdots+Y_{(n)})=\frac{1}{2}\begin{pmatrix}I_n & 0\\ 0 & -I_n\end{pmatrix}$$

である．よって

$$\theta=\mathrm{Ad}(\exp\pi i Y_n)=\mathrm{Ad}\begin{pmatrix}iI_n & 0\\ 0 & -iI_n\end{pmatrix}$$

であるので，

$$\mathfrak{k}=\mathfrak{g}^\theta=\left\{\begin{pmatrix}X & 0\\ 0 & Y\end{pmatrix}\in\mathfrak{g}\right\}=\left\{\begin{pmatrix}X & 0\\ 0 & -I_n'\,{}^tXI_n'\end{pmatrix}\,\middle|\, X\in\mathfrak{u}(n)\right\}\cong\mathfrak{u}(n)$$

$$K=G^\theta=\left\{\begin{pmatrix}h & 0\\ 0 & h'\end{pmatrix}\in\mathfrak{g}\right\}=\left\{\begin{pmatrix}h & 0\\ 0 & I_n'\,{}^th^{-1}I_n'\end{pmatrix}\,\middle|\, h\in U(n)\right\}\cong U(n)$$

となる．

$U(n)$ の普遍被覆群を準備しよう．$\widetilde{U(n)}=SU(n)\times i\mathbb{R}$ とおき，$\exp_{\widetilde{U(n)}}:\mathfrak{u}(n)\to\widetilde{U(n)}$ を

$$\exp_{\widetilde{U(n)}}(X)=(\exp(X-\frac{\mathrm{tr}X}{n}I_n),\frac{\mathrm{tr}X}{n})$$

で定義し，被覆写像 $p:\widetilde{U(n)}\to U(n)$ を

$$p(g,s)=ge^s I_n$$

で定義すると，

$$p \circ \widetilde{\exp_{U(n)}} = \exp$$

となる.

$Y_{\alpha_n} \in it$ は

$$\varepsilon_1(Y_{\alpha_n}) = \cdots = \varepsilon_{n-1}(Y_{\alpha_n}) = 0, \quad \alpha_n(Y_{\alpha_n}) = 2\varepsilon_n(Y_{\alpha_n}) = 2$$

で定義されるので $Y_{\alpha_n} = Y_{(n)}$ である. 上記の同一視 $\mathfrak{k} \cong \mathfrak{u}(n)$, $K \cong U(n)$ により, $2\pi i Y_{\alpha_n} = 2\pi i Y_{(n)} \mapsto \mathrm{diag}(0, \ldots, 0, 2\pi i)$ であるので,

$$z = \widetilde{\exp_{U(n)}} 2\pi i Y_{\alpha_n} = (\exp \mathrm{diag}(-\frac{2\pi i}{n}, \ldots, -\frac{2\pi i}{n}, \frac{2\pi i (n-1)}{n}), \frac{2\pi i}{n})$$
$$= (e^{-2\pi i/n} I_n, \frac{2\pi i}{n})$$

である. z で生成される $\widetilde{U(n)}$ の無限巡回部分群は $p^{-1}(e)$ に一致するので, 定理 5.12 を用いても

$$K \cong U(n)$$

がわかる.

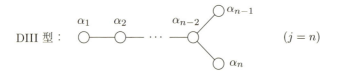

DIII 型: $\quad \alpha_1 \quad \alpha_2 \quad \cdots \quad \alpha_{n-2} \quad \alpha_{n-1} \quad \alpha_n$ $\quad (j = n)$

例 4.20 の記号を用いて具体的に計算しよう. $c = (1/\sqrt{2})(I_m + i I'_m)$ により, $G = cSO(2m)c^{-1}$ とし, G の普遍被覆群を $\widetilde{G}$, 被覆写像を $q : \widetilde{G} \to G$ とする. このとき, $Y_n \in it$ は

$$\alpha_1(Y_n) = \cdots = \alpha_{n-1}(Y_n) = 0, \quad \alpha_n(Y_n) = 1$$

($\alpha_1 = \varepsilon_1 - \varepsilon_2, \ldots, \alpha_{n-1} = \varepsilon_{n-1} - \varepsilon_n, \alpha_n = \varepsilon_{n-1} + \varepsilon_n$) で定義されるので,

$$Y_n = \frac{1}{2}(Y_{(1)} + \cdots + Y_{(n)}) = \frac{1}{2} \begin{pmatrix} I_n & 0 \\ 0 & -I_n \end{pmatrix}$$

である. 従って, CI 型のときと同様に

$$\theta = \mathrm{Ad}(\exp \pi i Y_n) = \mathrm{Ad}\begin{pmatrix} iI_n & 0 \\ 0 & -iI_n \end{pmatrix}$$

であるので,

$$\mathfrak{g}^\theta = \left\{ \begin{pmatrix} X & 0 \\ 0 & Y \end{pmatrix} \in \mathfrak{g} \right\} = \left\{ \begin{pmatrix} X & 0 \\ 0 & -I_n'{}^t X I_n' \end{pmatrix} \mid X \in \mathfrak{u}(n) \right\} \cong \mathfrak{u}(n)$$

$$G^\theta = \left\{ \begin{pmatrix} h & 0 \\ 0 & h' \end{pmatrix} \in \mathfrak{g} \right\} = \left\{ \begin{pmatrix} h & 0 \\ 0 & I_n'{}^t h^{-1} I_n' \end{pmatrix} \mid h \in U(n) \right\} \cong U(n)$$

となる. よって, $\widetilde{G}^\theta = q^{-1}(G^\theta)$ は $U(n)$ の 2 重被覆群である.

$Y_{\alpha_n} = Y_{(n-1)} + Y_{(n)}$ について, 上記の同一視 $\mathfrak{k} \cong \mathfrak{u}(n)$, $K \cong U(n)$ により, $2\pi i Y_{\alpha_n} = 2\pi i(Y_{(n-1)} + Y_{(n)}) \mapsto \mathrm{diag}(0,\ldots,0, 2\pi i, 2\pi i)$ である. よって

$$\begin{aligned} z &= \exp_{\widetilde{K}} 2\pi i Y_{\alpha_n} \\ &= (\exp \mathrm{diag}(-\frac{4\pi i}{n},\ldots,-\frac{4\pi i}{n},\frac{2\pi i(n-2)}{n},\frac{2\pi i(n-2)}{n}), \frac{4\pi i}{n}) \\ &= (e^{-4\pi i/n} I_n, \frac{4\pi i}{n}) \end{aligned}$$

となる. よって z で生成される $\widetilde{K} \cong \widetilde{U(n)}$ の部分群は $p^{-1}(e)$ の指数 2 の部分群であるので, 定理 5.12 を用いても $\widetilde{G}^\theta$ は $U(n)$ の 2 重被覆群であることがわかる. $j = n-1$ のときも同様である.

AIII 型 : $\underset{\alpha_1}{\bigcirc}\!\!-\!\!\underset{\alpha_2}{\bigcirc}\!\!-\cdots-\!\!\underset{\alpha_{n-1}}{\bigcirc}\!\!-\!\!\underset{\alpha_n}{\bigcirc}$ $\quad (1 \leq j \leq \left[\dfrac{n+1}{2}\right])$

$G = SU(n+1)$, $\mathfrak{g} = \mathfrak{su}(n+1)$, $\mathfrak{t} = \{\mathrm{diag}(a_1,\ldots,a_{n+1}) \mid a_k \in i\mathbb{R}, a_1 + \cdots + a_{n+1} = 0\}$ とする. $\Delta(\mathfrak{g}_\mathbb{C}, \mathfrak{t})$ の基本系 $\Psi = \{\alpha_1,\ldots,\alpha_n\}$ を

$$\alpha_k : \mathrm{diag}(a_1,\ldots,a_{n+1}) \mapsto a_k - a_{k+1}$$

によって定義する. このとき, $Y_j \in i\mathfrak{t}$ は $\alpha_k(Y_j) = \delta_{kj}$ によって定義されるので, $j' = n + 1 - j$ とおくとき

$$Y_j = \frac{j'}{n+1}(E_{1,1} + \cdots + E_{j,j}) - \frac{j}{n+1}(E_{j+1,j+1} + \cdots + E_{n+1,n+1})$$

$$= E_{1,1} + \cdots + E_{j,j} - \frac{j}{n+1} I_{n+1}$$

となる.ただし,$E_{k,\ell}$ は行列単位である.よって

$$\theta = \mathrm{Ad}(\exp \pi i Y_j) = \mathrm{Ad}(\exp \pi i (E_{1,1} + \cdots + E_{j,j})) = \mathrm{Ad}\begin{pmatrix} -I_j & 0 \\ 0 & I_{j'} \end{pmatrix}$$

となり,

$$\mathfrak{k} = \mathfrak{g}^\theta = \left\{ \begin{pmatrix} A & 0 \\ 0 & B \end{pmatrix} \,\middle|\, A \in \mathfrak{u}(j),\ B \in \mathfrak{u}(j'),\ \mathrm{tr}\,A + \mathrm{tr}\,B = 0 \right\}$$

$$K = G^\theta = \left\{ \begin{pmatrix} A & 0 \\ 0 & B \end{pmatrix} \,\middle|\, A \in U(j),\ B \in U(j'),\ \det A \det B = 1 \right\}$$

$$= S(U(j) \times U(j'))$$

である.

CI 型のときに定義した記号を用いて,$U(j) \times U(j')$ の普遍被覆群は

$$\widetilde{U(j)} \times \widetilde{U(j')} = SU(j) \times i\mathbb{R} \times SU(j') \times i\mathbb{R}$$

であるが,$K = S(U(j) \times U(j'))$ の普遍被覆群は $\widetilde{U(j)} \times \widetilde{U(j')}$ の部分群として

$$\widetilde{K} = \{(g, \frac{s}{j}, g', -\frac{s}{j'}) \mid g \in SU(j),\ g' \in SU(j'),\ s \in i\mathbb{R}\}$$

と実現でき,被覆写像 $p: \widetilde{K} \to K$ は

$$p(g, \frac{s}{j}, g', -\frac{s}{j'}) = \begin{pmatrix} g e^{s/j} I_j & 0 \\ 0 & g' e^{-s/j'} I_{j'} \end{pmatrix}$$

で与えられる.$Y_{\alpha_j} = E_{j,j} - E_{j+1,j+1}$ だから

$$z = \exp_{\widetilde{K}} 2\pi i Y_{\alpha_j} = (\exp \mathrm{diag}(-\frac{2\pi i}{j}, \ldots, -\frac{2\pi i}{j}, \frac{2\pi i(j-1)}{j}),\ \frac{2\pi i}{j},$$
$$\exp \mathrm{diag}(-\frac{2\pi i(j'-1)}{j'}, \frac{2\pi i}{j'}, \ldots, \frac{2\pi i}{j'}),\ -\frac{2\pi i}{j'})$$
$$= (e^{-2\pi i/j} I_j,\ \frac{2\pi i}{j},\ e^{2\pi i/j'} I_{j'},\ -\frac{2\pi i}{j'})$$

は $p^{-1}(e)$ の生成元である.このように,定理 5.12 を用いても

$$K \cong S(U(j) \times U(j'))$$

が示される.

例外型も含めて (i) の場合 ((1) 型) をまとめると,次の表のようになる.

type	G	j	$K = G^\theta$
AIII	$SU(n+1)$	$1 \leq j \leq [(n+1)/2]$	$S(U(j) \times U(n+1-j))$
BI	$Spin(2n+1)$	1	$(Spin(2n-1) \times T)/\mathbb{Z}_2$
CI	$Sp(n)$	n	$U(n)$
DI	$Spin(2n)$	1	$(Spin(2n-2) \times T)/\mathbb{Z}_2$
DIII	$Spin(2n)$	$n-1$	$U(n)$ の 2 重被覆群
DIII	$Spin(2n)$	n	$U(n)$ の 2 重被覆群
EIII	E_6	6	$(Spin(10) \times T)/\mathbb{Z}_4$
EVII	E_7	1	$(E_6 \times T)/\mathbb{Z}_3$

ただし,$T \cong \mathbb{R}/\mathbb{Z}$ は 1 次元トーラス,

$$S(U(j) \times U(j')) = \left\{ \begin{pmatrix} A & 0 \\ 0 & B \end{pmatrix} \,\middle|\, A \in U(j),\ B \in U(j'),\ \det A \det B = 1 \right\}$$

($j' = n+1-j$) であり,$\widetilde{K}_1 \times T$ において $\mathbb{Z}_k$ ($k=2,3,4$) の生成元の $\widetilde{K}_1$ および T への射影は位数 k の中心元である.5.4 節で述べたことにより,DIII 型の 2 種類の G^θ は n が奇数のとき内部自己同型によって共役であり,偶数のときは外部自己同型により共役であることがわかる.

5.6 捩れ共役類

σ を連結コンパクト半単純リー群 G の自己同型とする.このとき,σ の微分 $\sigma : \mathfrak{g} \to \mathfrak{g}$ は $\mathfrak{g}$ 上のキリング形式 $B(\ ,\ )$ を保つ.$h, h' \in G$ に対し,

$$gh\sigma(g)^{-1} = h'$$

を満たす $g \in G$ が存在するとき，h と h' は σ-共役（あるいは σ-捩れ共役）であるという．明らかに σ-共役は同値関係であることがわかるので，σ-共役類が定義される．$h \in G$ を含む σ-共役類は $\{gh\sigma(g)^{-1} \mid g \in G\}$ である．

注意 5.4 $h' = gh\sigma(g)^{-1}$ のとき
$$\mathrm{Ad}(h') \circ \sigma = \mathrm{Ad}(g) \circ \mathrm{Ad}(h) \circ \mathrm{Ad}(\sigma(g))^{-1} \circ \sigma$$
$$= \mathrm{Ad}(g) \circ \mathrm{Ad}(h) \circ \sigma \circ \mathrm{Ad}(g)^{-1}$$

であるので，$\mathrm{Ad}(h') \circ \sigma$ と $\mathrm{Ad}(h) \circ \sigma$ は $\mathrm{Int}(\mathfrak{g})$-共役である．

$\mathfrak{g}^\sigma = \{X \in \mathfrak{g} \mid \sigma(X) = X\}$ の 1 つの極大トーラスを $\mathfrak{u}$ とし，$U = \exp \mathfrak{u}$ とおく．次の定理は定理 4.8 の拡張になっている．

定理 5.14 $\displaystyle G = \bigcup_{g \in G} gU\sigma(g)^{-1}$

証明 $\Phi(g,h) = gh\sigma(g)^{-1}$ とおく．定理 4.8 の証明と同様に，任意の $a \in U$ に対し，$\Phi(G, U)$ が a の近傍を含むことを示せばよい．$\sigma_a = \mathrm{Ad}(a) \circ \sigma$ とおき，$\mathfrak{h} = \mathfrak{g}^{\sigma_a}$ とおくと，$\mathfrak{u}$ は $\mathfrak{h}$ の極大トーラスである．なぜならば，$X \in \mathfrak{z}_\mathfrak{h}(\mathfrak{u})$ に対し，
$$\mathrm{Ad}(a)\sigma(X) = X \quad \text{かつ} \quad \mathrm{Ad}(a)X = X$$
であるから，$\sigma(X) = X$ すなわち $X \in \mathfrak{g}^\sigma$ となる．$\mathfrak{u}$ は $\mathfrak{g}^\sigma$ の極大トーラスであったから，$X \in \mathfrak{u}$ となる．

任意の $X \in \mathfrak{h}$，$Y \in \mathfrak{u}$ に対し
$$(\exp X)(\exp Y)a\sigma(\exp X)^{-1} = (\exp X)(\exp Y)(\exp X)^{-1}a$$
$$= (\exp \mathrm{Ad}(\exp X)Y)a$$
であるので，系 2.17 により
$$(\exp \mathfrak{h})a = \Phi(H_0, U)$$
である．よって
$$\Phi(G, U) = \Phi(G, (\exp \mathfrak{h})a)$$
である．

5.6 捩れ共役類　119

$X \in \mathfrak{g}$, $s \in \mathbb{R}$ に対し，曲線

$$\Phi(\exp sX, a)a^{-1} = (\exp sX)a\sigma(\exp sX)^{-1}a^{-1} = \exp sX \exp s(-\sigma_a(X))$$

の $s = 0$ における接ベクトルは

$$X - \sigma_a(X)$$

であり，$\{X - \sigma_a(X) \mid X \in \mathfrak{g}\}$ は $\mathfrak{h} = \mathfrak{g}^{\sigma_a}$ の $B(\ ,\ )$ に関する直交補空間であるので，$\Phi(G, (\exp \mathfrak{h})a)a^{-1}$ は単位元の近傍を含む．よって $\Phi(G, (\exp \mathfrak{h})a)$ は a の近傍を含む． □

ワイル群の概念を次のように拡張する．
$$N_U = \{g \in G \mid gU\sigma(g)^{-1} = U\}$$
$$Z_U = \{g \in G \mid ga\sigma(g)^{-1} = a \text{ for all } a \in U\}$$

とおき，$J_U = N_U/Z_U$ とおく．次の定理は定理 4.11 の一般化である．

定理 5.15　包含写像により U 上の J_U-軌道と G 上の σ-共役類は 1 対 1 に対応する．

証明　$a, b \in U$, $g \in G$ が $ga\sigma(g)^{-1} = b$ を満たすとき，ある $h \in N_U$ によって $ha\sigma(h)^{-1} = b$ であることを示せばよい．
$\mathfrak{u}' = \mathrm{Ad}(g)\mathfrak{u}$, $\sigma_b = \mathrm{Ad}(b) \circ \sigma$ とおく．任意の $Z \in \mathfrak{u}$ に対し，

$$\mathrm{Ad}(b)\sigma(\mathrm{Ad}(g)Z) = \mathrm{Ad}(b)\mathrm{Ad}(\sigma(g))Z = \mathrm{Ad}(g)\mathrm{Ad}(a)Z = \mathrm{Ad}(g)Z$$

であるから，$\mathfrak{u}'$ は $\mathfrak{g}^{\sigma_b}$ の可換部分リー環である．一方，$\mathfrak{u}$ も $\mathfrak{g}^{\sigma_b}$ の可換部分リー環である．さらに $\mathfrak{u}$ は $\mathfrak{g}^{\sigma_b}$ において極大可換であることもわかり，したがって $\mathfrak{u}'$ も極大可換である．よって，定理 2.16 により

$$\mathrm{Ad}(x)\mathfrak{u}' = \mathfrak{u}$$

を満たす $x \in G^{\sigma_b}$ が存在する．
$h = xg$ とおくと，

$$ha\sigma(h)^{-1} = xga\sigma(g)^{-1}\sigma(x)^{-1} = xb\sigma(x)^{-1} = b$$

であり，さらに

$$hU\sigma(h)^{-1} = hUh^{-1}ha\sigma(h)^{-1} = hUh^{-1}b = Ub = U$$

となり，$h \in N_U$ が示された． □

$\mathfrak{g}$ における $\mathfrak{u}$ の中心化環を $\mathfrak{t} = \mathfrak{z}_{\mathfrak{g}}(\mathfrak{u})$ とおく.

命題 5.16 $\mathfrak{t}$ は可換である.

証明 $\mathfrak{t}$ の中心を $\mathfrak{z}$ とし, 半単純部分を $\mathfrak{s}$ とするとき, $\mathfrak{t} = \mathfrak{z} \oplus \mathfrak{s}$ であるが,
$$\mathfrak{u} = \mathfrak{t}^\sigma = \mathfrak{z}^\sigma \oplus \mathfrak{s}^\sigma$$
が成り立つ. $\mathfrak{s} \neq \{0\}$ とすると, 付録の補題 A.1 により, $\mathfrak{s}^\sigma \neq \{0\}$ であるが, これは $\mathfrak{u} \subset \mathfrak{z}$ に矛盾する. よって $\mathfrak{t} = \mathfrak{z}$ となり, これは可換である. □

命題 5.17 $\mathfrak{u} = \mathfrak{t} \iff \sigma$ は内部自己同型

証明 $\sigma = \mathrm{Ad}(g)$ $(g \in G)$ とすると, $\mathfrak{u} \subset \mathfrak{g}^\sigma$ であるから $g \in Z_G(\mathfrak{u})$ である. Y を $\mathfrak{u}$ の $\Delta(\mathfrak{g}_{\mathbb{C}}, \mathfrak{u})$ に関する正則元とするとき, $\mathfrak{z}_{\mathfrak{g}}(Y) = \mathfrak{t}$ であるが, 系 4.5 により $Z_G(Y) = T = \exp \mathfrak{t}$ であるので, $g \in T$ となり, $\mathfrak{u}$ の $\mathfrak{g}^\sigma = \{X \in \mathfrak{g} \mid \mathrm{Ad}(g)X = X\}$ における極大可換性により
$$\mathfrak{u} = \mathfrak{t}$$
がしたがう.

逆に $\mathfrak{u} = \mathfrak{t}$ のとき, σ は $\mathfrak{t}$ 上恒等写像であるので, 補題 5.3 により $\sigma = \mathrm{Ad}(t)$ となる $t \in T$ が存在する. よって, σ は $\mathfrak{g}$ の内部自己同型である. □

命題 5.18 $Z_U = T^\sigma$

証明 $g \in Z_U$ とすると, $g\sigma(g)^{-1} = ge\sigma(g)^{-1} = e$ であるので $g \in G^\sigma$ である. さらに, 任意の $a \in U$ に対し
$$gag^{-1} = ga\sigma(g)^{-1} = a$$
であるので, $g \in Z_G(U) = T$ である. 逆に, $T^\sigma \subset Z_U$ は明らかである. □

σ を $\mathfrak{g}_{\mathbb{C}}$ の複素線形自己同型に拡張しておく. 各 $\alpha \in \Delta(\mathfrak{u}) = \Delta(\mathfrak{g}_{\mathbb{C}}, \mathfrak{u})$ に対し, σ はルート空間 $\mathfrak{g}_{\mathbb{C}}(\mathfrak{u}, \alpha)$ の線形自己同型を引き起こすが, σ が $\mathfrak{g}$ 上の負定値内積であるキリング形式 $B(\ ,\ )$ を不変にするので, $\mathfrak{g}_{\mathbb{C}}(\mathfrak{u}, \alpha, \lambda) = \{X \in \mathfrak{g}_{\mathbb{C}}(\mathfrak{u}, \alpha) \mid \sigma(X) = \lambda X\}$ とおくとき
$$\mathfrak{g}_{\mathbb{C}}(\mathfrak{u}, \alpha) = \bigoplus_\lambda \mathfrak{g}_{\mathbb{C}}(\mathfrak{u}, \alpha, \lambda)$$

と固有空間分解され，その固有値 λ の絶対値は 1 である．

$$\mathcal{E} = \{(\alpha, \lambda) \in \Delta(\mathfrak{u}) \times U(1) \mid \mathfrak{g}_{\mathbb{C}}(\mathfrak{u}, \alpha, \lambda) \neq \{0\}\}$$

とおく．

命題 5.19 各 $(\alpha, \lambda) \in \mathcal{E}$ に対し，$\dim \mathfrak{g}_{\mathbb{C}}(\mathfrak{u}, \alpha, \lambda) = 1$

証明 $a \in U$ を $a^{\alpha} = \lambda^{-1}$ となるように取り[6]，$\sigma_a = \mathrm{Ad}(a) \circ \sigma$ とおく．$\mathfrak{u}$ は $\mathfrak{g}^{\sigma_a}$ の極大トーラスであり，

$$\mathfrak{g}_{\mathbb{C}}(\mathfrak{u}, \alpha, \lambda) = (\mathfrak{g}^{\sigma_a})_{\mathbb{C}}(\mathfrak{u}, \alpha)$$

であるから，定理 2.22 により $\dim \mathfrak{g}_{\mathbb{C}}(\mathfrak{u}, \alpha, \lambda) = \dim(\mathfrak{g}^{\sigma_a})_{\mathbb{C}}(\mathfrak{u}, \alpha) = 1$ である． □

$(\alpha, \lambda) \in \mathcal{E}$ に対し，$\mathfrak{g}_{\mathbb{C}}(\mathfrak{u}, \alpha, \lambda)$ の 0 でない元 $X_{\alpha, \lambda}$ を取る．

$$\sigma\tau(X_{\alpha,\lambda}) = \tau\sigma(X_{\alpha,\lambda}) = \tau(\lambda X_{\alpha,\lambda}) = \overline{\lambda}\tau(X_{\alpha,\lambda})$$

であるから，

$$\tau(X_{\alpha,\lambda}) \in \mathfrak{g}_{\mathbb{C}}(\mathfrak{u}, -\alpha, \overline{\lambda})$$

である．よって $Y_{\alpha,\lambda} = [\tau(X_{\alpha,\lambda}), X_{\alpha,\lambda}]$ について

$$Y_{\alpha,\lambda} \in \mathfrak{g}_{\mathbb{C}}(\mathfrak{u}, 0, 1) \cap i\mathfrak{g} = i\mathfrak{t}^{\sigma} = i\mathfrak{u}$$

が成り立つ．したがって，$X_{\alpha,\lambda}, \tau(X_{\alpha,\lambda}), Y_{\alpha,\lambda}$ について命題 2.10 が適用できる．$\alpha(Y_{\alpha,\lambda}) = 2$ となるように $X_{\alpha,\lambda}$ を取り直し，

$$\widetilde{w}_{\alpha,\lambda} = \exp \frac{\pi}{2}(X_{\alpha,\lambda} + \tau(X_{\alpha,\lambda}))$$

とおく．$Y_{\alpha,\lambda}$ は λ に依存しないので Y_{α} と書いてよい．

$$\widetilde{\mathcal{E}} = \{(\alpha, \mu) \in \Delta(\mathfrak{u}) \times i\mathbb{R} \mid (\alpha, e^{\mu}) \in \mathcal{E}\}$$

とおき，$(\alpha, \mu) \in \widetilde{\mathcal{E}}$ に対し，$w_{\alpha,\mu} : \mathfrak{u} \to \mathfrak{u}$ を

$$w_{\alpha,\mu}(Z) = w_{\alpha}(Z) - \mu Y_{\alpha} = Z - \alpha(Z)Y_{\alpha} - \mu Y_{\alpha}$$

によって定義する．これは $\mathfrak{u}$ の超平面 $H_{\alpha,\mu} : \alpha(Z) = -\mu$ に関する鏡映である．

---

[6] $a = \exp Y$ ($Y \in \mathfrak{u}$) のとき，$a^{\alpha} = e^{\alpha(Y)}$ と定義する．これは $a = \exp Y$ となる $Y \in \mathfrak{u}$ の取り方によらない．

命題 5.20 $(\alpha,\mu) \in \widetilde{\mathcal{E}}$, $\lambda = e^\mu$ のとき, $Z \in \mathfrak{u}$ に対し

$$\widetilde{w}_{\alpha,\lambda}(\exp Z)\sigma(\widetilde{w}_{\alpha,\lambda})^{-1} = \exp w_{\alpha,\mu}(Z)$$

である. (命題 2.10 (iv) により $\exp 2\pi i Y_\alpha = e$ だから, 右辺は $\lambda = e^\mu$ となる μ の取り方によらないことに注意する.) 特に, $\widetilde{w}_{\alpha,\lambda} \in N_U$ である.

証明 $\alpha(Y) = -\mu$ となる $Y \in \mathfrak{u}$ を取り, $a = \exp Y$ とおくと,

$$\mathrm{Ad}(a)\sigma(X_{\alpha,\lambda}) = \mathrm{Ad}(a)(\lambda X_{\alpha,\lambda}) = X_{\alpha,\lambda}$$

であるから,

$$a\sigma(\widetilde{w}_{\alpha,\lambda})a^{-1} = \widetilde{w}_{\alpha,\lambda}$$

が成り立つ. よって

$$\begin{aligned}
\widetilde{w}_{\alpha,\lambda}(\exp Z)\sigma(\widetilde{w}_{\alpha,\lambda})^{-1} &= \widetilde{w}_{\alpha,\lambda}(\exp Z)a^{-1}\widetilde{w}_{\alpha,\lambda}^{-1}a \\
&= \widetilde{w}_{\alpha,\lambda}\exp(Z-Y)\widetilde{w}_{\alpha,\lambda}^{-1}\exp Y \\
&= \exp(w_\alpha(Z-Y)+Y) \\
&= \exp(w_{\alpha,\mu}(Z))
\end{aligned}$$

となる. □

$\{\widetilde{w}_{\alpha,\lambda}Z_U \mid (\alpha,\lambda) \in \mathcal{E}\}$ で生成される J_U の部分群を J とし, $\{w_{\alpha,\mu} \mid (\alpha,\mu) \in \widetilde{\mathcal{E}}\}$ で生成される $\mathfrak{u}$ の鏡映群を $\widetilde{J}$ で表わす. これは $\mathfrak{u}$ の超平面の族 $\widetilde{\mathcal{H}}(\mathfrak{u},\widetilde{\mathcal{E}}) = \{H_{\alpha,\mu} \mid (\alpha,\mu) \in \widetilde{\mathcal{E}}\}$ に関する鏡映群である.

$\widetilde{J}$ に関する 1 つのワイル領域を $\widetilde{\mathfrak{u}}_0$ とする. $\widetilde{\mathcal{H}}(\mathfrak{u},\widetilde{\mathcal{E}})_{\partial\widetilde{\mathfrak{u}}_0}$ の任意の部分集合 Ξ に対し,

$$\mathfrak{u}_\Xi = \{Y \in \widetilde{\mathfrak{u}}_0^{cl} \mid Y \in H \text{ for } H \in \Xi,\ Y \notin H \text{ for } H \in \widetilde{\mathcal{H}}(\mathfrak{u},\widetilde{\mathcal{E}})_{\partial\widetilde{\mathfrak{u}}_0} - \Xi\},$$

$$U_\Xi = \exp \mathfrak{u}_\Xi$$

とおき,

$$G_\Xi = \bigcup_{g \in G} gU_\Xi \sigma(g)^{-1}$$

とおく. $a \in U_\phi$ のとき $\mathfrak{g}^{\sigma_a} = \mathfrak{t}$ であり, $(\alpha,\lambda) \in \mathcal{E}$ に対して $a^\alpha = \lambda^{-1}$ のとき

$$(\mathfrak{g}^{\sigma_a})_{\mathbb{C}} \supset \mathfrak{t}_{\mathbb{C}} \oplus \mathfrak{g}_{\mathbb{C}}(\mathfrak{u},\alpha,\lambda) \oplus \mathfrak{g}_{\mathbb{C}}(\mathfrak{u},-\alpha,\overline{\lambda})$$

であるので, 命題 4.17 と命題 4.18 の拡張として次が成り立つ.

命題 5.21 （ⅰ）$\Xi \neq \phi$ かつ $U_\Xi \neq \phi$ のとき，G_Ξ は G の余次元 3 以上の局所閉部分多様体である．

（ⅱ）G が単連結ならば G_ϕ も単連結である．

G が単連結のとき，次の定理により G の σ-共役類は完全に記述できる．これは定理 4.19 の一般化になっている．

定理 5.22 コンパクトリー群 G が単連結のとき，
（ⅰ）$Z_U = T^\sigma = U$
（ⅱ）$J_U = J$
（ⅲ）$Y \in \mathfrak{u}$, $\exp Y = e$ のとき，平行移動 $\mathfrak{u} \ni Z \mapsto Z + Y \in \mathfrak{u}$ は $\widetilde{J}$ の元である．
（ⅳ）$\exp$ は $\widetilde{\mathfrak{u}}_0^{cl}$ 上単射である．
（ⅴ）G の任意の σ-共役類は $\exp \widetilde{\mathfrak{u}}_0^{cl}$ と 1 点で交わる．

証明 写像
$$G/Z_U \times \widetilde{\mathfrak{u}}_0 \ni (gZ_U, Y) \mapsto g(\exp Y)\sigma(g)^{-1} \in G_\phi \tag{5.5}$$
は被覆写像である．G が単連結なので，命題 5.21 により G_ϕ も単連結となり，この被覆写像は全単射である．

（ⅰ）$G/Z_U \times \widetilde{\mathfrak{u}}_0$ が単連結であるので，Z_U は連結であり，$\mathfrak{t}^\sigma = \mathfrak{u}$ であるので命題 5.18 により $Z_U = T^\sigma = U$ となる．

（ⅱ）$g \in N_U$ とする．$Y \in \widetilde{\mathfrak{u}}_0$ に対し，$u' = g(\exp Y)\sigma(g)^{-1}$ は U_ϕ の元であるので，ある $Y' \in \mathfrak{u}_\phi$ によって $u' = \exp Y'$ と書ける．$\widetilde{J}$ は $\widetilde{\mathcal{H}}(\mathfrak{u}, \widetilde{\mathcal{E}})$ のワイル領域の集合に単純推移的に作用するので，$j(Y') \in \widetilde{\mathfrak{u}}_0$ となる $j \in \widetilde{J}$ が存在する．命題 5.20 により $h \in N_U$ であって
$$h(\exp j(Y'))\sigma(h)^{-1} = \exp Y', \quad hU \in J$$
となるものが存在する．(5.5) が単射であるので，$Y = j(Y')$, $gU = hU \in J$ である．

（ⅲ）平行移動 $Z \mapsto Z + Y$ による $\widetilde{\mathfrak{u}}_0$ の像 $\widetilde{\mathfrak{u}}_0 + Y$ も $\widetilde{\mathcal{H}}(\mathfrak{u}, \widetilde{\mathcal{E}})$ に関するワイル領域であるので
$$j(\widetilde{\mathfrak{u}}_0) = \widetilde{\mathfrak{u}}_0 + Y$$

となる $j \in \widetilde{J}$ がただ 1 つ存在する．これが平行移動でないとすると
$$j(Z) = Z' + Y$$
となる相異なる $Z, Z' \in \widetilde{\mathfrak{u}}_0$ が存在する．命題 5.20 により
$$g(\exp Z)\sigma(g)^{-1} = \exp(Z' + Y) = \exp Z' = e(\exp Z')\sigma(e)^{-1}$$
となる $g \in N_U$ が存在するが，これは (5.5) の単射性に矛盾する．

(iv) $Z, Z' \in \widetilde{\mathfrak{u}}_0^{cl}$, $\exp Z = \exp Z'$, $Z \neq Z'$ とすると，(iii) により Z を Z' に移す $\mathfrak{u}$ 上の平行移動は $\widetilde{J}$ の元であるが，系 3.4 により，$\widetilde{J}$-軌道と $\widetilde{\mathfrak{u}}_0^{cl}$ の交わりは 1 点であるので，矛盾する．

(v) 定理 5.14 と定理 5.15 により，$a, a' \in \exp \widetilde{\mathfrak{u}}_0^{cl}$, $ga\sigma(g)^{-1} = a'$ for $g \in N_U$ のとき，$a = a'$ であることを示せばよい．$a = \exp Z$, $a' = \exp Z'$ $(Z, Z' \in \widetilde{\mathfrak{u}}_0^{cl})$ とすると，(ii), (iii) および命題 5.20 により $j(Z) = Z'$ となる $j \in \widetilde{J}$ が存在する．系 3.4 により $Z = Z'$ となるので，$a = a'$ である． □

5.7 特殊自己同型に対する制限ルート系

$\mathfrak{g}$ 上に外部型対合 θ が存在するとすると，定理 5.4 により，$\mathfrak{g}$ は A_n $(n \geq 2)$, D_n $(n \geq 4)$, E_6 のいずれかの型であって，Ψ の位数 2 の自己同型 ρ から定まる $\mathfrak{g}$ の特殊自己同型 $\sigma = f_\rho$ によって
$$\theta \in \mathrm{Int}(\mathfrak{g})\sigma$$
が成り立つ．σ も $\mathfrak{g}$ の外部型対合であることに注意する．

注意 5.5 $\mathfrak{g}$ が D_4 型以外のときは，$\mathrm{Aut}(\Psi) = \{e, \rho\}$ であり，ρ は一意的に決まる．D_4 型のとき，ρ は 3 通りあるが，以下では $\rho(\alpha_3) = \alpha_4$ となるものを考える．

本節では特殊自己同型 $\sigma = f_\rho$ に対して，$\mathfrak{u} = \mathfrak{t}^\sigma$ および制限ルート系 $\Delta(\mathfrak{u})$ を調べよう．$\mathfrak{g}$ のそれぞれの型について次のようになる．$\Delta_\sigma = \{\beta \in \Delta(\mathfrak{u}) \mid (\beta, 1) \in \mathcal{E}\}$ は対称部分環 $\mathfrak{g}^\sigma$ のルート系であることに注意する．

A_n 型：$\mathfrak{g} = \mathfrak{su}(n+1)$ の極大トーラス

$$\mathfrak{t} = \{\mathrm{diag}(a_1, \ldots, a_{n+1}) \mid a_j \in i\mathbb{R},\ a_1 + \cdots + a_{n+1} = 0\}$$

上の線形形式 $\varepsilon_j : \mathrm{diag}(a_1, \ldots, a_{n+1}) \mapsto a_j$ により,$\alpha_j = \varepsilon_j - \varepsilon_{j+1}$ とおけば

$$\Psi = \{\alpha_1, \ldots, \alpha_n\}$$

は $\Delta = \Delta(\mathfrak{g}_\mathbb{C}, \mathfrak{t}) = \{\pm(\varepsilon_j - \varepsilon_k) \mid 1 \leq j < k \leq n+1\}$ の 1 つの基本系である.Ψ の自己同型

$$\rho : \alpha_j \mapsto \alpha_{n+1-j}$$

から定まる $\mathfrak{g}$ の特殊自己同型は,例 5.1,例 5.2 で調べたように n の偶奇によって異なる.

$n = 2m$ のとき: $\mathfrak{g}$ の特殊自己同型は,例 5.1 で構成した

$$\sigma(X) = -I'_{2m+1}\,{}^tX I'_{2m+1} \quad \text{for } X \in \mathfrak{g}$$

である.

$$\mathfrak{u} = \mathfrak{t}^\sigma = \{\mathrm{diag}(a_1, \ldots, a_m, 0, -a_m, \ldots, -a_1) \mid a_1, \ldots, a_m \in i\mathbb{R}\}$$

は $\mathfrak{g}^\sigma \cong \mathfrak{o}(2m+1)$ の極大トーラスであり,

$$\eta_j = \varepsilon_j|_\mathfrak{u} \quad \text{for } j = 1, \ldots, m$$

とするとき,$\mathfrak{g}_\mathbb{C}(\mathfrak{u}, \beta, \lambda)$ ($\lambda = \pm 1$) は次のようになる.$\lambda = 1$ のときは $\mathfrak{g}^\sigma$ のルート空間であり,例 2.23 により

$$\mathfrak{g}_\mathbb{C}(\mathfrak{u}, \eta_j, 1) = \mathbb{C}(E_{j,m+1} - E_{m+1,n+2-j})$$

$$\mathfrak{g}_\mathbb{C}(\mathfrak{u}, -\eta_j, 1) = \mathbb{C}(E_{m+1,j} - E_{n+2-j,m+1})$$

$$\mathfrak{g}_\mathbb{C}(\mathfrak{u}, \eta_j - \eta_k, 1) = \mathbb{C}(E_{j,k} - E_{n+2-k,n+2-j})$$

$$\mathfrak{g}_\mathbb{C}(\mathfrak{u}, \eta_j + \eta_k, 1) = \mathbb{C}(E_{j,n+2-k} - E_{k,n+2-j})$$

$$\mathfrak{g}_\mathbb{C}(\mathfrak{u}, -\eta_j - \eta_k, 1) = \mathbb{C}(E_{n+2-j,k} - E_{n+2-k,j})$$

である.一方,$\lambda = -1$ のときは

$$\mathfrak{g}_\mathbb{C}(\mathfrak{u}, \eta_j, -1) = \mathbb{C}(E_{j,m+1} + E_{m+1,n+2-j})$$

$$\mathfrak{g}_\mathbb{C}(\mathfrak{u}, -\eta_j, -1) = \mathbb{C}(E_{m+1,j} + E_{n+2-j,m+1})$$

$$\mathfrak{g}_{\mathbb{C}}(\mathfrak{u}, \eta_j - \eta_k, -1) = \mathbb{C}(E_{j,k} + E_{n+2-k,n+2-j})$$

$$\mathfrak{g}_{\mathbb{C}}(\mathfrak{u}, \eta_j + \eta_k, -1) = \mathbb{C}(E_{j,n+2-k} + E_{k,n+2-j})$$

$$\mathfrak{g}_{\mathbb{C}}(\mathfrak{u}, -\eta_j - \eta_k, -1) = \mathbb{C}(E_{n+2-j,k} + E_{n+2-k,j})$$

$$\mathfrak{g}_{\mathbb{C}}(\mathfrak{u}, 2\eta_j, -1) = \mathbb{C}E_{j,n+2-j}$$

$$\mathfrak{g}_{\mathbb{C}}(\mathfrak{u}, -2\eta_j, -1) = \mathbb{C}E_{n+2-j,j}$$

である（$\pm 2\eta_j \in \Delta(\mathfrak{u})$ に注意する）．従って $\Delta(\mathfrak{u})$ は BC_m 型である．

$n = 2m - 1$ のとき：Ψ の自己同型

$$\rho : \alpha_j \mapsto \alpha_{2m-j}$$

から定まる $\mathfrak{g}$ の特殊自己同型は，例 5.2 で構成した

$$\sigma(X) = J'_m {}^t X J'_m \quad \text{for } X \in \mathfrak{g}$$

である．

$$\mathfrak{u} = \mathfrak{t}^\sigma = \{\mathrm{diag}(a_1, \ldots, a_m, -a_m, \ldots, -a_1) \mid a_1, \ldots, a_m \in i\mathbb{R}\}$$

は $\mathfrak{g}^\sigma \cong \mathfrak{sp}(m)$ の極大トーラスであり，

$$\eta_j = \varepsilon_j|_{\mathfrak{u}} \quad \text{for } j = 1, \ldots, m$$

とするとき，$\mathfrak{g}_{\mathbb{C}}(\mathfrak{u}_{\mathbb{C}}, \beta, \lambda)$ $(\lambda = \pm 1)$ は次のようになる．$\lambda = 1$ のときは $\mathfrak{g}^\sigma$ のルート空間であり，例 2.24 により

$$\mathfrak{g}_{\mathbb{C}}(\mathfrak{u}, \eta_j - \eta_k, 1) = \mathbb{C}(E_{j,k} - E_{n+2-k,n+2-j})$$

$$\mathfrak{g}_{\mathbb{C}}(\mathfrak{u}, \eta_j + \eta_k, 1) = \mathbb{C}(E_{j,n+2-k} + E_{k,n+2-j})$$

$$\mathfrak{g}_{\mathbb{C}}(\mathfrak{u}, -\eta_j - \eta_k, 1) = \mathbb{C}(E_{n+2-j,k} + E_{n+2-k,j})$$

$$\mathfrak{g}_{\mathbb{C}}(\mathfrak{u}, 2\eta_j, 1) = \mathbb{C}E_{j,n+2-j}$$

$$\mathfrak{g}_{\mathbb{C}}(\mathfrak{u}, -2\eta_j, 1) = \mathbb{C}E_{n+2-j,j}$$

である．一方，$\lambda = -1$ のときは

$$\mathfrak{g}_{\mathbb{C}}(\mathfrak{u}, \eta_j - \eta_k, -1) = \mathbb{C}(E_{j,k} + E_{n+2-k,n+2-j})$$

$$\mathfrak{g}_{\mathbb{C}}(\mathfrak{u}, \eta_j + \eta_k, -1) = \mathbb{C}(E_{j,n+2-k} - E_{k,n+2-j})$$

$$\mathfrak{g}_{\mathbb{C}}(\mathfrak{u}, -\eta_j - \eta_k, -1) = \mathbb{C}(E_{n+2-j,k} - E_{n+2-k,j})$$

である．したがって $\Delta(\mathfrak{u})$ は C_m 型である．

D_n 型：例 2.23 のように

$$\mathfrak{g} = \{X \in \mathfrak{u}(2n) \mid I'_{2n}\, {}^t X I'_{2n} = -X\} \cong \mathfrak{o}(2n)$$

について，

$$\mathfrak{t} = \{\mathrm{diag}(a_1, \ldots, a_n, -a_n, \ldots, -a_1) \mid a_1, \ldots, a_m \in i\mathbb{R}\}$$

は $\mathfrak{g}$ の極大トーラスである．$\mathfrak{t}$ 上の線形形式 $\varepsilon_j : \mathrm{diag}(a_1, \ldots, a_n, -a_n, \ldots, -a_1) \mapsto a_j$ によって，$\Delta = \Delta(\mathfrak{g}_{\mathbb{C}}, \mathfrak{t}) = \{\pm \varepsilon_j \pm \varepsilon_k \mid j \neq k\}$ であり，

$$\Psi = \{\alpha_1 = \varepsilon_1 - \varepsilon_2, \ldots, \alpha_{n-1} = \varepsilon_{n-1} - \varepsilon_n, \alpha_n = \varepsilon_{n-1} + \varepsilon_n\}$$

は Δ の 1 つの基本系である．$\mathfrak{g}$ の対合 σ を

$$\sigma(X) = JXJ \quad \text{ただし } J = \begin{pmatrix} I_{n-1} & & 0 \\ & I'_2 & \\ 0 & & I_{n-1} \end{pmatrix}, \quad I'_2 = \begin{pmatrix} 0 & 1 \\ 1 & 0 \end{pmatrix}$$

で定義する．このとき σ は Ψ の自己同型 $\rho : \alpha_{n-1} = \varepsilon_{n-1} - \varepsilon_n \mapsto \alpha_n = \varepsilon_{n-1} + \varepsilon_n$ $(\rho(\alpha_j) = \alpha_j \text{ for } j = 1, \ldots, n-2)$ に対する特殊自己同型である．

$$\mathfrak{u} = \mathfrak{t}^\sigma = \{\mathrm{diag}(a_1, \ldots, a_{n-1}, 0, 0, -a_{n-1}, \ldots, -a_1) \mid a_1, \ldots, a_{n-1} \in i\mathbb{R}\}$$

は $\mathfrak{g}^\sigma$ の極大トーラスであり，

$$\eta_j = \varepsilon_j|_{\mathfrak{u}} \quad \text{for } j = 1, \ldots, n-1$$

とするとき，$\mathfrak{g}_{\mathbb{C}}(\mathfrak{u}, \beta, \lambda)$ ($\lambda = \pm 1$) は次のようになる．$\lambda = 1$ のとき，

$$\mathfrak{g}_{\mathbb{C}}(\mathfrak{u}, \eta_j - \eta_k, 1) = \mathbb{C}(E_{j,k} - E_{2n+1-k, 2n+1-j})$$

$$\mathfrak{g}_{\mathbb{C}}(\mathfrak{u}, \eta_j + \eta_k, 1) = \mathbb{C}(E_{j, 2n+1-k} + E_{k, 2n+1-j})$$

$$\mathfrak{g}_{\mathbb{C}}(\mathfrak{u}, -\eta_j - \eta_k, 1) = \mathbb{C}(E_{2n+1-j, k} + E_{2n+1-k, j})$$

$$\mathfrak{g}_{\mathbb{C}}(\mathfrak{u}, \eta_j, 1) = \mathbb{C}(E_{j,n} + E_{j,n+1} - E_{n, 2n+1-j} - E_{n+1, 2n+1-j})$$

$$\mathfrak{g}_{\mathbb{C}}(\mathfrak{u}, -\eta_j, 1) = \mathbb{C}(E_{n,j} + E_{n+1,j} - E_{2n+1-j,n} - E_{2n+1-j,n+1})$$

である $(\therefore \mathfrak{g}^\sigma \cong \mathfrak{o}(2n-1))$. 一方, $\lambda = -1$ のときは

$$\mathfrak{g}_{\mathbb{C}}(\mathfrak{u}, \eta_j, -1) = \mathbb{C}(E_{j,n} - E_{j,n+1} + E_{n,2n+1-j} - E_{n+1,2n+1-j})$$

$$\mathfrak{g}_{\mathbb{C}}(\mathfrak{u}, -\eta_j, -1) = \mathbb{C}(E_{n,j} - E_{n+1,j} + E_{2n+1-j,n} - E_{2n+1-j,n+1})$$

である. したがって $\Delta(\mathfrak{u})$ は B_{n-1} 型である.

E_6 型: 3.4 節の記号を用いると,

$$\Delta = \Delta(\mathfrak{g}_{\mathbb{C}}, \mathfrak{t}) = \{\pm\varepsilon_j \pm \varepsilon_k \mid 1 \leq j < k \leq 5\}$$
$$\sqcup \{\frac{1}{2}\sum_{j=1}^{8} c_i\varepsilon_j \mid c_j = \pm 1, \prod_{j=1}^{8} c_j = 1, c_6 = c_7 = c_8\}$$

であり,

$$\alpha_1 = \varepsilon_1 - \varepsilon_2,\ \alpha_2 = \varepsilon_2 - \varepsilon_3,\ \alpha_3 = \varepsilon_3 - \varepsilon_4,\ \alpha_4 = \varepsilon_4 - \varepsilon_5,\ \alpha_5 = \varepsilon_4 + \varepsilon_5,$$
$$\alpha_6 = -\frac{1}{2}(\varepsilon_1 + \cdots + \varepsilon_8)$$

とおくと, $\Psi = \{\alpha_1, \ldots, \alpha_6\}$ は Δ の 1 つの基本系であるが, 自己同型を考えるためには, 次のように Ψ を取り換える方がわかりやすい. 図 3.6 の拡大ディンキン図形を見れば, Δ の別の基本系として

$$\Psi' = \{\alpha_2, \ldots, \alpha_6, \alpha_0\}$$

を取ることができる. ただし,

$$\alpha_0 = -\alpha_{\max} = \frac{1}{2}(-\varepsilon_1 - \varepsilon_2 - \varepsilon_3 - \varepsilon_4 + \varepsilon_5 + \varepsilon_6 + \varepsilon_7 + \varepsilon_8)$$

である. Δ の位数 2 の自己同型 ρ を

$$\rho(\varepsilon_j) = \begin{cases} \varepsilon_j & (j = 1, 2, 3, 4 \text{ のとき}) \\ -\varepsilon_j & (j = 5, 6, 7, 8 \text{ のとき}) \end{cases}$$

によって定義すれば,

$$\rho(\alpha_2) = \alpha_2,\ \rho(\alpha_3) = \alpha_3,\ \rho(\alpha_4) = \alpha_5,\ \rho(\alpha_6) = \alpha_0$$

となるので, ρ は Ψ' の自己同型を定義する. この ρ から決まる $\mathfrak{g}$ の特殊自己同

型を σ とし，$\mathfrak{u} = \mathfrak{t}^\sigma$ とするとき，制限ルート系 $\Delta(\mathfrak{u}) = \Delta(\mathfrak{g}_\mathbb{C}, \mathfrak{u})$ のルート空間は次のようになる．ただし，$\eta_j = \varepsilon_j|_\mathfrak{u}$ ($j=1,2,3,4$) とする．

$$\mathfrak{g}_\mathbb{C}(\mathfrak{u}, \pm \eta_j \pm \eta_k) = \mathfrak{g}_\mathbb{C}(\mathfrak{t}, \pm\varepsilon_j \pm \varepsilon_k) \quad (1 \leq j < k \leq 4)$$

$$\mathfrak{g}_\mathbb{C}(\mathfrak{u}, \pm \eta_j) = \mathfrak{g}_\mathbb{C}(\mathfrak{t}, \pm\varepsilon_j + \varepsilon_5) \oplus \mathfrak{g}_\mathbb{C}(\mathfrak{t}, \pm\varepsilon_j - \varepsilon_5) \quad (1 \leq j \leq 4)$$

$$\mathfrak{g}_\mathbb{C}(\mathfrak{u}, \tfrac{1}{2}\sum_{j=1}^4 c_j \eta_j) = \mathfrak{g}_\mathbb{C}(\mathfrak{t}, \tfrac{1}{2}((\sum_{j=1}^4 c_j \varepsilon_j) + c\varepsilon_5 + \varepsilon_6 + \varepsilon_7 + \varepsilon_8))$$
$$\oplus \mathfrak{g}_\mathbb{C}(\mathfrak{t}, \tfrac{1}{2}((\sum_{j=1}^4 c_j \varepsilon_j) - c\varepsilon_5 - \varepsilon_6 - \varepsilon_7 - \varepsilon_8))$$

$$(c_1, c_2, c_3, c_4 = \pm 1, \ c = c_1 c_2 c_3 c_4)$$

命題 5.19 により $\beta = \pm \eta_j, \ \tfrac{1}{2}\sum_{j=1}^4 c_j \eta_j$ に対し，

$$\dim \mathfrak{g}_\mathbb{C}(\mathfrak{u}, \beta, \pm 1) = 1$$

である．一方，σ が特殊自己同型であることから

$$\mathfrak{g}_\mathbb{C}(\mathfrak{u}, \eta_2 - \eta_3) = \mathfrak{g}_\mathbb{C}(\mathfrak{t}, \alpha_2) \subset \mathfrak{g}_\mathbb{C}^\sigma, \quad \mathfrak{g}_\mathbb{C}(\mathfrak{u}, \eta_3 - \eta_4) = \mathfrak{g}_\mathbb{C}(\mathfrak{t}, \alpha_3) \subset \mathfrak{g}_\mathbb{C}^\sigma$$

であるが，これにより，すべての $\beta = \pm \eta_j \pm \eta_k$ ($1 \leq j < k \leq 4$) に対し

$$\mathfrak{g}_\mathbb{C}(\mathfrak{u}, \beta) \subset \mathfrak{g}_\mathbb{C}^\sigma$$

がわかる（命題 2.11 を用いる）．以上により，$\Delta(\mathfrak{u})$ は F_4 型であり，$\mathfrak{g}^\sigma$ は F_4 型コンパクトリー環である．

5.8 特殊自己同型に関する基本胞体と中心の作用

前節で求めた特殊自己同型 $\sigma = f_\rho$ に関する制限ルート系 $\Delta(\mathfrak{u})$ に対し，内部自己同型のときと同様にして「基本胞体」を定義しよう．まず，$\Delta = \Delta(\mathfrak{g}_\mathbb{C}, \mathfrak{t})$ の各型に応じて，次のように $\Delta(\mathfrak{u})$ の基本系 $\Psi(\mathfrak{u})$ を取る．

Δ が A_{2m} 型のとき（$\Delta(\mathfrak{u})$ は BC_m 型）：

$\Psi(\mathfrak{u}) = \{\beta_1, \beta_2, \ldots, \beta_{m-1}, \beta_m\} = \{\eta_1 - \eta_2, \ \eta_2 - \eta_3, \ \ldots, \ \eta_{m-1} - \eta_m, \ \eta_m\}$

Δ が A_{2m-1} 型のとき（$\Delta(\mathfrak{u})$ は C_m 型）：

$\Psi(\mathfrak{u}) = \{\beta_1, \beta_2, \ldots, \beta_{m-1}, \beta_m\} = \{\eta_1 - \eta_2, \ \eta_2 - \eta_3, \ \ldots, \ \eta_{m-1} - \eta_m, \ 2\eta_m\}$

Δ が D_n 型のとき ($\Delta(\mathfrak{u})$ は B_{n-1} 型)：

$\Psi(\mathfrak{u}) = \{\beta_1, \beta_2, \ldots, \beta_{n-2}, \beta_{n-1}\} = \{\eta_1 - \eta_2,\ \eta_2 - \eta_3,\ \ldots,\ \eta_{n-2} - \eta_{n-1},\ \eta_{n-1}\}$

Δ が E_6 型のとき ($\Delta(\mathfrak{u})$ は F_4 型)：

$\Psi(\mathfrak{u}) = \{\beta_1, \beta_2, \beta_3, \beta_4\} = \{\eta_1 - \eta_2,\ \eta_2 - \eta_3,\ \eta_3,\ -\dfrac{1}{2}(\eta_1 + \eta_2 + \eta_3 + \eta_4)\}$

$\Delta_{-\sigma} = \{\beta \in \Delta(\mathfrak{u}) \mid \mathfrak{g}_{\mathbb{C}}(\mathfrak{u}, \beta, -1) \neq \{0\}\}$ とおく．$\Delta_{-\sigma}$ のルートの中で，$\Psi(\mathfrak{u})$ に関して最高のものを $\beta_{\max}$ とする．これは条件

$$(\beta_{\max}, \delta) \geq 0 \quad \text{for } \delta \in \Psi(\mathfrak{u})$$

を意味する．Δ の各型に応じて $\beta_{\max}$ は次のようになる．

type	$\beta_{\max}$
A_{2m}	$2\eta_1 = 2\beta_1 + \cdots + 2\beta_m$
A_{2m-1}	$\eta_1 + \eta_2 = \beta_1 + 2\beta_2 + \cdots + 2\beta_{m-1} + \beta_m$
D_n	$\eta_1 = \beta_1 + \cdots + \beta_m \quad (m = n-1)$
E_6	$-\eta_4 = \beta_1 + 2\beta_2 + 3\beta_3 + 2\beta_4$

さらに，$\beta_1, \ldots, \beta_m, \beta_0 = -\beta_{\max}$ に対して，通常の拡大ディンキン図形と同様に図 5.4 のように (σ-共役類に関する) 拡大ディンキン図形が描ける．

$\mathfrak{u}$ の超平面の族 $\widetilde{\mathcal{H}}(\mathfrak{u}, \widetilde{\mathcal{E}})$ を写像 $X \mapsto 2\pi i X$ によって $i\mathfrak{u}$ に引き戻したものを $\widetilde{\mathcal{H}}(i\mathfrak{u}, \widetilde{\mathcal{E}})$ とする．すなわち $\nu \in \mathbb{R}$ に対して $H_{\alpha,\nu} = \{X \in i\mathfrak{u} \mid \alpha(X) = \nu\}$ とおくとき，

$$\widetilde{\mathcal{H}}(i\mathfrak{u}, \widetilde{\mathcal{E}}) = \{H_{\alpha,\nu} \mid (\alpha, -2\pi i\nu) \in \widetilde{\mathcal{E}}\} = \{H_{\alpha,\nu} \mid (\alpha, e^{-2\pi i\nu}) \in \mathcal{E}\}$$

である．

$\Psi(\mathfrak{u})$ に対するワイル領域を $V_0(\mathfrak{u}) \subset i\mathfrak{u}$ とする．$X \in V_0(\mathfrak{u})$ に対し，定義により

$$\beta_{\max}(X) \geq \beta(X) \quad \text{for all } \beta \in \Delta_{-\sigma} \tag{5.6}$$

であり，さらに

$$2\beta_{\max}(X) \geq \beta(X) \quad \text{for all } \beta \in \Delta(\mathfrak{u}) \tag{5.7}$$

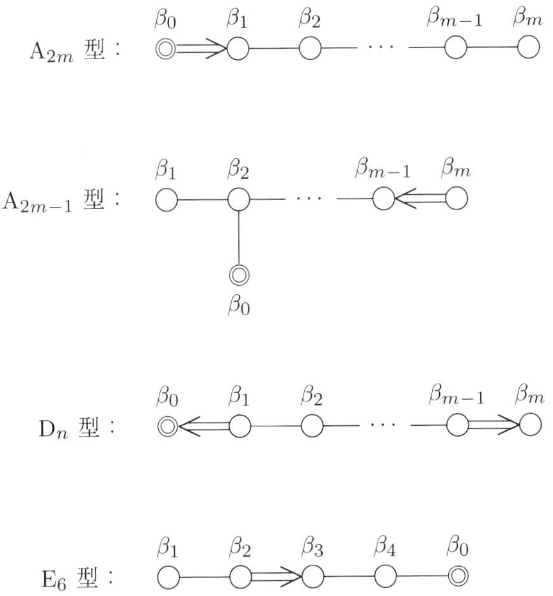

A_{2m} 型：

$\beta_0 \Rightarrow \beta_1 — \beta_2 — \cdots — \beta_{m-1} — \beta_m$

A_{2m-1} 型：

$\beta_1 — \beta_2 — \cdots — \beta_{m-1} \Leftarrow \beta_m$
（β_2 から β_0 への枝）

D_n 型：

$\beta_0 \Leftarrow \beta_1 — \beta_2 — \cdots — \beta_{m-1} \Rightarrow \beta_m$

E_6 型：

$\beta_1 — \beta_2 \Rightarrow \beta_3 — \beta_4 — \beta_0$

図 **5.4** σ-共役類に関する拡大ディンキン図形

も成り立つ．

$$C_0 = \{X \in V_0(\mathfrak{u}) \mid \beta_{\max}(X) < \frac{1}{2}\}$$

とおく．

命題 5.23 C_0 は $i\mathfrak{u}$ の超平面の族 $\widetilde{\mathcal{H}}(i\mathfrak{u}, \widetilde{\mathcal{E}})$ に関するワイル領域である．（これを σ-共役類に関する基本胞体と呼ぼう．）

証明 $X \in C_0$ のとき，任意の $\beta \in \Delta_{-\sigma} \cap \Delta(\mathfrak{u})^+$ に対し，(5.6) により

$$0 < \beta(X) \le \beta_{\max}(X) < \frac{1}{2}$$

であるので，X は

$$H_{\beta,k} : \beta(X) = k \quad (\beta \in \Delta_{-\sigma},\ k \in \mathbb{Z} + \frac{1}{2}) \tag{5.8}$$

の形の超平面に含まれない．さらに，任意の $\beta \in \Delta(\mathfrak{u})^+$ に対し，(5.7) により

$$0 < \beta(X) \le 2\beta_{\max}(X) < 1$$

であるので，X は

$$H_{\beta,k} : \beta(X) = k \quad (\beta \in \Delta(\mathfrak{u}),\ k \in \mathbb{Z}) \tag{5.9}$$

の形の超平面にも含まれない．$\widetilde{\mathcal{H}}(i\mathfrak{u},\widetilde{\mathcal{E}})$ に含まれる超平面は (5.8) あるいは (5.9) のいずれかの形であるので，連結集合 C_0 は $\widetilde{\mathcal{H}}(i\mathfrak{u},\widetilde{\mathcal{E}})$ に関するワイル領域に含まれる．

一方，C_0 は $\widetilde{\mathcal{H}}(i\mathfrak{u},\widetilde{\mathcal{E}})$ に属する $m+1$ 個の超平面

$$\beta_1(X) = 0,\ \ldots,\ \beta_m(X) = 0,\ \beta_{\max}(X) = \frac{1}{2}$$

で囲まれているので，$\widetilde{\mathcal{H}}(i\mathfrak{u},\widetilde{\mathcal{E}})$ に関するワイル領域である． □

$Y'_1,\ldots,Y'_m \in i\mathfrak{u}$ を

$$\beta_j(Y'_k) = \delta_{jk}$$

によって定義する．$\beta_{\max}$ の表により，基本胞体 C_0 の閉包 $C = C_0^{cl}$ の頂点は次のようになることがわかる．

type	C の頂点
A_{2m}	$0,\ Y'_1/4,\ \ldots,\ Y'_m/4$
A_{2m-1}	$0,\ Y'_1/2,\ Y'_2/4,\ \ldots,\ Y'_{m-1}/4,\ Y'_m/2$
D_n	$0,\ Y'_1/2,\ \ldots,\ Y'_m/2$
E_6	$0,\ Y'_1/2,\ Y'_2/4,\ Y'_3/6,\ Y'_4/4$

G を $\mathfrak{g}$ をリー環として持つ連結単連結リー群とし，Z をその中心とする．$g, g' \in G$ に対し，

$$\mathrm{Ad}(g) \circ \sigma = \mathrm{Ad}(g') \circ \sigma \iff g' \in Zg$$

であるので，

$$g \mapsto zg \quad (z \in Z)$$

によって定まる Z による G 上の σ-共役類への作用を調べる必要がある．定理 5.22

(v) により，これは Z の C への作用 φ_z ($z \in Z$) を定める．$g = \exp 2\pi i X$, $z = \exp 2\pi i Y$ ($X \in C$, $Y \in i\mathfrak{t}$) とするとき，

$$g' = zg = \exp 2\pi i (Y + X)$$

であるが，$h = \exp(\pi i/2)(\sigma(Y) - Y)$, $Y' = (1/2)(Y + \sigma(Y))$ とおくと

$$hg'\sigma(h)^{-1} = \exp 2\pi i (Y' + X) \in U$$

となる．任意の $\alpha \in \Delta(\mathfrak{g}_\mathbb{C}, \mathfrak{t})$ に対し，$\alpha(Y) \in \mathbb{Z}$ であるので，任意の $\beta \in \Delta(\mathfrak{g}_\mathbb{C}, \mathfrak{u})$ に対し，$\beta(Y') \in \mathbb{Z}$ である．よって

$$X \mapsto Y' + X$$

は C_0 から $\widetilde{\mathcal{H}}(i\mathfrak{u}, \widetilde{\mathcal{E}})$ に関する他のワイル領域 C_0' への全単射を与える．これに $j(C_0') = C_0$ となるアフィンワイル群の元 $j \in \widetilde{J}$ の元を合成して，

$$\varphi_z : C_0 \to C_0 \quad (C \to C)$$

は得られる．φ_z は等長写像であって，頂点を頂点に移すので，C の $m+1$ 個の頂点の φ_z による行き先がわかれば，C の他のすべての点の行き先もわかることに注意しよう．

ある $z' \in Z$ があって

$$z = z'\sigma(z')^{-1}$$

と書けるときは

$$g' = zg = z'g\sigma(z')^{-1}$$

となって，g と g' は σ-共役であるので，φ_z は恒等写像である．

σ の Z への作用は次のようになる．

補題 5.24 (1) $\mathfrak{g}$ が A_n, D_n (n は奇数), E_6 型のとき，

$$\sigma(z) = z^{-1} \quad \text{for } z \in Z$$

(2) D_n 型 (n は偶数) のときは，$Z \cong \mathbb{Z}_2 \times \mathbb{Z}_2$ の生成元 $\exp 2\pi i Y_{n-1}$, $\exp 2\pi i Y_n$ について

$$\sigma(\exp 2\pi i Y_{n-1}) = \exp 2\pi i Y_n$$

証明 (1) $\mathfrak{g}$ が A_n 型のとき,定理 4.22 により
$$Z = \{e\} \sqcup \{\exp 2\pi i Y_j \mid j = 1, \ldots, n\}$$
であり,Z は $z = \exp 2\pi i Y_1$ で生成される $n+1$ 次の巡回群である.ただし,$\Psi = \{\alpha_1, \ldots, \alpha_n\}$ は $\Delta(\mathfrak{g}_{\mathbb{C}}, \mathfrak{t})$ の 1 つの基本系とし,$\alpha_j(Y_k) = \delta_{jk}$ とする.
特殊自己同型 $\sigma = f_\rho$ は Ψ の自己同型 $\rho : \alpha_j \mapsto \alpha_{n-j+1}$ によって定義されるので,
$$\sigma(z) = \sigma(\exp 2\pi i Y_1) = \exp 2\pi i Y_n = z^n = z^{-1}$$
となる.

$\mathfrak{g}$ が D_n 型 (n は奇数) のとき,定理 4.22 により
$$Z = \{e,\ \exp 2\pi i Y_{n-1},\ \exp 2\pi i Y_1,\ \exp 2\pi i Y_n\}$$
は $z = \exp 2\pi i Y_{n-1}$ で生成される位数 4 の巡回群である (記号は A_n 型のときと同様).特殊自己同型 $\sigma = f_\rho$ は Ψ の自己同型 $\rho : \alpha_{n-1} \mapsto \alpha_n$ によって定義されるので,
$$\sigma(z) = \sigma(\exp 2\pi i Y_{n-1}) = \exp 2\pi i Y_n = z^3 = z^{-1}$$
となる.

$\mathfrak{g}$ が E_6 型のとき,定理 4.22 により
$$Z = \{e,\ \exp 2\pi i Y_1,\ \exp 2\pi i Y_6\}$$
は $z = \exp 2\pi i Y_1$ で生成される位数 3 の巡回群である (記号は A_n 型のときと同様).特殊自己同型 $\sigma = f_\rho$ は Ψ の自己同型 $\rho : \alpha_1 \mapsto \alpha_6,\ \alpha_2 \mapsto \alpha_5$ によって定義されるので,
$$\sigma(z) = \sigma(\exp 2\pi i Y_1) = \exp 2\pi i Y_6 = z^2 = z^{-1}$$
となる.

(2) は (1) の D_n 型 (n は奇数) のときと同様である. □

$\mathfrak{g}$ の各型について,Z の C の頂点への作用は次のようになる.まず,$\mathfrak{g}$ が A_{2m} 型あるいは E_6 型のときは,Z は奇数次の巡回群であるので,補題 5.24 によりすべての $z \in Z$ は
$$z = {z'}^2 = z' \sigma(z')^{-1} \quad \text{for some } z' \in Z$$

と表わされ，Z の C への作用 φ は自明である．その他の型については次の通りである．

A_{2m-1} 型：Z の生成元は $z = \exp 2\pi i Y_1$ であるが，$z^2 = z\sigma(z)^{-1}$ の作用は自明であるので，z の作用を調べればよい．
$$\frac{1}{2}(Y_1 + \sigma(Y_1)) = \frac{1}{2}Y_1' \in C$$
であるので，φ_z は C の頂点 0 を頂点 $(1/2)Y_1'$ に移す．4.9 節と同様に，この作用はルートの集合
$$\beta_1, \beta_2, \ldots, \beta_m, -\beta_{\max}$$
から決まる拡大ディンキン図形（図 5.4）を保つので，対応する頂点の行き先も定まる．この場合，他の頂点
$$\frac{1}{4}Y_2', \ldots, \frac{1}{4}Y_{m-1}', \frac{1}{2}Y_m'$$
はすべて φ_z によって不変である．

D_n 型：$z = \exp 2\pi i Y_{n-1}$ とおく．$n = 2m - 1$ のとき，$z\sigma(z)^{-1} = z^2 = \exp 2\pi i Y_1$ であり，$n = 2m$ のときも，$z\sigma(z)^{-1} = \exp 2\pi i Y_{n-1} \exp 2\pi i Y_n = \exp 2\pi i Y_1$ であるので，いずれの場合も $\exp 2\pi i Y_1$ の作用は自明である．したがって，$z = \exp 2\pi i Y_{n-1}$ についてだけ φ_z を求めればよい．
$$\frac{1}{2}(Y_{n-1} + \sigma(Y_{n-1})) = \frac{1}{2}Y_m' \in C$$
($m = n - 1$) であるので，φ_z は C の頂点 0 を頂点 $(1/2)Y_m'$ に移す．この作用は対応する拡大ディンキン図形（図 5.4）を保つので，対応する頂点の行き先も次のように定まる．この場合
$$0 \leftrightarrow \frac{1}{2}Y_m', \ \frac{1}{2}Y_1' \leftrightarrow \frac{1}{2}Y_{m-1}', \ \ldots, \ \frac{1}{2}Y_{[m/2]}' \leftrightarrow \frac{1}{2}Y_{m-[m/2]}' \tag{5.10}$$
となる．

5.9 外部型対合の分類

単純リー環の外部型対合の内部自己同型による共役類を分類しよう[7]．前節のように $\mathfrak{g}$ は A_n, D_n, E_6 のいずれかの型とし，$\sigma = f_\rho$ は位数 2 の特殊自己同型とする．$\mathfrak{g}$ の外部型対合 θ が $\mathrm{Int}(\mathfrak{g})\sigma$ に含まれるとすると，注意 5.4 および定理 5.22 により

$$\theta = \mathrm{Ad}(a) \circ \sigma$$

となる $a \in \exp 2\pi i C$ が存在する．ただし，C は前節で定義した基本胞体 C_0 の閉包である．$a \in U \subset G^\sigma$ であるから，

$$\theta^2 = (\mathrm{Ad}(a) \circ \sigma)^2 = \mathrm{Ad}(a^2) \circ \sigma^2 = \mathrm{Ad}(a^2)$$

であり，したがって $a^2 \in Z$ である．

$a = \exp 2\pi i X$ $(X \in C)$ とするとき，$a^2 \in Z$ であるための必要十分条件は

$$\beta(X) \in \frac{1}{2}\mathbb{Z} \quad \text{for all } \beta \in \Delta(\mathfrak{u})$$

である．よって $X = c_1 Y_1' + \cdots + c_m Y_m'$ と表わすとき

$$c_j \in \frac{1}{2}\mathbb{Z}$$

である．$X \in C$ がこのように表わせるのは $X = 0$ 以外には

$$X = \frac{1}{2} Y_j' \quad (1 \leq j \leq m)$$

が C の頂点になっている場合に限る．すなわち X は次のものに限る．

type	X
A_{2m}	0
A_{2m-1}	$0,\ Y_1'/2,\ Y_m'/2$
D_{m+1}	$0,\ Y_1'/2,\ \ldots,\ Y_m'/2$
E_6	$0,\ Y_1'/2$

---

[7] 本節の内容は本質的に 村上 [26], Wallach [33] と同じである．

このようにして得られたもの中で, $\theta = \mathrm{Ad}(2\pi i \exp X) \circ \sigma$ と $\theta = \mathrm{Ad}(2\pi i \exp X') \circ \sigma$ が等しい ($\iff \mathrm{Int}(\mathfrak{g})$ によって共役である) ための必要十分条件は $X, X' \in C$ が φ_z $(z \in Z)$ によって移り合うことであった. 前節で調べたように, A_{2m-1} 型のとき 0 と $(1/2)Y_1'$ とは移り合う. また, D_n 型のときは (5.10) のように移り合う.

$X = (1/2)Y_j'$ のとき, $\mathfrak{g}^\theta$ のルート系は次のようにして求められる. 5.4 節と同様に, $k \in \mathbb{Z}$ に対し

$$\Delta(k) = \{\beta \in \Delta(\mathfrak{u}) \mid \beta(Y_j') = k\}$$

とおくとき, $\beta_{\max}$ を $\beta_1, \dots, \beta_m$ で表わしたときの β_j の係数が 1 であることから, (5.7) により

$$\Delta(\mathfrak{u}) = \bigoplus_{k=-2}^{2} \Delta(k)$$

である. $\beta \in \Delta(k)$, $X_\beta \in \mathfrak{g}_\mathbb{C}(\mathfrak{u}_\mathbb{C}, \beta)$ のとき,

$$\mathrm{Ad}(u)X_\beta = \mathrm{Ad}(\exp \pi i Y_j')X_\beta = e^{\pi i \beta(Y_j')}X_\beta = (-1)^k X_\beta$$

だから, $\mathfrak{g}^\theta$ のルート系は

$$\Delta_\theta = ((\Delta(-2) \sqcup \Delta(0) \sqcup \Delta(2)) \cap \Delta_\sigma) \sqcup ((\Delta(-1) \sqcup \Delta(1)) \cap \Delta_{-\sigma})$$

である.

$P = \Delta(-2) \sqcup \Delta(-1) \sqcup (\Delta(0) \cap \Delta(\mathfrak{u})^+)$ とおくと $\Delta(\mathfrak{u}) = P \sqcup (-P)$ であるが, $\beta_0 = -\beta_{\max} \in \Delta(-1)$ に関して, (5.6) により

$$\beta \in \Delta(-1) \cap \Delta_{-\sigma} \Longrightarrow$$

$\beta - \beta_0$ は $\Psi(\mathfrak{u}) - \{\beta_j\}$ の非負整数係数 1 次結合で書ける

ことがわかり, さらに (5.7) により

$$\beta \in \Delta(-2) \cap \Delta_\sigma \Longrightarrow$$

$\beta - 2\beta_0$ は $\Psi(\mathfrak{u}) - \{\beta_j\}$ の非負整数係数 1 次結合で書ける

こともわかる. したがって

$$\Psi(\mathfrak{u})' = (\Psi(\mathfrak{u}) - \{\beta_j\}) \sqcup \{\beta_0\}$$

は Δ_θ の（正のルート系 $\Delta_\theta \cap P$ に対応する）基本系である．そのディンキン図形は

$$\beta_1, \beta_2, \ldots, \beta_m, -\beta_{\max}$$

から決まる拡大ディンキン図形（図 5.4）から β_j に対応する頂点を除いたものになる．

以上によって，外部型対合の内部自己同型による共役類の分類が完結し，対称部分環の形もわかった．まとめると次のようになる．左端は E. Cartan による分類記号であり，$\theta = \mathrm{Ad}(\exp 2\pi i X) \circ \sigma$ である．

type	$\mathfrak{g}$	$2X$	$\mathfrak{g}^\theta$
AI	$\mathfrak{su}(2m+1)$	0	$\mathfrak{o}(2m+1)$
AII	$\mathfrak{su}(2m)$	0	$\mathfrak{sp}(m)$
AI	$\mathfrak{su}(2m)$	Y'_m	$\mathfrak{o}(2m)$
DI	$\mathfrak{o}(2m+2)$	0	$\mathfrak{o}(2m+1)$
DI	$\mathfrak{o}(2m+2)$	$Y'_j\ (1 \leq j \leq [m/2])$	$\mathfrak{o}(2j+1) \oplus \mathfrak{o}(2m-2j+1)$
EIV	E_6	0	F_4
EI	E_6	Y'_1	$\mathfrak{sp}(4)$

注意 5.6 表からわかるように，D_4 型以外では外部型対合の内部自己同型群による共役類と自己同型群による共役類は一致する．D_4 型については $\mathrm{Int}(\mathfrak{g})\sigma$ の中では両者は一致するが，すべての外部型対合を考えるときには一致しない．これは $\mathrm{Aut}(\Psi) \cong S_3$ の位数 2 の元が 3 つあるからである．

5.10　外部型対合に関する対称部分群の形

本節では G が単連結のときに，外部型対合 θ による対称部分群 $K = G^\theta$ の形を調べる．$\Gamma_\mathfrak{u}$ を Y_β $(\beta \in \Delta(\mathfrak{u}) = \Delta(\mathfrak{g}_{\mathbb{C}}, \mathfrak{u}))$ で生成される $i\mathfrak{u}$ の部分群とする．このとき，次節の系 5.27 により

$$\exp|_\mathfrak{u}^{-1}(e) = 2\pi i \Gamma_\mathfrak{u}$$

である．

AI 型：$G = SU(n)$, $\theta(g) = {}^t g^{-1} = \overline{g}$, $K = G^\theta = SO(n) \cong Spin(n)/\mathbb{Z}_2$ である．次のようにルート系を用いて考えることもできる．

$n = 2m + 1$ のとき，5.7 節で求めたように，$\Delta(\mathfrak{u})$ は BC_m 型であり，

$$\Delta(\mathfrak{u}) = \{\pm\eta_k \mid k = 1, \ldots, m\} \sqcup \{\pm\eta_k \pm \eta_\ell \mid 1 \leq k < \ell \leq m\}$$
$$\sqcup \{\pm 2\eta_k \mid k = 1, \ldots, m\}$$

と書ける．$i\mathfrak{u}$ の基底 $Y_{(1)}, \ldots, Y_{(m)}$ を $\eta_k(Y_{(\ell)}) = \delta_{k\ell}$ によって定義すると，$\Delta(\mathfrak{u})$ のルートに対するコルートは

$$Y_{\pm\eta_k} = \pm 2Y_{(k)},\ Y_{\pm\eta_k \pm \eta_\ell} = \pm Y_{(k)} \pm Y_{(\ell)},\ Y_{\pm 2\eta_k} = \pm Y_{(k)}$$

であるので，

$$\Gamma_\mathfrak{u} = \bigoplus_{k=1}^m \mathbb{Z} Y_{(k)}$$

となる．

一方，$\mathfrak{k} = \mathfrak{g}^\theta = \mathfrak{o}(2m+1)$ のルート系は

$$\Delta(\mathfrak{k}_\mathbb{C}, \mathfrak{u}) = \{\pm\eta_k \mid k = 1, \ldots, m\} \sqcup \{\pm\eta_k \pm \eta_\ell \mid 1 \leq k < \ell \leq m\}$$

であり，これらに対するコルート

$$Y_{\pm\eta_k} = \pm 2Y_{(k)},\ Y_{\pm\eta_k \pm \eta_\ell} = \pm Y_{(k)} \pm Y_{(\ell)}$$

で生成される $i\mathfrak{u}$ の部分群は

$$\Gamma_\mathfrak{k} = \{c_1 Y_{(1)} + \cdots + c_m Y_{(m)} \mid c_k \in \mathbb{Z},\ c_1 + \cdots + c_m \in 2\mathbb{Z}\}$$

である．K の普遍被覆群を $\widetilde{K}$ とし，指数写像を $\exp_{\widetilde{K}} : \mathfrak{k} \to \widetilde{K}$ とするとき，

$$\exp_{\widetilde{K}}|_\mathfrak{u}^{-1}(e) = 2\pi i \Gamma_\mathfrak{k}$$

であり，$\Gamma_\mathfrak{u} / \Gamma_\mathfrak{k} \cong \mathbb{Z}_2$ であるので，

$$K \cong \widetilde{K}/\mathbb{Z}_2 \cong Spin(2m+1)/\mathbb{Z}_2 \cong SO(2m+1)$$

である．

$n = 2m$ のときも同様にルート系による考察ができるが，読者に任せよう．

AII 型： $G = SU(2m)$, $\theta(g) = J_m {}^t g^{-1} J_m^{-1}$, $K = G^\theta = Sp(m)$ である．ただし，

$$J_m = \begin{pmatrix} 0 & -I_m \\ I_m & 0 \end{pmatrix}$$

とする．AI 型のときと同様にルート系を用いると，$\Gamma_{\mathfrak{k}} = \Gamma_{\mathfrak{u}}$ が示せるので，$K = G^\theta$ が単連結であることが示せる（例 4.21 参照）．

DI 型： $G = Spin(2m+2)$ について，行列計算による具体的考察の方がわかりやすいが，ここでは，ルート系を用いる考察をしてみよう．

まず，$\theta = \sigma = f_\rho$ （特殊自己同型）のときは次のようになる．5.7 節で求めたように，$\Delta(\mathfrak{u})$ は B_m 型であり，

$$\Delta(\mathfrak{u}) = \{\pm \eta_k \mid k = 1, \ldots, m\} \sqcup \{\pm \eta_k \pm \eta_\ell \mid 1 \leq k < \ell \leq m\}$$

と書ける．$i\mathfrak{u}$ の基底 $Y_{(1)}, \ldots, Y_{(m)}$ を $\eta_k(Y_{(\ell)}) = \delta_{k\ell}$ によって定義すると，$\Delta(\mathfrak{u})$ のルートに対するコルートは次のようになる．

$$Y_{\pm \eta_k} = \pm 2 Y_{(k)}, \quad Y_{\pm \eta_k \pm \eta_\ell} = \pm Y_{(k)} \pm Y_{(\ell)}$$

よって，$\Gamma_{\mathfrak{u}} = \{c_1 Y_{(1)} + \cdots + c_m Y_{(m)} \mid c_k \in \mathbb{Z},\ c_1 + \cdots + c_m \in 2\mathbb{Z}\}$ となる．この場合，

$$\Delta(\mathfrak{k}_\mathbb{C}, \mathfrak{u}) = \Delta(\mathfrak{u})$$

であるので，

$$\Gamma_{\mathfrak{k}} = \Gamma_{\mathfrak{u}}$$

であり，$K = G^\theta$ は単連結である．よって，$K \cong Spin(2m+1)$ である．

$\theta = \mathrm{Ad}(\exp \frac{1}{2} Y'_j) \circ \sigma$ $(1 \leq j \leq \left[\frac{m}{2}\right])$ のときは次のようになる．$\Delta(\mathfrak{u})$, $\Gamma_{\mathfrak{u}}$ については特殊自己同型のときと同じであるが，前節で求めたように

$$\Delta(\mathfrak{k}_\mathbb{C}, \mathfrak{u}) = \{\pm \eta_k \mid k = 1, \ldots, m\} \sqcup \{\pm \eta_k \pm \eta_\ell \mid 1 \leq k < \ell \leq j\}$$

$$\sqcup \{\pm \eta_k \pm \eta_\ell \mid j+1 \leq k < \ell \leq m\} \quad (B_j \text{ 型と } B_{m-j} \text{ 型の直和})$$

となり，

$$\Gamma_{\mathfrak{k}} = \{c_1 Y_{(1)} + \cdots + c_m Y_{(m)} \mid c_k \in \mathbb{Z},\ c_1 + \cdots + c_j \in 2\mathbb{Z},\ c_{j+1} + \cdots + c_m \in 2\mathbb{Z}\}$$

となる．よって，$K = G^\theta$ は単連結でなく，
$$K \cong \widetilde{K}/\{e,\ \exp_{\widetilde{K}} 2\pi i (Y_{(1)} + Y_{(m)})\} \cong (Spin(2j+1) \times Spin(2m-2j+1))/\mathbb{Z}_2$$
である．

EIV 型：DI 型の特殊自己同型のときと同様に $\Delta(\mathfrak{k}_\mathbb{C}, \mathfrak{u}) = \Delta(\mathfrak{u})$ (F_4 型) であるので，K は F_4 型コンパクトリー群（単連結）である．

EI 型：$\Delta(\mathfrak{u})$ を
$$\Delta(\mathfrak{u}) = \{\pm\eta_k \pm \eta_\ell \mid 1 \leq k < \ell \leq 4\} \sqcup \{\pm\eta_k \mid 1 \leq k \leq 4\}$$
$$\sqcup \{\frac{1}{2}\sum_{k=1}^{4} c_k \eta_k \mid c_k = \pm 1\}$$
と表示すると，それぞれのルートに対するコルートは
$$\pm Y_{(k)} \pm Y_{(\ell)},\ \pm 2Y_{(k)},\ \sum_{k=1}^{4} c_k Y_{(k)}$$
(ただし，$\eta_k(Y_{(\ell)}) = \delta_{k\ell}$ とする．) であるので，
$$\Gamma_\mathfrak{u} = \{\sum_{k=1}^{4} c_k Y_{(k)} \mid c_k \in \mathbb{Z},\ c_1 + c_2 + c_3 + c_4 \in 2\mathbb{Z}\}$$
である．一方，前節で求めたように
$$\Delta(\mathfrak{k}_\mathbb{C}, \mathfrak{u}) = \{\pm\eta_1 \pm \eta_4\} \sqcup \{\pm\eta_2 \pm \eta_3\} \sqcup \{\pm\eta_k \mid 1 \leq k \leq 4\}$$
$$\sqcup \{\frac{1}{2}\sum_{k=1}^{4} c_k \eta_k \mid c_k = \pm 1\} \quad (C_4 \text{ 型})$$
であり，
$$\Gamma_\mathfrak{k} = \{\sum_{k=1}^{4} c_k Y_{(k)} \mid c_k \in \mathbb{Z},\ c_1 + c_4 \in 2\mathbb{Z},\ c_2 + c_3 \in 2\mathbb{Z}\}$$
である．よって，$K = G^\theta$ は単連結でなく，
$$K \cong \widetilde{K}/\{e,\ \exp_{\widetilde{K}} 2\pi i (Y_{(1)} + Y_{(2)})\} \cong Sp(4)/\mathbb{Z}_2$$
である．

本節の結果をまとめると次のようになる．

type	$\mathfrak{g}$	$2X$	G^θ
AI	$\mathfrak{su}(2m+1)$	0	$SO(2m+1)$
AII	$\mathfrak{su}(2m)$	0	$Sp(m)$
AI	$\mathfrak{su}(2m)$	Y'_m	$SO(2m)$
DI	$\mathfrak{o}(2m+2)$	0	$Spin(2m+1)$
DI	$\mathfrak{o}(2m+2)$	$Y'_j \ (1 \leq j \leq [m/2])$	$*$
EIV	E_6	0	F_4
EI	E_6	Y'_1	$Sp(4)/\mathbb{Z}_2$

(ただし, $* = (Spin(2j+1) \times Spin(2m-2j+1))/\mathbb{Z}_2$)

5.11 アフィンワイル群についての補題

$\mathfrak{g}$ は A_n, D_n, E_6 型コンパクト単純リー環とし, $\mathfrak{t}$ を極大トーラスとする. ρ を $\Delta = \Delta(\mathfrak{g}_\mathbb{C}, \mathfrak{t})$ の 1 つの基本系 Ψ の位数 2 の自己同型とし, $\sigma = f_\rho$ を $\mathfrak{g}$ の特殊自己同型とし, $\mathfrak{u} = \mathfrak{t}^\sigma$ とする.

$\widetilde{W} = \widetilde{W}(i\mathfrak{t})$ を 4.4 節で定義した $i\mathfrak{t}$ のアフィンワイル群とする. すなわち, $\widetilde{W}$ は $i\mathfrak{t}$ の超平面の族

$$\widetilde{\mathcal{H}}(i\mathfrak{t}) = \{H_{\alpha,k} \mid \alpha \in \Delta\} \quad (H_{\alpha,k} = \{Y \in i\mathfrak{t} \mid \alpha(Y) = k\})$$

に関する鏡映群である. (超平面 $H_{\alpha,k}$ に関する鏡映は

$$w_\alpha : Y \mapsto w_\alpha(Y) + kY_\alpha \quad (\alpha \in \Delta,\ k \in \mathbb{Z})$$

である.)

同様にして, $i\mathfrak{u}$ についても超平面の族

$$\widetilde{\mathcal{H}}(i\mathfrak{u}) = \{H_{\beta,k} \mid \beta \in \Delta(\mathfrak{g}_\mathbb{C}, \mathfrak{u}),\ k \in \mathbb{Z}\} \quad (H_{\beta,k} = \{Y \in i\mathfrak{u} \mid \beta(Y) = k\})$$

についての鏡映群であるアフィンワイル群 $\widetilde{W}(i\mathfrak{u})$ が定義できる.

$$\widetilde{W}^{\mathfrak{u}} = \{w \in \widetilde{W} \mid w i\mathfrak{u} = i\mathfrak{u}\}, \quad \widetilde{W}_{\mathfrak{u}} = \{w|_{i\mathfrak{u}} \mid w \in \widetilde{W}^{\mathfrak{u}}\}$$

とおくとき,

補題 5.25 $\widetilde{W}_{\mathfrak{u}} = \widetilde{W}(i\mathfrak{u})$

証明 (A) まず, $\widetilde{W}(i\mathfrak{u}) \subset \widetilde{W}_{\mathfrak{u}}$ を示す. 任意の $\beta \in \Delta(\mathfrak{g}_{\mathbb{C}}, \mathfrak{u})$, $k \in \mathbb{Z}$ に対し, $w_{\beta,k} \in \widetilde{W}$ を示せばよい.

$\beta = \alpha|_{\mathfrak{u}}$ ($\alpha \in \Delta$) とする.

(1) $\sigma(\alpha) = \alpha$ のとき, $w_{\beta,k} = w_{\alpha,k}|_{\mathfrak{u}} \in \widetilde{W}_{\mathfrak{u}}$ である.

(2) $(\sigma(\alpha), \alpha) = 0$ のとき,
$$w_{\beta,k} = w_{\alpha,k} w_{\sigma(\alpha),k}|_{\mathfrak{u}} \in \widetilde{W}_{\mathfrak{u}}$$
である.

(3) $(\sigma(\alpha), \alpha) < 0$ のとき, $\gamma = \alpha + \sigma(\alpha) \in \Delta$ であり,
$$w_{\beta,k} = w_{\gamma,2k}|_{\mathfrak{u}} \in \widetilde{W}_{\mathfrak{u}}$$
である.

(4) $(\sigma(\alpha), \alpha) > 0$, $\sigma(\alpha) \neq \alpha$ とすると, $\gamma = \alpha - \sigma(\alpha) \in \Delta$ となるが, $\gamma|_{\mathfrak{u}} = 0$, $\mathfrak{z}_{\mathfrak{g}}(\mathfrak{u}) = \mathfrak{t}$ であるから矛盾する.

(B) 次に $\widetilde{W}_{\mathfrak{u}} \subset \widetilde{W}(i\mathfrak{u})$ を示す. $i\mathfrak{u}$ の超平面 $H_{\beta,k}$ は
$$H_{\beta,k} = H_{\alpha,k} \cap i\mathfrak{u} \quad (\alpha \in \Delta, \ \alpha|_{\mathfrak{u}} = \beta)$$
と書けるので, $\widetilde{W}(i\mathfrak{u})$ に関するワイル領域の集合 $\mathcal{W}(i\mathfrak{u})$ から $\widetilde{W}$ に関するワイル領域の集合 $\mathcal{W}(i\mathfrak{t})$ への単射 ι が
$$C \subset \iota(C)$$
となるように定まることに注意する.

$w \in \widetilde{W}$, $w i\mathfrak{u} = i\mathfrak{u}$ とし, $C \in \mathcal{W}(i\mathfrak{u})$ とするとき, $w(C) \in \mathcal{W}(i\mathfrak{u})$ であるから, ある $w_0 \in \widetilde{W}(i\mathfrak{u})$ によって
$$w_0^{-1} w(C) = C$$
となる. (A) により, $w_0 = \widetilde{w_0}|_{\mathfrak{u}}$ となる $\widetilde{w_0} \in \widetilde{W}^{\mathfrak{u}}$ が存在する.
$$\widetilde{w_0}^{-1} w(\iota(C)) = \iota(C)$$
であるから, $\widetilde{w_0}^{-1} w = e$ であり, よって
$$w|_{\mathfrak{u}} = w_0 \in \widetilde{W}(i\mathfrak{u})$$
となる. □

$\widetilde{W}(i\mathfrak{u})$ に含まれる平行移動は

$$Y \mapsto Y + Z \ (Z \in \varGamma_{\mathfrak{u}})$$

である.一方,$\widetilde{W}_{\mathfrak{u}}$ に含まれる平行移動は

$$Y \mapsto Y + Z \ (Z \in \varGamma \cap i\mathfrak{u})$$

($\varGamma$ は Y_α $(\alpha \in \Delta)$ で生成される $i\mathfrak{t}$ の部分群) である.よって,

系 5.26 $\varGamma \cap i\mathfrak{u} = \varGamma_{\mathfrak{u}}$

さらに,G が単連結のとき,$\exp|_{\mathfrak{t}}^{-1}(e) = 2\pi i \varGamma$ であるから,次が成り立つ.

系 5.27 G が単連結のとき,$\exp|_{\mathfrak{u}}^{-1}(e) = 2\pi i \varGamma_{\mathfrak{u}}$

第6章

コンパクト対称対

6.1 対称対

5.3 節で定義したように，リー群 G の自己同型 θ は，θ^2 が恒等写像であるとき，G の**対合** (involution) という．G の対合 θ に関する固定部分群

$$G^\theta = \{g \in G \mid \theta(g) = g\}$$

は G の閉部分群である．G のある対合 θ によって

$$(G^\theta)_0 \subset K \subset G^\theta$$

となる G の閉部分群 K を G の**対称部分群** (symmetric subgroup) といい，組 (G, K) を**対称対** (symmetric pair) という．ただし，$(G^\theta)_0 = K_0$ は G^θ の単位元を含む連結成分とする．等質空間 G/K は**対称空間** (symmetric space) あるいは**アフィン対称空間** (affine symmetric space) と呼ばれる．

G の対合 θ の微分を同じ文字 θ で表わすと

$$\theta : \mathfrak{g} \to \mathfrak{g}$$

はリー環 $\mathfrak{g}$ の自己同型であって，θ^2 は恒等写像である．このような θ をリー環 $\mathfrak{g}$ の対合という．線形写像 θ の最小多項式は

$$\lambda^2 = 1 \quad (\theta = \pm \mathrm{id}. \text{ ならば } \lambda = \pm 1)$$

であって，重根を持たないので，$\mathfrak{g}$ は固有値 ± 1 に対する固有空間に直和分解される．したがって

$$\mathfrak{k} = \{X \in \mathfrak{g} \mid \theta(X) = X\}, \quad \mathfrak{p} = \{X \in \mathfrak{g} \mid \theta(X) = -X\}$$

とおくとき，

$$\mathfrak{g} = \mathfrak{k} \oplus \mathfrak{p} \quad (\text{ベクトル空間としての直和})$$

である[1]. $\mathfrak{k}$ は K のリー環であり, θ がリー環 $\mathfrak{g}$ の自己同型であることから,

$$[\mathfrak{k},\mathfrak{k}] \subset \mathfrak{k}, \quad [\mathfrak{k},\mathfrak{p}] \subset \mathfrak{p}, \quad [\mathfrak{p},\mathfrak{p}] \subset \mathfrak{k}$$

が成り立つ. 組 $(\mathfrak{g},\mathfrak{k})$ をリー環の対称対という.

$\mathfrak{g}$ のイデアルであって θ によって保たれるものが $\{0\}$ と $\mathfrak{g}$ 以外に存在しないとき, 対称対 $(\mathfrak{g},\mathfrak{k})$ は**既約** (irreducible) であるという.

注意 6.1 (ⅰ) $\mathfrak{g}$ が既約のとき $(\mathfrak{g},\mathfrak{k})$ は既約である.

(ⅱ) $\mathfrak{g}$ が既約でなくて $(\mathfrak{g},\mathfrak{k})$ が既約とする. $\mathfrak{g}$ の 1 つの既約イデアルを $\mathfrak{g}_1$ とするとき,

$$\mathfrak{g}_1 + \theta \mathfrak{g}_1$$

は θ-不変な $\mathfrak{g}$ のイデアルである. したがって

$$\mathfrak{g} = \mathfrak{g}_1 + \theta \mathfrak{g}_1$$

であり, この和は直和であって, $\theta \mathfrak{g}_1$ は $\mathfrak{g}_1$ と異なる既約イデアルである. よって

$$\mathfrak{g} \cong \mathfrak{g}_1 \oplus \mathfrak{g}_1, \quad \theta(X,Y) = (Y,X) \text{ for } X,Y \in \mathfrak{g}_1$$

と見なせる.

6.2 コンパクト対称対

以下では G は連結コンパクト半単純リー群とし[2], θ を G の対合とする. $\mathfrak{g}$ 上の $\mathrm{Ad}(G)$-不変内積 (,) は, 必要ならば

$$(X,Y)' = (X,Y) + (\theta(X),\theta(Y))$$

---

[1] $\mathfrak{p}$ は対称空間 G/K の eK における接空間と同一視できる. $\mathfrak{p}$ 上に $\mathrm{Ad}(K)$-不変な正定値内積が存在するとき, これを G の左からの作用によって G/K のすべての点に移すことにより, G/K 上の G-不変リーマン計量が定義できる. このリーマン計量の与えられた対称空間を**リーマン対称空間** (Riemannian symmetric space) という.

[2] 第 2 章のように $\mathrm{Ad}(G)$ のコンパクト性だけで一般に議論することもできるが, $\mathfrak{g}$ の半単純部分 $[\mathfrak{g},\mathfrak{g}]$ が本質的なので, このように仮定する.

で置きかえることにより，θ-不変としてよい[3]．このとき，分解 $\mathfrak{g}=\mathfrak{k}\oplus\mathfrak{p}$ は $(\,,\,)$ に関する直交分解になる．$(\,,\,)$ の θ-不変性により，次が成り立つ．

命題 6.1 G がコンパクト半単純のとき，対称対 $(\mathfrak{g},\mathfrak{k})$ は既約な対称対の直和である．

6.3 極大トーラスと両側剰余類分解

$\mathfrak{p}$ の可換部分空間 $\mathfrak{a}$ であって，包含関係に関して極大なものを $\mathfrak{p}$ の (あるいは対称対 $(\mathfrak{g},\mathfrak{k})$ の) **極大トーラス** (maximal torus) といい，$A=\exp\mathfrak{a}\subset\exp\mathfrak{p}$ の (あるいは対称対 (G,K) の) 極大トーラスという．$\mathfrak{a}$ の可換性により，2.2 節で定義されたルート空間 $\mathfrak{g}_\mathbb{C}(\mathfrak{a},\alpha)$ $(\alpha\in i\mathfrak{a}^*)$ およびルート系 $\Delta(\mathfrak{g}_\mathbb{C},\mathfrak{a})$ が考えられる．

補題 6.2 $\mathfrak{p}$ の極大トーラス $\mathfrak{a}$ の正則元 Y について $\mathfrak{z}_\mathfrak{g}(Y)\cap\mathfrak{p}=\mathfrak{a}$ である．

証明 $\mathfrak{z}_{\mathfrak{g}_\mathbb{C}}(Y)=\mathfrak{g}_\mathbb{C}(\mathfrak{a},0)=\mathfrak{z}_{\mathfrak{g}_\mathbb{C}}(\mathfrak{a})$ であって，$\mathfrak{a}$ を含む $\mathfrak{p}$ の可換部分空間は $\mathfrak{a}$ のみであるから，
$$\mathfrak{z}_\mathfrak{g}(Y)\cap\mathfrak{p}=\mathfrak{z}_\mathfrak{g}(\mathfrak{a})\cap\mathfrak{p}=\mathfrak{a}$$
である． □

命題 6.3 $\mathfrak{p}$ のすべての極大トーラスは互いに K_0-共役である．

証明 $\mathfrak{a},\mathfrak{a}'$ を $\mathfrak{p}$ の極大トーラスとする．Y,Y' をそれぞれ $\mathfrak{a},\mathfrak{a}'$ の正則元とし，K_0 上の関数
$$f(k)=(\mathrm{Ad}(k)Y,Y')\quad(k\in K_0)$$
を考える．$\mathrm{Ad}(K_0)$ はコンパクトで，f は連続だから，ある $k_0\in K_0$ において f は最大値を取る．k_0 において f を微分することにより，任意の $X\in\mathfrak{k}$ に対し
$$(\mathrm{ad}(X)\mathrm{Ad}(k_0)Y,Y')=0$$
が成り立つ．

---

[3] キリング形式 $B(\,,\,)$ については任意の自己同型に関して不変なので，この操作は不要である．

$$0 = (\mathrm{ad}(X)\mathrm{Ad}(k_0)Y, Y') = ([X, \mathrm{Ad}(k_0)Y], Y') = (X, [\mathrm{Ad}(k_0)Y, Y'])$$

であり，$[\mathrm{Ad}(k_0)Y, Y'] \in [\mathfrak{p}, \mathfrak{p}] \subset \mathfrak{k}$ かつ (,) は $\mathfrak{k}$ 上，非退化だから

$$[\mathrm{Ad}(k_0)Y, Y'] = 0$$

となり，

$$\mathrm{Ad}(k_0)Y \in \mathfrak{z}_\mathfrak{g}(Y') \cap \mathfrak{p} = \mathfrak{z}_\mathfrak{g}(\mathfrak{a}') \cap \mathfrak{p} = \mathfrak{a}'$$

である．よって，補題 6.2 により

$$\mathrm{Ad}(k_0)\mathfrak{a} = \mathrm{Ad}(k_0)(\mathfrak{z}_\mathfrak{g}(Y) \cap \mathfrak{p}) = \mathfrak{z}_\mathfrak{g}(\mathrm{Ad}(k_0)Y) \cap \mathfrak{p} \supset \mathfrak{z}_\mathfrak{g}(\mathfrak{a}') \cap \mathfrak{p} = \mathfrak{a}'$$

となり，$\mathfrak{a}'$ の極大可換性により

$$\mathrm{Ad}(k_0)\mathfrak{a} = \mathfrak{a}'$$

が成り立つ． □

系 6.4 $\mathfrak{p} = \mathrm{Ad}(K_0)\mathfrak{a}$

補題 6.5 $\mathfrak{a}$ を含む $\mathfrak{g}$ の極大トーラス $\mathfrak{t}'$ は $\theta\mathfrak{t}' = \mathfrak{t}'$ を満たす．

証明 任意の $Y \in \mathfrak{t}'$ に対し，$\theta(Y) \in \mathfrak{z}_\mathfrak{g}(\mathfrak{a})$ であるから

$$\theta(Y) - Y \in \mathfrak{z}_\mathfrak{g}(\mathfrak{a}) \cap \mathfrak{p} = \mathfrak{a} \subset \mathfrak{t}'$$

である．よって $\theta(Y) = Y + (\theta(Y) - Y) \in \mathfrak{t}'$ である． □

定理 6.6 $G = KAK$

証明 補題 6.5 により，A を含む G の極大トーラス T' は

$$T' = (T' \cap K)A$$

を満たすので

$$T' \subset KA$$

である．定理 4.4 (ii) により G の中心 Z は T' に含まれるので，G/Z について示せばよい．したがって G はコンパクトと仮定してよい．KAK はコンパクト集合 $K \times A \times K$ の積写像による像だからコンパクト，したがって G の閉部分

集合である．G は連結だから，任意の $g \in KAK$ の近傍が KAK に含まれることを示せばよい．左および右からの K の作用により，$g \in A$ の場合だけを考えればよい．

$\mathfrak{h} = \mathfrak{g}^{g^2} = \{X \in \mathfrak{g} \mid \mathrm{Ad}(g^2)X = X\}$ とおくと，$X \in \mathfrak{h}$ のとき

$$\mathrm{Ad}(g^2)\theta(X) = \theta\mathrm{Ad}(\theta(g^2))X = \theta\mathrm{Ad}(g^{-2})X = \theta(X)$$

だから $\theta(X) \in \mathfrak{h}$ である．よって

$$\mathfrak{h} = (\mathfrak{h} \cap \mathfrak{k}) \oplus (\mathfrak{h} \cap \mathfrak{p})$$

と直和分解できる．$\mathfrak{g}$ の対合 θ' を $\theta'(X) = \mathrm{Ad}(g)\theta\mathrm{Ad}(g)^{-1}X = \mathrm{Ad}(g^2)\theta(X)$ で定義すると，θ' に関する $\mathfrak{g}$ の $+1, -1$ 固有空間分解は

$$\mathfrak{g} = \mathrm{Ad}(g)\mathfrak{k} \oplus \mathrm{Ad}(g)\mathfrak{p}$$

であり，

$$\mathfrak{h} \cap \mathfrak{k} = \mathfrak{k} \cap \mathrm{Ad}(g)\mathfrak{k}, \quad \mathfrak{h} \cap \mathfrak{p} = \mathfrak{p} \cap \mathrm{Ad}(g)\mathfrak{p} \qquad (6.1)$$

が成り立つ．よって，系 6.4 により

$$\mathfrak{p} \cap \mathrm{Ad}(g)\mathfrak{p} = \mathrm{Ad}((K \cap gKg^{-1})_0)\mathfrak{a}$$

である．

したがって

$$KAKg^{-1} = KAgKg^{-1} = K\exp(\mathfrak{p} \cap \mathrm{Ad}(g)\mathfrak{p})gKg^{-1}$$

が成り立つ．この集合が単位元の近傍を含むことを示せばよいので，リー環の分解

$$(\mathfrak{k} + \mathrm{Ad}(g)\mathfrak{k}) \oplus (\mathfrak{p} \cap \mathrm{Ad}(g)\mathfrak{p}) = \mathfrak{g}$$

を証明すればよいが，内積 (,) に関して $\mathfrak{p}$，$\mathrm{Ad}(g)\mathfrak{p}$ はそれぞれ $\mathfrak{k}$，$\mathrm{Ad}(g)\mathfrak{k}$ の直交補空間なので，$\mathfrak{p} \cap \mathrm{Ad}(g)\mathfrak{p}$ は $\mathfrak{k} + \mathrm{Ad}(g)\mathfrak{k}$ の直交補空間であり，これは成り立つ． □

系 6.4 と定理 6.6 により，

系 6.7 $G = (\exp \mathfrak{p})K$ [4]

---

[4] リーマン対称空間 G/K 上の eK を通る任意の測地線は $(\exp tX)K$ ($X \in \mathfrak{p}$) と表わされる．したがって，この系は eK と G/K 上の任意の点を結ぶ測地線の存在を意味する．他書でよく書かれている証明では，「完備リーマン多様体の任意の 2 点を結ぶ測地線が存在する」というリーマン幾何における一般的定理を用いている．

注意 6.2 (i) G が直積群 $G_1 \times G_1$ であって,θ が

$$\theta(g,h) = (h,g) \quad \text{for } g,h \in G_1$$

で与えられるとき,

$$K = G^\theta = \{(g,g) \mid g \in G_1\}$$

である.写像

$$(g,h)K \mapsto gh^{-1}$$

は,商空間 G/K と G_1 との間の全単射であるが,この写像によって G/K 上の K-軌道と G_1 上の共役類が対応する.したがって G_1 の極大トーラス A_1 に対して,$\exp \mathfrak{p}$ の極大トーラス

$$A = \{(a,a^{-1}) \mid a \in A_1\}$$

を考えることにより,定理 4.8 は定理 6.6 の特別な場合と見なすことができる.

(ii) [23] ではより一般に,2 つの対称部分群 K,L について,両側剰余類分解 $K\backslash G/L$ の構造を明らかにした.

$\exp \mathfrak{p}$ の極大トーラス $A = \exp \mathfrak{a}$ に対し,直積群 $K \times K$ の部分群 N_A, Z_A を次で定義する.

$$N_A = \{(k,\ell) \in K \times K \mid kA\ell^{-1} = A\},$$
$$Z_A = \{(k,\ell) \in K \times K \mid ka\ell^{-1} = a \text{ for all } a \in A\}$$

このとき,商群 $J = N_A/Z_A$ は自然に A 上の変換群と見なせる.A 上の J-軌道の集合を $J\backslash A$ で表わす.

定理 6.8 A から G への包含写像により,$J\backslash A$ と両側剰余類の集合 $K\backslash G/K$ は 1 対 1 に対応する.

証明 $a,b \in A$ がある $(k,\ell) \in N_A$ によって $ka\ell^{-1} = b$ であれば,$KaK = KbK$ であるので,写像

$$J\backslash A \to K\backslash G/K$$

は well-defined である.定理 6.6 によりこの写像は全射である.したがって,$a,b \in A$ がある $(k,\ell) \in K \times K$ によって $ka\ell^{-1} = b$ であるときに,$(k',\ell') \in N_A$

が存在して $k'a\ell'^{-1} = b$ となることを示せばよい．

$\mathfrak{a}' = \mathrm{Ad}(k)\mathfrak{a} = \mathrm{Ad}(ka)\mathfrak{a} = \mathrm{Ad}(b\ell)\mathfrak{a}$ とおくとき，$\mathfrak{a}$ および $\mathfrak{a}'$ は $\mathfrak{p} \cap \mathrm{Ad}(b)\mathfrak{p}$ の極大トーラスである．$\mathfrak{h} = \mathfrak{g}^{b^2}$ とおけば，$(\mathfrak{h}, \mathfrak{h} \cap \mathfrak{k})$ は対称対であって，(6.1) に注意すれば，命題 6.3 により

$$\mathrm{Ad}(x)\mathfrak{a}' = \mathfrak{a}$$

となる $x \in (K \cap bKb^{-1})_0$ が存在する．$k' = xk$, $\ell' = b^{-1}xb\ell$ とおけば

$$k'A\ell'^{-1} = xkA\ell^{-1}b^{-1}x^{-1}b = xkAa^{-1}k^{-1}x^{-1}b = xA'x^{-1}b = A$$

($A' = \exp \mathfrak{a}'$) だから $(k', \ell') \in N_A$ であり，

$$k'a\ell'^{-1} = xka\ell^{-1}b^{-1}x^{-1}b = xkaa^{-1}k^{-1}x^{-1}b = b$$

である． □

命題 6.9 $J \cong W_K(\mathfrak{a}) \ltimes (A \cap K)$

証明 $(k, \ell) \in N_A$ のとき，

$$k\ell^{-1} = kee\ell^{-1} \in A$$

であるから，

$$kAk^{-1} = kA\ell^{-1}(k\ell^{-1})^{-1} = A$$

が成り立つ．よって $k \in W_K(\mathfrak{a})$ である．$k\ell^{-1} \in A \cap K$ だから，写像

$$(k, \ell) \mapsto (\mathrm{Ad}(k)|_\mathfrak{a},\ k\ell^{-1})$$

により，$J \cong W_K(\mathfrak{a}) \ltimes (A \cap K)$ である． □

6.4 ワイル群

$\theta : \mathfrak{g} \to \mathfrak{g}$ を $\mathfrak{g}_\mathbb{C}$ に複素線形に拡張しておく．また，$\mathfrak{g}$ に関する $\mathfrak{g}_\mathbb{C}$ の共役写像を τ とする (2.3 節)．このとき，$\mathfrak{a} \subset \mathfrak{p}$ により，

$$\theta \mathfrak{g}_\mathbb{C}(\mathfrak{a}, \alpha) = \mathfrak{g}_\mathbb{C}(\mathfrak{a}, -\alpha)$$

であることに注意する．任意の $\alpha \in \Delta(\mathfrak{g}_\mathbb{C}, \mathfrak{a})$ に対し

$$\theta\tau : \mathfrak{g}_{\mathbb{C}}(\mathfrak{a}, \alpha) \ni X \mapsto \theta\tau(X) \in \mathfrak{g}_{\mathbb{C}}(\mathfrak{a}, \alpha)$$

は共役線形 ($\theta\tau(cX) = \bar{c}\theta\tau(X)$ for $c \in \mathbb{C}$) な対合であるので,

$$\theta\tau(X_\alpha) = X_\alpha$$

を満たす 0 でない $X_\alpha \in \mathfrak{g}_{\mathbb{C}}(\mathfrak{a}, \alpha)$ を取ることができる. 2.3 節の $Y_\alpha = [\tau(X_\alpha), X_\alpha] = [\theta(X_\alpha), X_\alpha]$ について,

$$Y_\alpha \in \mathfrak{g}_{\mathbb{C}}(\mathfrak{a}, 0) \cap \mathfrak{p}_{\mathbb{C}} = \mathfrak{a}_{\mathbb{C}}$$

となるので, 命題 2.10 の仮定が満たされる. 以下, $\alpha(Y_\alpha) = 2$ を仮定しておく. 命題 2.10 (iv) により,

$$\widetilde{w_\alpha} = \exp \frac{\pi}{2}(X_\alpha + \tau(X_\alpha)) = \exp \frac{\pi}{2}(X_\alpha + \theta(X_\alpha)) \in K$$

は $N_K(\mathfrak{a})$ の元であり, $w_\alpha = \mathrm{Ad}(\widetilde{w_\alpha})|_\mathfrak{a}$ は超平面 $H_\alpha : \alpha(Z) = 0$ に関する鏡映である. したがって, 超平面の族 $\mathcal{H}(\mathfrak{a}) = \{H_\alpha \mid \alpha \in \Delta(\mathfrak{g}_{\mathbb{C}}, \mathfrak{a})\}$ に関する鏡映群を W' とするとき,

$$W' \subset W_K(\mathfrak{a})$$

である.

命題 6.10 $W_G(\mathfrak{a}) = W_K(\mathfrak{a}) = W'$

証明 $\mathfrak{a}_0$ を $\mathcal{H}(\mathfrak{a})$ の 1 つのワイル領域とする. W' が $\mathcal{H}(\mathfrak{a})$ のワイル領域の集合に単純推移的に作用する (系 3.4) ので,

$$g \in N_G(\mathfrak{a}) \text{ が } \mathfrak{a}_0 \text{ を } \mathfrak{a}_0 \text{ に移す} \Longrightarrow g \in Z_G(\mathfrak{a})$$

を示せばよい. $W_G(\mathfrak{a})$ は有限群だから, ある自然数 k について $g^k \in Z_G(\mathfrak{a})$ である. 適当な $Y \in \mathfrak{a}_0$ に対し,

$$Y_0 = \frac{1}{k}(Y + \mathrm{Ad}(g)Y + \mathrm{Ad}(g^2)Y + \cdots + \mathrm{Ad}(g^{k-1})Y)$$

とおくと, $\mathfrak{a}_0$ は凸集合だから $Y_0 \in \mathfrak{a}_0$ であって, $\mathrm{Ad}(g)Y_0 = Y_0$ である.

系 4.5 により $Z_G(Y_0)$ は連結である. 一方, Y_0 はルート系 $\Delta(\mathfrak{g}_{\mathbb{C}}, \mathfrak{a})$ に関する正則元だから,

$$\mathfrak{z}_\mathfrak{g}(Y_0) = \mathfrak{z}_\mathfrak{g}(\mathfrak{a})$$

である. よって
$$g \in Z_G(Y_0) = Z_G(\mathfrak{a})$$
である. □

$\mathfrak{t}'$ は $\mathfrak{a}$ を含む $\mathfrak{g}$ の極大トーラスとし,
$$W_G(\mathfrak{t}')^{\mathfrak{a}} = \{w \in W_G(\mathfrak{t}') \mid w\mathfrak{a} = \mathfrak{a}\}, \quad W_G(\mathfrak{t}')_{\mathfrak{a}} = \{w|_{\mathfrak{a}} \mid w \in W_G(\mathfrak{t}')^{\mathfrak{a}}\}$$
とおく.

命題 6.11 $W_G(\mathfrak{a}) = W_G(\mathfrak{t}')_{\mathfrak{a}}$

証明 任意の $g \in N_G(\mathfrak{a})$ について, $\mathfrak{t}'$ および $\mathrm{Ad}(g)\mathfrak{t}'$ は $\mathfrak{z}_{\mathfrak{g}}(\mathfrak{a})$ の極大トーラスであるので, 定理 2.16 により $\mathrm{Ad}(h)\mathrm{Ad}(g)\mathfrak{t}' = \mathfrak{t}'$ となる $h \in Z_G(\mathfrak{a})_0$ が存在する. $\mathrm{Ad}(h)\mathrm{Ad}(g)\mathfrak{a} = \mathfrak{a}$ であるから $\mathrm{Ad}(hg) \in W_G(\mathfrak{t}')^{\mathfrak{a}}$ である. よって
$$W_G(\mathfrak{a}) \subset W_G(\mathfrak{t}')_{\mathfrak{a}}$$
が示された.

$\mathfrak{a}_0$ を $\mathcal{H}(\mathfrak{a})$ に関する 1 つのワイル領域とする. $W_G(\mathfrak{t}')_{\mathfrak{a}}$ が $W_G(\mathfrak{a})$ を真に含むとすると, $w\mathfrak{a}_0 = \mathfrak{a}_0$ を満たし, $w|_{\mathfrak{a}}$ が自明でない $w \in W_G(\mathfrak{t}')^{\mathfrak{a}}$ が存在する. しかし, $\Delta(\mathfrak{g}_{\mathbb{C}}, \mathfrak{a})$ が $\Delta(\mathfrak{g}_{\mathbb{C}}, \mathfrak{t}')$ を $\mathfrak{a}$ に制限したものであることに注意すれば, $\mathfrak{a}_0$ は $\mathfrak{t}'$ のあるワイル領域 $\mathfrak{t}'_0$ の閉包に含まれことがわかるので, 系 3.4 により $wY = Y$ for all $Y \in \mathfrak{a}_0$ となり, 矛盾する. □

6.5 アフィンワイル群

4.4 節と同様に, $\{2\pi i Y_{\alpha} \mid \alpha \in \Delta(\mathfrak{g}_{\mathbb{C}}, \mathfrak{a})\}$ で生成される $\mathfrak{a}$ の格子を $\Gamma(\mathfrak{a})$ とするとき, $\mathfrak{a}$ 上の超平面 $H_{\alpha,k} : \alpha(Y) = 2\pi i k$ の族
$$\widetilde{\mathcal{H}}(\mathfrak{a}) = \{H_{\alpha,k} \mid \alpha \in \Delta(\mathfrak{g}_{\mathbb{C}}, \mathfrak{a}),\ k \in \mathbb{Z}\}$$
に関する鏡映群 $\widetilde{W}(\mathfrak{a})$ は半直積群
$$W_G(\mathfrak{a}) \ltimes \Gamma(\mathfrak{a})$$
の構造を持つ.

$\mathfrak{a}$ を含む $\mathfrak{g}$ の極大トーラス $\mathfrak{t}'$ を取り，4.4 節で定義されたアフィンワイル群 $\widetilde{W}(\mathfrak{t}') = W_G(\mathfrak{t}') \ltimes \Gamma(\mathfrak{t}')$ に対して，

$$\widetilde{W}(\mathfrak{t}')^{\mathfrak{a}} = \{w \in \widetilde{W}(\mathfrak{t}') \mid w\mathfrak{a} = \mathfrak{a}\}, \quad \widetilde{W}(\mathfrak{t}')_{\mathfrak{a}} = \{w|_{\mathfrak{a}} \mid w \in \widetilde{W}(\mathfrak{t}')^{\mathfrak{a}}\}$$

とおく．$\widetilde{W}(\mathfrak{t}')$ は $\mathfrak{t}'$ の超平面の族 $\widetilde{\mathcal{H}}(\mathfrak{t}') = \{H_{\alpha,k} \mid \alpha \in \Delta(\mathfrak{g}_{\mathbb{C}}, \mathfrak{t}'), k \in \mathbb{Z}\}$ ($H_{\alpha,k}$: $\alpha(Y) = 2\pi i k$) に関する鏡映群であったことに注意する．

命題 6.12 （ i ）$\widetilde{W}(\mathfrak{a}) = \widetilde{W}(\mathfrak{t}')_{\mathfrak{a}}$
（ ii ）$\Gamma(\mathfrak{a}) = \Gamma(\mathfrak{t}') \cap \mathfrak{a}$

証明 (i) G が単連結とすると，定理 4.19 により

$$\Gamma(\mathfrak{t}') = \{Y \in \mathfrak{t}' \mid \exp Y = e\}$$

である．命題 2.10 (iv) により，任意の $\alpha \in \Delta(\mathfrak{g}_{\mathbb{C}}, \mathfrak{a})$ に対し

$$\exp 2\pi i Y_{\alpha} = e$$

であるから，$\exp \Gamma(\mathfrak{a}) = \{e\}$ であり，したがって

$$\Gamma(\mathfrak{a}) \subset \Gamma(\mathfrak{t}') \cap \mathfrak{a} \tag{6.2}$$

である．

命題 6.11 および (6.2) により

$$\widetilde{W}(\mathfrak{a}) = W_G(\mathfrak{a}) \ltimes \Gamma(\mathfrak{a}) \subset W_G(\mathfrak{t}')_{\mathfrak{a}} \ltimes (\Gamma(\mathfrak{t}') \cap \mathfrak{a}) = \widetilde{W}(\mathfrak{t}')_{\mathfrak{a}}$$

である．$\widetilde{W}(\mathfrak{t}')_{\mathfrak{a}}$ が $\widetilde{W}(\mathfrak{a})$ を真に含むとすると，$\widetilde{\mathcal{H}}(\mathfrak{a})$ に関する $\mathfrak{a}$ の 1 つのワイル領域を $\widetilde{\mathfrak{a}}_0$ とするとき，$w\widetilde{\mathfrak{a}}_0 = \widetilde{\mathfrak{a}}_0$ となり，$w|_{\mathfrak{a}}$ が自明でない $w \in \widetilde{W}(\mathfrak{t}')^{\mathfrak{a}}$ が存在する．しかし，$\widetilde{\mathfrak{a}}_0$ は $\widetilde{\mathcal{H}}(\mathfrak{t}')$ に関するあるワイル領域 $\widetilde{\mathfrak{t}}'_0$ の閉包に含まれるので，系 3.4 により $wY = Y$ for all $Y \in \widetilde{\mathfrak{a}}_0$ となり，矛盾する．

(ii) は (i) の中で示されている． □

$\mathfrak{a}$ の超平面の族

$$\widetilde{\mathcal{H}}(\mathfrak{a}, \tfrac{1}{2}\mathbb{Z}) = \{H_{\alpha,k} \mid k \in \tfrac{1}{2}\mathbb{Z}\}$$

に関する鏡映群 $\widetilde{W}(\mathfrak{a}, \tfrac{1}{2}\mathbb{Z})$ は半直積群

$$W_G(\mathfrak{a}) \ltimes \tfrac{1}{2}\Gamma(\mathfrak{a})$$

の構造を持つ．ただし

$$\frac{1}{2}\Gamma(\mathfrak{a}) = \{\frac{1}{2}Y \mid Y \in \Gamma(\mathfrak{a})\}$$

は $\{\pi i Y_\alpha \mid \alpha \in \Delta(\mathfrak{g}_\mathbb{C}, \mathfrak{a})\}$ で生成される $\mathfrak{a}$ の格子であることに注意する．$\widetilde{\mathcal{H}}(\mathfrak{a}, \frac{1}{2}\mathbb{Z})$ に関する $\mathfrak{a}$ の1つのワイル領域を $\widetilde{\mathfrak{a}}_0'$ とするとき，次が成り立つ．

定理 6.13 G が単連結のとき，

$$G = \bigsqcup_{Y \in \widetilde{\mathfrak{a}}_0'^{cl}} K(\exp Y)K$$

証明 定理 5.11 により $K = G^\theta$ であることに注意すると，

$$A \cap K = A \cap G^\theta = \{a \in A \mid a^2 = e\}$$

であるので，

$$(\exp|_\mathfrak{a})^{-1}(A \cap K) = \frac{1}{2}\Gamma(\mathfrak{a})$$

である．したがって，指数写像によって，$\mathfrak{a}$ 上の $\frac{1}{2}\Gamma(\mathfrak{a})$-軌道と A 上の $A \cap K$-軌道（作用はともに平行移動）が1対1に対応する．さらに，$\mathfrak{a}$ 上の $W_G(\mathfrak{a}) \ltimes \frac{1}{2}\Gamma(\mathfrak{a})$-軌道と A 上の $W_G(\mathfrak{a}) \ltimes (A \cap K)$-軌道も1対1に対応する．

系 3.4 により，任意の $\mathfrak{a}$ 上の $W_G(\mathfrak{a}) \ltimes \frac{1}{2}\Gamma(\mathfrak{a})$-軌道すなわち $\widetilde{W}(\mathfrak{a}, \frac{1}{2}\mathbb{Z})$-軌道は $\widetilde{\mathfrak{a}}_0'^{cl}$ と1点で交わる．一方，定理 6.8 と命題 6.9 により，A 上の $W_G(\mathfrak{a}) \ltimes (A \cap K)$-軌道と G 上の両側 K-剰余類は包含写像により1対1に対応する．以上により示された． □

6.6 極大トーラスと制限ルート系の構成

第5章では $\mathfrak{g}$ の対合 θ を $\mathfrak{g}$ の極大トーラス $\mathfrak{t}$ とルート系 $\Delta(\mathfrak{g}_\mathbb{C}, \mathfrak{t})$ から構成した．本節では，そのような θ から対称対の極大トーラス $\mathfrak{a}$ と制限ルート系 $\Delta(\mathfrak{g}_\mathbb{C}, \mathfrak{a})$ を構成する標準的方法を述べる[5]．

---

[5] 制限ルート系 $\Delta(\mathfrak{g}_\mathbb{C}, \mathfrak{a})$ および各制限ルート α に対する重複度 $\dim \mathfrak{g}_\mathbb{C}(\mathfrak{a}, \alpha)$ は Cartan [9] で求められている．前節までで用いた $\mathfrak{a}$ を含む $\mathfrak{g}$ の極大トーラス $\mathfrak{t}'$ に関するルート系 $\Delta(\mathfrak{g}_\mathbb{C}, \mathfrak{t}')$ について，佐武 [28]，荒木 [1] による「佐武図形」が定義されるが本書では扱わない．

6.6.1 簡単な例

例 6.14 $\mathfrak{g} = \mathfrak{su}(2)$, $\theta(X) = \begin{pmatrix} 1 & 0 \\ 0 & -1 \end{pmatrix} X \begin{pmatrix} 1 & 0 \\ 0 & -1 \end{pmatrix}$ とする. 2.3 節のように

$$X_+ = \begin{pmatrix} 0 & 1 \\ 0 & 0 \end{pmatrix}, \quad X_- = \tau(X_+) = \begin{pmatrix} 0 & 0 \\ -1 & 0 \end{pmatrix}, \quad Y_0 = [X_-, X_+] = \begin{pmatrix} 1 & 0 \\ 0 & -1 \end{pmatrix}$$

($\tau(X) = \{-\overline{a_{k,j}}\}$ は $X = \{a_{j,k}\}$ の $\mathfrak{su}(2)$ に関する共役) とおくと,

$$\mathfrak{k} = \mathbb{R} i Y_0, \qquad \mathfrak{p} = \mathbb{R}(X_+ + X_-) \oplus \mathbb{R} i (X_+ - X_-)$$

である.

$\mathfrak{t} = \mathfrak{k}$ は $\mathfrak{k}$ に含まれる $\mathfrak{g}$ の極大トーラスである. 第 5 章では $\mathfrak{t}$ の元 iY_0 によって

$$\theta = \mathrm{Ad}(\exp \frac{\pi}{2} i Y_0) = \mathrm{Ad} \begin{pmatrix} e^{\pi i/2} & 0 \\ 0 & e^{-\pi i/2} \end{pmatrix} = \mathrm{Ad} \begin{pmatrix} i & 0 \\ 0 & -i \end{pmatrix} = \mathrm{Ad} \begin{pmatrix} 1 & 0 \\ 0 & -1 \end{pmatrix}$$

を構成した.

一方, $\mathfrak{p}$ の 1 つの極大トーラスとして

$$\mathfrak{a} = \mathbb{R}(X_+ + X_-)$$

が取れる. $\dim \mathfrak{a} = \dim \mathfrak{t} = 1$ だから, これは $\mathfrak{g}$ の極大トーラスにもなっている[6]. よって, 定理 2.16 により, $\mathfrak{t}$ と $\mathfrak{a}$ は $SU(2)$-共役であるが, これは次のように具体的に書ける.

$$c = \exp \frac{\pi}{4} i(X_+ - X_-) = \exp \frac{\pi}{4} \begin{pmatrix} 0 & i \\ i & 0 \end{pmatrix}$$

$$= \begin{pmatrix} \cos(\pi/4) & i\sin(\pi/4) \\ i\sin(\pi/4) & \cos(\pi/4) \end{pmatrix} = \frac{1}{\sqrt{2}} \begin{pmatrix} 1 & i \\ i & 1 \end{pmatrix} \in SU(2)$$

とおくと,

$$\mathrm{Ad}(c)(iY_0) = \frac{1}{\sqrt{2}} \begin{pmatrix} 1 & i \\ i & 1 \end{pmatrix} \begin{pmatrix} i & 0 \\ 0 & -i \end{pmatrix} \frac{1}{\sqrt{2}} \begin{pmatrix} 1 & -i \\ -i & 1 \end{pmatrix}$$

---

[6] $\dim \mathfrak{a} = \dim \mathfrak{t}$ のとき, 対称対 $(\mathfrak{g}, \mathfrak{k})$ は**正規型**であるという. このとき, $\mathfrak{a}$ は $\mathfrak{g}$ の極大トーラスであるので, すべての $\alpha \in \Delta(\mathfrak{g}_\mathbb{C}, \mathfrak{a})$ に対し $\dim \mathfrak{g}_\mathbb{C}(\mathfrak{a}, \alpha) = 1$ である.

$$= \begin{pmatrix} 0 & 1 \\ -1 & 0 \end{pmatrix} = X_+ + X_-$$

よって $\mathrm{Ad}(c)\mathfrak{t} = \mathfrak{a}$ である.

これにより，命題 2.10 と同様に次が成り立つ.

補題 6.15 $\alpha \in \Delta$ に対し，$X_\alpha \in \mathfrak{g}_\mathbb{C}(\mathfrak{t}, \alpha)$ を $\alpha(Y_\alpha) = 2$ $(Y_\alpha = [\tau(X_\alpha), X_\alpha])$ となるように取る. このとき

$$c_\alpha = \exp \frac{\pi}{4} i(X_\alpha - \tau(X_\alpha))$$

とおけば

$$\mathrm{Ad}(c_\alpha) i Y_\alpha = X_\alpha + \tau(X_\alpha)$$

である.

6.6.2 AIII 型のとき

$\mathfrak{g} = \mathfrak{u}(n)$, $\theta(X) = I_{p,q} X I_{p,q}$ とする. ただし,

$$I_{p,q} = \begin{pmatrix} I_p & 0 \\ 0 & -I_q \end{pmatrix},$$

$p+q = n$, $p \leq q$ とする. ($\mathfrak{su}(n)$ に制限してもよいが，$\mathfrak{u}(n)$ の方が書きやすい.)

$$\mathfrak{t} = \{\mathrm{diag}(a_1, \ldots, a_n) \mid a_1, \ldots, a_n \in i\mathbb{R}\}$$

は $\mathfrak{k}$ に含まれる $\mathfrak{g}$ の極大トーラスである. $\mathfrak{p}$ の極大トーラスを構成しよう. $X_1 = E_{1,n}, X_2 = E_{2,n-1}, \ldots, X_p = E_{p,n-p+1}$ ($E_{j,k}$ は行列単位) とおくと,

$$\mathfrak{a} = \mathbb{R}(X_1 + \tau(X_1)) \oplus \cdots \oplus \mathbb{R}(X_p + \tau(X_p))$$

$$= \mathbb{R}(E_{1,n} - E_{n,1}) \oplus \cdots \oplus \mathbb{R}(E_{p,n-p+1} - E_{n-p+1,p})$$

は $\mathfrak{p}$ の 1 つの極大トーラスである. ただし，$\tau(\{a_{j,k}\}) = \{-\overline{a_{k,j}}\}$ ($\mathfrak{g} = \mathfrak{u}(n)$ に関する共役) とする.

ルート系を用いて考えよう.

$$\varepsilon_j : \mathrm{diag}(a_1, \ldots, a_n) \mapsto a_j$$

とおくと，例 2.6 により

$$\Delta(\mathfrak{g}_{\mathbb{C}}, \mathfrak{t}) = \{\varepsilon_j - \varepsilon_k \mid j \neq k\}, \quad \mathfrak{g}_{\mathbb{C}}(\mathfrak{t}, \varepsilon_j - \varepsilon_k) = \mathbb{C}E_{j,k}$$

である．よって，$\gamma_1 = \varepsilon_1 - \varepsilon_n$, $\gamma_2 = \varepsilon_2 - \varepsilon_{n-1}$, $\cdots$, $\gamma_p = \varepsilon_p - \varepsilon_{n-p+1}$ とおくと

$$X_j \in \mathfrak{g}_{\mathbb{C}}(\mathfrak{t}, \gamma_j) \quad \text{for } j = 1, \ldots, p$$

である．$\gamma_1, \ldots, \gamma_p$ は互いに直交していて，さらに

$$\gamma_j \pm \gamma_k \notin \Delta(\mathfrak{g}_{\mathbb{C}}, \mathfrak{t})$$

である．このような $\gamma_1, \ldots, \gamma_p$ は**強直交系**（次節で定義）と呼ばれる．

補題 6.15 のように

$$c_{\gamma_j} = \exp \frac{\pi}{4} i(X_j - \tau(X_j)) \quad (X_j = X_{\gamma_j})$$

とおき，$G = U(n)$ の元 c を

$$c = c_{\gamma_1} \cdots c_{\gamma_p}$$

で定義する．行列で具体的に書くと

$$c = \begin{pmatrix} (1/\sqrt{2})I_p & & (1/\sqrt{2})iI'_p \\ & I_{n-2p} & \\ (1/\sqrt{2})iI'_p & & (1/\sqrt{2})I_p \end{pmatrix}, \quad I'_p = \begin{pmatrix} 0 & & 1 \\ & \iddots & \\ 1 & & 0 \end{pmatrix}$$

となる．$\mathfrak{a}' = \mathrm{Ad}(c)^{-1}\mathfrak{a}$,

$$Y'(a_1, \ldots, a_p) = a_1 Y_{\gamma_1} + \cdots + a_p Y_{\gamma_p}$$
$$= \mathrm{diag}(a_1, \ldots, a_p, 0, \ldots, 0, -a_p, \ldots, -a_1)$$

for $a_1, \ldots, a_p \in i\mathbb{R}$ とおくと，補題 6.15 により

$$\mathfrak{a}' = \{Y'(a_1, \ldots, a_p) \mid a_j \in i\mathbb{R}\}$$

となる．$\Delta(\mathfrak{g}_{\mathbb{C}}, \mathfrak{a}) \cong \Delta(\mathfrak{g}_{\mathbb{C}}, \mathfrak{a}')$ だから $\Delta(\mathfrak{g}_{\mathbb{C}}, \mathfrak{a}')$ を調べればよい．$j = 1, \ldots, p$ に対し，$\delta_j \in i(\mathfrak{a}')^*$ を

$$\delta_j : Y'(a_1, \ldots, a_p) \mapsto a_j$$

で定義すると

$$\varepsilon_j|_{\mathfrak{a}'} = -\varepsilon_{n-j+1}|_{\mathfrak{a}'} = \delta_j \quad \text{for } j = 1, \ldots, p,$$

$$\varepsilon_j|_{\mathfrak{a}'} = 0 \quad \text{for } j = p+1, \ldots, n-p$$

だから, $j, k = 1, \ldots, p$, $j \neq k$ に対し,

$$\mathfrak{g}_{\mathbb{C}}(\mathfrak{a}', \delta_j - \delta_k) = \mathfrak{g}_{\mathbb{C}}(\mathfrak{t}, \varepsilon_j - \varepsilon_k) \oplus \mathfrak{g}_{\mathbb{C}}(\mathfrak{t}, \varepsilon_{n-k+1} - \varepsilon_{n-j+1}),$$

$$\mathfrak{g}_{\mathbb{C}}(\mathfrak{a}', \delta_j + \delta_k) = \mathfrak{g}_{\mathbb{C}}(\mathfrak{t}, \varepsilon_j - \varepsilon_{n-k+1}) \oplus \mathfrak{g}_{\mathbb{C}}(\mathfrak{t}, \varepsilon_k - \varepsilon_{n-j+1}),$$

$$\mathfrak{g}_{\mathbb{C}}(\mathfrak{a}', -\delta_j - \delta_k) = \mathfrak{g}_{\mathbb{C}}(\mathfrak{t}, \varepsilon_{n-j+1} - \varepsilon_k) \oplus \mathfrak{g}_{\mathbb{C}}(\mathfrak{t}, \varepsilon_{n-k+1} - \varepsilon_j),$$

$j = 1, \ldots, p$ に対し,

$$\mathfrak{g}_{\mathbb{C}}(\mathfrak{a}', \delta_j) = \bigoplus_{k=p+1}^{n-p} (\mathfrak{g}_{\mathbb{C}}(\mathfrak{t}, \varepsilon_j - \varepsilon_k) \oplus \mathfrak{g}_{\mathbb{C}}(\mathfrak{t}, \varepsilon_k - \varepsilon_{n-j+1})),$$

$$\mathfrak{g}_{\mathbb{C}}(\mathfrak{a}', -\delta_j) = \bigoplus_{k=p+1}^{n-p} (\mathfrak{g}_{\mathbb{C}}(\mathfrak{t}, \varepsilon_k - \varepsilon_j) \oplus \mathfrak{g}_{\mathbb{C}}(\mathfrak{t}, \varepsilon_{n-j+1} - \varepsilon_k)),$$

$$\mathfrak{g}_{\mathbb{C}}(\mathfrak{a}', 2\delta_j) = \mathfrak{g}_{\mathbb{C}}(\mathfrak{t}, \varepsilon_j - \varepsilon_{n-j+1}),$$

$$\mathfrak{g}_{\mathbb{C}}(\mathfrak{a}', -2\delta_j) = \mathfrak{g}_{\mathbb{C}}(\mathfrak{t}, \varepsilon_{n-j+1} - \varepsilon_j)$$

であり, これら以外に $(\mathfrak{g}_{\mathbb{C}}, \mathfrak{a}')$ に関するルート空間は存在しない. よって $\Delta(\mathfrak{g}_{\mathbb{C}}, \mathfrak{a}')$ は BC_p 型 ($2p = n$ のときは C_p 型) であって,

$$\dim \mathfrak{g}_{\mathbb{C}}(\mathfrak{a}', \alpha) = \begin{cases} 2 & (\alpha = \pm \delta_j \pm \delta_k), \\ 2(n-2p) & (\alpha = \pm \delta_j), \\ 1 & (\alpha = \pm 2\delta_j) \end{cases}$$

である.

6.7　θ-stable 極大トーラス

$\mathfrak{g}$ の極大トーラス $\mathfrak{h}$ が

$$\theta(\mathfrak{h}) = \mathfrak{h}$$

を満たすとき, θ-stable であるという. このとき, $\mathfrak{h}_+ = \mathfrak{h} \cap \mathfrak{k}$, $\mathfrak{h}_- = \mathfrak{h} \cap \mathfrak{p}$ とおけば,

$$\mathfrak{h} = \mathfrak{h}_+ \oplus \mathfrak{h}_-$$

である.

本節では,杉浦による θ-stable 極大トーラスの構成を紹介する[7]. $\mathfrak{k}$ の極大トーラス $\mathfrak{t}_+$ を 1 つ取ると,

$$\mathfrak{t} = \mathfrak{z}_\mathfrak{g}(\mathfrak{t}_+) = \mathfrak{t}_+ \oplus \mathfrak{t}_-$$

は $\mathfrak{g}$ の 1 つの θ-stable 極大トーラスである. $\beta \in \Delta = \Delta(\mathfrak{g}_\mathbb{C}, \mathfrak{t})$ について,$\beta|_{\mathfrak{t}_-} = 0$ とする. このとき,$\theta(\beta) = \beta$ であるから,θ は $\mathfrak{g}_\mathbb{C}(\mathfrak{t}, \beta)$ をそれ自身に移すので,

$$\mathfrak{g}_\mathbb{C}(\mathfrak{t}, \beta) \subset \mathfrak{k}_\mathbb{C} \quad \text{または} \quad \mathfrak{g}_\mathbb{C}(\mathfrak{t}, \beta) \subset \mathfrak{p}_\mathbb{C}$$

である. $\mathfrak{g}_\mathbb{C}(\mathfrak{t}, \beta)$ が $\mathfrak{k}_\mathbb{C}$ に含まれるとき,β を**コンパクトルート** (compact root) といい,$\mathfrak{p}_\mathbb{C}$ に含まれるとき,**ノンコンパクトルート** (noncompact root) という[8].

ルートの部分集合 $\{\gamma_1, \ldots, \gamma_m\} \subset \Delta$ が条件

$$\gamma_j \pm \gamma_k \notin \Delta \sqcup \{0\} \quad \text{for } j \neq k$$

を満たすとき,これを**強直交系** (strongly orthogonal system) という. 系 2.12 により,$(\gamma_j, \gamma_k) \neq 0$ ならば

$$\gamma_j + \gamma_k \in \Delta \sqcup \{0\} \quad \text{または} \quad \gamma_j - \gamma_k \in \Delta \sqcup \{0\}$$

であるので,強直交系は直交系である.

$\{\gamma_1, \ldots, \gamma_m\}$ を Δ のノンコンパクトルートから成る強直交系とし,0 でないルートベクトル $X_{\gamma_j} \in \mathfrak{g}_\mathbb{C}(\mathfrak{t}, \gamma_j)$ $(j = 1, \ldots, m)$ を取る.

---

[7] 次の第 7 章で示すように,θ によって $\mathfrak{g}_\mathbb{C}$ の実型として実半単純リー環

$$\mathfrak{g}' = \mathfrak{k} \oplus i\mathfrak{p}$$

が構成できる. このとき,上記の $\mathfrak{h} = \mathfrak{h}_+ \oplus \mathfrak{h}_-$ から $\mathfrak{g}'$ のカルタン部分環

$$\mathfrak{h}' = \mathfrak{h}_+ \oplus i\mathfrak{h}_-$$

が定まり,このようにして実半単純リー環のカルタン部分環の共役類の代表系が構成できる (Kostant-杉浦の定理,Kostant [21], 杉浦 [29], [30]). しかしながら,E. Cartan が実単純リー環の分類を与えた [6] の中で,すべてのカルタン部分環はすでに構成され,それらの間の関係も考察されていることに注意すべきである.

[8] 第 7 章で実半単純リー環 $\mathfrak{g}' = \mathfrak{k} \oplus i\mathfrak{p}$ を考察するとき,$\mathfrak{k}$ は $\mathfrak{g}'$ のコンパクト部分,$i\mathfrak{p}$ はノンコンパクト部分と呼ぶのが自然であるので,対応するルート系についてこのような呼び方をする. コンパクト対称空間についてこの用語をそのまま適用するのはよくないかもしれないが,慣用に従った.

$$\mathfrak{h}_+ = \{Y \in \mathfrak{t}_+ \mid \gamma_1(Y) = \cdots = \gamma_m(Y) = 0\} \tag{6.3}$$

$$\mathfrak{h}_- = \mathfrak{t}_- \oplus \mathbb{R}(X_{\gamma_1} + \tau(X_{\gamma_1})) \oplus \cdots \oplus \mathbb{R}(X_{\gamma_m} + \tau(X_{\gamma_m})) \tag{6.4}$$

とおくと,$\mathfrak{h} = \mathfrak{h}_+ \oplus \mathfrak{h}_-$ は明らかに $\mathfrak{g}$ の θ-stable 極大トーラスである.逆に,任意の $\mathfrak{g}$ の θ-stable 極大トーラスはこのように標準的に構成したものに $\mathrm{Ad}(K)$-共役であることを示したのが次の杉浦の定理である.

定理 6.16 $\mathfrak{h} = \mathfrak{h}_+ \oplus \mathfrak{h}_-$ を $\mathfrak{g}$ の θ-stable 極大トーラスとし,$m = \dim \mathfrak{t}_+ - \dim \mathfrak{h}_+ = \dim \mathfrak{h}_- - \dim \mathfrak{t}_-$ とする.このとき,

(i) $\mathrm{Ad}(k)\mathfrak{h}_+ \subset \mathfrak{t}_+$, $\mathrm{Ad}(k)\mathfrak{h}_- \supset \mathfrak{t}_-$ を満たす $k \in K$ が存在する.

(ii) さらに,Δ のノンコンパクトルートから成る強直交系 $\{\gamma_1, \ldots, \gamma_m\}$ であって

$$\gamma_j|_{\mathrm{Ad}(k)\mathfrak{h}_+ \oplus \mathfrak{t}_-} = 0 \quad \text{for } j = 1, \ldots, m$$

を満たすものが存在し,$\mathfrak{h}$ は (6.3), (6.4) で与えた標準的な θ-stable 極大トーラスに $\mathrm{Ad}(K)$-共役である.

証明 (i) 定理 2.16 により,

$$\mathrm{Ad}(k_1)\mathfrak{h}_+ \subset \mathfrak{t}_+ \tag{6.5}$$

を満たす $k_1 \in K$ が存在する.さらに,$\mathrm{Ad}(k_1)\mathfrak{h}_-$ は $\mathfrak{z}_\mathfrak{g}(\mathrm{Ad}(k_1)\mathfrak{h}_+) \cap \mathfrak{p}$ の極大トーラスであり,(6.5) により $\mathfrak{t}_-$ は $\mathrm{Ad}(k_1)\mathfrak{h}_+$ と可換であるので,命題 6.3 により

$$\mathrm{Ad}(k_2)\mathfrak{t}_- \subset \mathrm{Ad}(k_1)\mathfrak{h}_-$$

を満たす $k_2 \in Z_K(\mathrm{Ad}(k_1)\mathfrak{h}_+)_0$ が存在する.$k = k_2^{-1} k_1$ とおけばよい.

(ii) (i) により,

$$\mathfrak{h}_+ \subset \mathfrak{t}_+, \qquad \mathfrak{h}_- \supset \mathfrak{t}_-$$

と仮定してよい.$\Delta' = \Delta(\mathfrak{z}_{\mathfrak{g}_\mathbb{C}}(\mathfrak{h}_+ \oplus \mathfrak{t}_-), \mathfrak{t})$ とおくとき,$\ell = 1, \ldots, m$ に対し,次の (P_ℓ) を証明すればよい.

(P_ℓ) Δ' のノンコンパクトルートから成る強直交系 $\gamma_1, \ldots, \gamma_\ell$ が存在する.

数学的帰納法により,$(\mathrm{P}_{\ell-1})$ が成り立つと仮定して (P_ℓ) を示せばよい.

$\gamma_1, \ldots, \gamma_{\ell-1} \in \Delta'$ はノンコンパクトルートから成る強直交系とする。$0 \neq X_{\gamma_j} \in \mathfrak{g}_\mathbb{C}(\mathfrak{t}, \gamma_j)$ $(j = 1, \ldots, \ell - 1)$ とし,

$$\mathfrak{r} = \mathbb{R}(X_{\gamma_1} + \tau(X_{\gamma_1})) \oplus \cdots \oplus \mathbb{R}(X_{\gamma_{\ell-1}} + \tau(X_{\gamma_{\ell-1}}))$$

とおくと $\mathfrak{t}_- \oplus \mathfrak{r} \subset \mathfrak{z}_\mathfrak{g}(\mathfrak{h}_+) \cap \mathfrak{p}$ であるが, $\mathfrak{z}_\mathfrak{g}(\mathfrak{h}_+) \cap \mathfrak{p}$ の極大トーラスの次元は

$$\dim \mathfrak{h}_- = \dim \mathfrak{t}_- + m$$

であって, $\dim \mathfrak{t}_- + \ell - 1$ より大きい。よって $\mathfrak{z}_\mathfrak{g}(\mathfrak{h}_+ \oplus \mathfrak{t}_- \oplus \mathfrak{r}) \cap \mathfrak{p}$ の元 Z であって, $\mathfrak{t}_- \oplus \mathfrak{r}$ に含まれないものが存在する。

$$Z = \sum_{\beta \in \Delta' \sqcup \{0\}} Z_\beta, \quad Z_\beta \in \mathfrak{g}_\mathbb{C}(\mathfrak{t}, \beta) \cap \mathfrak{p}_\mathbb{C}$$

と表わす。

$\beta \in \Delta'$, $j = 1, \ldots, \ell - 1$ に対し,

$$\Delta_1(\beta, \gamma_j) = \{\beta + N\gamma_j \in \Delta' \sqcup \{0\} \mid N \in \mathbb{Z}\}, \quad \Delta_2(\beta, \gamma_j) = \Delta' \sqcup \{0\} - \Delta_1(\beta, \gamma_j)$$

とおき, $V = \mathfrak{z}_{\mathfrak{g}_\mathbb{C}}(\mathfrak{h}_+ \oplus \mathfrak{t}_-)$ を

$$V = V_1(\beta, \gamma_j) \oplus V_2(\beta, \gamma_j), \quad V_s(\beta, \gamma_j) = \bigoplus_{\delta \in \Delta_s(\beta, \gamma_j)} \mathfrak{g}_\mathbb{C}(\mathfrak{t}, \delta) \ (s = 1, 2)$$

と分解する。また, これに応じて Z を

$$Z = Z_1(\beta, \gamma_j) + Z_2(\beta, \gamma_j), \quad Z_s(\beta, \gamma_j) \in V_s(\beta, \gamma_j)$$

と分解する。このとき, $\operatorname{ad}(X_{\gamma_j} + \tau(X_{\gamma_j})) V_s(\beta, \gamma_j) \subset V_s(\beta, \gamma_j)$ for $s = 1, 2$ であるので,

$$[X_{\gamma_j} + \tau(X_{\gamma_j}), Z_1(\beta, \gamma_j)] = [X_{\gamma_j} + \tau(X_{\gamma_j}), Z_2(\beta, \gamma_j)] = 0 \qquad (6.6)$$

である。

$\beta = \gamma_j$ のとき, $Z_1(\gamma_j, \gamma_j) = Z_{\gamma_j} + Z_0 + Z_{-\gamma_j}$ である ($Z_0 \in \mathfrak{g}_\mathbb{C}(\mathfrak{t}, 0) \cap \mathfrak{p}_\mathbb{C} = (\mathfrak{t}_-)_\mathbb{C}$ に注意)。$Z_{\gamma_j} = \lambda X_{\gamma_j}$ $Z_{-\gamma_j} = \mu \tau(X_{\gamma_j})$ $(\lambda, \mu \in \mathbb{C})$ とすると, (6.6) により

$$0 = [X_{\gamma_j} + \tau(X_{\gamma_j}), Z_1(\gamma_j, \gamma_j)] = [X_{\gamma_j} + \tau(X_{\gamma_j}), \lambda X_{\gamma_j} + Z_0 + \mu \tau(X_{\gamma_j})]$$

$$= (\lambda - \mu)[\tau(X_{\gamma_j}), X_{\gamma_j}]$$

であるので, $\lambda = \mu$ である。よって

$$Z_0 + \sum_{j=1}^{\ell-1}(Z_{\gamma_j} + Z_{-\gamma_j}) \in (\mathfrak{t}_- \oplus \mathfrak{r})_{\mathbb{C}}$$

であり,$Z \notin \mathfrak{t}_- \oplus \mathfrak{r}$ であるから $Z_\beta \neq 0$ となる

$$\beta \in \Delta' - \{\pm\gamma_1, \ldots, \pm\gamma_{\ell-1}\}$$

が存在する.

β を含む Δ' の既約成分を Δ'' とし,$\gamma_1, \ldots, \gamma_{\ell-1}$ のうちで Δ'' に含まれるものを $\gamma_1, \ldots, \gamma_{\ell'-1}$ としてよい.ℓ' 個のノンコンパクトルートから成る Δ'' の強直交系を構成すればよい.

β がすべての $\gamma_1, \ldots, \gamma_{\ell'-1}$ と強直交していれば,β を付け加えるだけで証明が完結する.β が $\gamma_1, \ldots, \gamma_{\ell'-1}$ と直交していて,ある γ_j と強直交していない場合を考える.このとき,$\beta \pm \gamma_j$ はコンパクトルートであるので,$Z_1(\beta, \gamma_j) = Z_\beta$ であり,(6.6) により

$$[X_{\gamma_j} + \tau(X_{\gamma_j}), Z_\beta] = 0$$

である.しかるに,命題 2.11 により,$[X_{\gamma_j}, Z_\beta] \neq 0$,$[\tau(X_{\gamma_j}), Z_\beta] \neq 0$ であるので矛盾する.

よって,β がある γ_j と直交していない場合を考えればよい.必要に応じて $\gamma_1, \ldots, \gamma_{\ell'-1}$ の順序と符号を取り換えて $(\beta, \gamma_1) < 0$ と仮定してよい.

(A) $|\beta| \leq |\gamma_1|$ のとき,

$$\Delta_1(\beta, \gamma_1) = \{\beta, \beta + \gamma_1\}$$

であり,$\beta + \gamma_1$ はコンパクトルートであるので

$$Z_1(\beta, \gamma_1) = Z_\beta$$

である.よって,(6.6) により

$$[X_{\gamma_1} + \tau(X_{\gamma_1}), Z_\beta] = [X_{\gamma_1}, Z_\beta] = 0$$

である.しかるに,系 2.12 により,$[X_{\gamma_1}, Z_\beta] \neq 0$ であるので矛盾する.

(B) 次に $|\beta| = \sqrt{2}|\gamma_1|$ のときを考える.このとき,$|\beta| = |\gamma_j|$ となる γ_j ($j = 2, \ldots, \ell'-1$) については,(A) で示したように β と直交しないとすると矛盾するので,β と直交する.さらに $\beta \pm \gamma_j \notin \Delta''$ であるので,強直交する.また,

$|\beta| = \sqrt{2}|\gamma_j|$ を満たす γ_j $(j = 2, \ldots, \ell' - 1)$ が β と直交していないとすると，$(\beta, \gamma_j) < 0$ のとき

$$\angle \beta 0 \gamma_j = 135°, \quad \angle \gamma_1 0 \gamma_j = 90°, \quad \angle \beta 0 \gamma_1 = 135°$$

であるので，$\beta = -(\gamma_1 + \gamma_j)$ となり，これはコンパクトルートであるので矛盾する．$(\beta, \gamma_j) > 0$ のときも同様に矛盾する．よって，すべての γ_j $(j = 2, \ldots, \ell' - 1)$ について，β は γ_j と強直交する．従って ℓ' 個のノンコンパクトルート

$$\beta, \beta + 2\gamma_1, \gamma_2, \ldots, \gamma_{\ell'-1}$$

から成る Δ'' の強直交系が構成された．

(C) 最後に，$|\beta| = \sqrt{3}|\gamma_1|$ のとき，Δ'' は G_2 型である．Δ'' が γ_2 を含むとすると，$|\gamma_2| = |\beta|$ であって

$$\angle \beta 0 \gamma_2 = 60° \text{ または } 120°$$

である (図 3.5)．しかし，このときは (A) で示したように矛盾が導かれる．よって $\ell' = 2$ である．（すなわち，$\gamma_2, \ldots, \gamma_{\ell-1}$ は他の既約成分に含まれる．）2 個のノンコンパクトルート $\beta, \beta + 2\gamma_1$ は Δ'' の強直交系を成すので示された．　□

上記の証明を見ると次のことがわかる．

補題 6.17 $\mathfrak{g}$ は単純コンパクトリー環とし，θ は $\mathfrak{g}$ の対合とする．$\gamma_1, \ldots, \gamma_m$ は $\Delta' = \Delta(\mathfrak{z}_{\mathfrak{g}_{\mathbb{C}}}(\mathfrak{t}_-), \mathfrak{t})$ のノンコンパクトルートから成る強直交系とし，次の 2 条件が成り立つとする．

(P1) $\gamma_1, \ldots, \gamma_m$ と強直交するノンコンパクトルートは存在しない．
(P2) 次の条件 (C) を満たすノンコンパクトルート β は存在しない．

　　(C) 　$|\beta| = \sqrt{2}|\gamma_j|$, $\angle \beta 0 \gamma_j = 45°$ for some j かつ β は γ_k $(k \neq j)$
　　　　と強直交する．

このとき，$\mathfrak{g}_{\mathbb{C}}(\mathfrak{t}, \gamma_j)$ の 0 でないベクトル X_{γ_j} $(j = 1, \ldots, m)$ を取れば，$\mathfrak{a} = \mathfrak{t}_- \oplus \mathbb{R}(X_{\gamma_1} + \tau(X_{\gamma_1})) \oplus \cdots \oplus \mathbb{R}(X_{\gamma_m} + \tau(X_{\gamma_m}))$ は $\mathfrak{p}$ の極大トーラスである．

注意 6.3 Δ のルートがすべて同じ長さのとき，すなわち Δ が A_n, D_n, E_6, E_7, E_8 型のとき，条件 (P2) は成り立つ．また，この場合，強直交と直交は同値である．

$\mathfrak{p}$ のトーラスの極大性の判定のために，次の補題を使うこともできるが，本書では用いない．

補題 6.18 $\mathfrak{a}$ は $\mathfrak{p}$ のトーラス（可換部分空間）とする．
(1) $2\dim\mathfrak{z}_{\mathfrak{k}_{\mathbb{C}}}(\mathfrak{a}) - \dim\mathfrak{z}_{\mathfrak{g}_{\mathbb{C}}}(\mathfrak{a}) = 2\dim\mathfrak{k}_{\mathbb{C}} - \dim\mathfrak{g}_{\mathbb{C}}$
(2) $\mathfrak{a}$ が $\mathfrak{p}$ の極大トーラスであるための必要十分条件は

$$\dim\mathfrak{z}_{\mathfrak{g}_{\mathbb{C}}}(\mathfrak{a}) - 2\dim\mathfrak{a}_{\mathbb{C}} = 2\dim\mathfrak{k}_{\mathbb{C}} - \dim\mathfrak{g}_{\mathbb{C}}$$

である．

証明 (1) $\alpha \in \Delta(\mathfrak{g}_{\mathbb{C}}, \mathfrak{a})$ のとき，$\theta(\mathfrak{g}_{\mathbb{C}}(\mathfrak{a},\alpha)) = \mathfrak{g}_{\mathbb{C}}(\mathfrak{a}, -\alpha)$ だから，

$$\dim((\mathfrak{g}_{\mathbb{C}}(\mathfrak{a},\alpha) \oplus \mathfrak{g}_{\mathbb{C}}(\mathfrak{a},-\alpha)) \cap \mathfrak{k}_{\mathbb{C}}) = \dim\mathfrak{g}_{\mathbb{C}}(\mathfrak{a},\alpha)$$

である．よって，$\Delta(\mathfrak{g}_{\mathbb{C}}, \mathfrak{a})$ の正のルート系 $\Delta^+(\mathfrak{g}_{\mathbb{C}}, \mathfrak{a})$ を適当に取るとき，

$$\begin{aligned}2(\dim\mathfrak{k}_{\mathbb{C}} - \dim\mathfrak{z}_{\mathfrak{k}_{\mathbb{C}}}(\mathfrak{a})) &= 2\sum_{\alpha \in \Delta^+(\mathfrak{g}_{\mathbb{C}},\mathfrak{a})} \dim((\mathfrak{g}_{\mathbb{C}}(\mathfrak{a},\alpha) \oplus \mathfrak{g}_{\mathbb{C}}(\mathfrak{a},-\alpha)) \cap \mathfrak{k}_{\mathbb{C}}) \\ &= 2\sum_{\alpha \in \Delta^+(\mathfrak{g}_{\mathbb{C}},\mathfrak{a})} \dim\mathfrak{g}_{\mathbb{C}}(\mathfrak{a},\alpha) \\ &= \dim\mathfrak{g}_{\mathbb{C}} - \dim\mathfrak{z}_{\mathfrak{g}_{\mathbb{C}}}(\mathfrak{a})\end{aligned}$$

(2) $2\dim\mathfrak{z}_{\mathfrak{k}_{\mathbb{C}}}(\mathfrak{a}) - \dim\mathfrak{z}_{\mathfrak{g}_{\mathbb{C}}}(\mathfrak{a}) = \dim\mathfrak{z}_{\mathfrak{g}_{\mathbb{C}}}(\mathfrak{a}) - 2\dim\mathfrak{z}_{\mathfrak{p}_{\mathbb{C}}}(\mathfrak{a})$ であり，$\mathfrak{a}$ が $\mathfrak{p}$ の極大トーラスであるための必要十分条件は $\mathfrak{z}_{\mathfrak{p}_{\mathbb{C}}}(\mathfrak{a}) = \mathfrak{a}_{\mathbb{C}}$ であるから示された．□

6.7.1　AI 型のとき

例 5.1 のように $\mathfrak{g} = \mathfrak{su}(n+1)$ の対合 $\theta(X) = -{}^tX$, $\theta'(X) = \mathrm{Ad}(c)\theta\mathrm{Ad}(c)^{-1}(X) = -I'_{n+1}{}^tXI'_{n+1}$ を考える．ただし，

$$c = \frac{1}{\sqrt{2}}(I_{n+1} + iI'_{n+1}) \in U(n+1)$$

とする．$\mathfrak{g}$ の極大トーラス $\mathfrak{t} = \{\mathrm{diag}(a_1, \ldots, a_{n+1}) \mid a_j \in i\mathbb{R}, a_1 + \cdots + a_{n+1} = 0\}$ に対し，θ' の作用は

$$\theta' : \mathrm{diag}(a_1, \ldots, a_{n+1}) \mapsto \mathrm{diag}(-a_{n+1}, \ldots, -a_1)$$

であるので，$m = [(n+1)/2]$ とおくとき，

$$\mathfrak{t}_+ = \{Y(a_1, \ldots, a_m) \mid a_1, \ldots, a_m \in i\mathbb{R}\}$$

は $\mathfrak{g}^{\theta'} = \mathrm{Ad}(c)\mathfrak{o}(n+1)$ の極大トーラスである．ただし，

$$Y(a_1, \ldots, a_m)$$
$$= \begin{cases} \mathrm{diag}(a_1, \ldots, a_m, 0, -a_m, \ldots, -a_1) & (n = 2m \text{ のとき}) \\ \mathrm{diag}(a_1, \ldots, a_m, -a_m, \ldots, -a_1) & (n = 2m-1 \text{ のとき}) \end{cases}$$

とする (例 4.20)．$\mathfrak{t}_- = \mathfrak{t} \cap \mathfrak{p}$ については，$n = 2m$ のとき

$$\mathfrak{t}_- = \{\mathrm{diag}(a_1, \ldots, a_m, a_0, a_m, \ldots, a_1) \mid$$
$$a_j \in i\mathbb{R},\ 2(a_1 + \cdots + a_m) + a_0 = 0\},$$

$n = 2m-1$ のとき

$$\mathfrak{t}_- = \{\mathrm{diag}(a_1, \ldots, a_m, a_m, \ldots, a_1) \mid a_j \in i\mathbb{R},\ a_1 + \cdots + a_m = 0\}$$

であるので，

$$\Delta(\mathfrak{z}_{\mathfrak{g}_\mathbb{C}}(\mathfrak{t}_-), \mathfrak{t}) = \{\pm(\varepsilon_1 - \varepsilon_{n+1}), \ldots, \pm(\varepsilon_m - \varepsilon_{n+2-m})\}$$

である．これに含まれるルートはすべてノンコンパクトであり，

$$\gamma_1 = \varepsilon_1 - \varepsilon_{n+1},\ \ldots,\ \gamma_m = \varepsilon_m - \varepsilon_{n+2-m}$$

は強直交系である．$X_{\gamma_1} = E_{1,n+1}, \ldots, X_{\gamma_m} = E_{m,n+2-m}$ とおけば，

$$\mathfrak{a}' = \mathfrak{t}_- \oplus \mathbb{R}(X_{\gamma_1} + \tau(X_{\gamma_1})) \oplus \cdots \oplus \mathbb{R}(X_{\gamma_m} + \tau(X_{\gamma_m}))$$
$$= \mathfrak{t}_- \oplus \mathbb{R}(E_{1,n+1} - E_{n+1,1}) \oplus \cdots \oplus \mathbb{R}(E_{n,n+2-m} - E_{n+2-m,m})$$

は $\mathfrak{p}' = \{X \in \mathfrak{g} \mid \theta'(X) = -X\}$ の極大トーラスであり，$\dim \mathfrak{a}' = n$ であるので，これは $\mathfrak{g}$ の極大トーラスでもある．$\mathfrak{a} = \mathrm{Ad}(c)^{-1}\mathfrak{a}'$ を計算すれば

$$\mathfrak{a} = \{\mathrm{diag}(ib_1, \ldots, ib_{n+1}) \mid b_j \in \mathbb{R},\ b_1 + \cdots + b_{n+1} = 0\}$$

となる．$\mathfrak{p} = \{X \in \mathfrak{g} \mid \theta(X) = -X\} = \{iX \in \mathfrak{g} \mid X \text{ は実対称行列}\}$ であるから，この $\mathfrak{a}$ は $\mathfrak{p}$ の極大トーラスの中で最も標準的なものである．

6.7.2 AII 型のとき

例 5.2 のように, $\mathfrak{g} = \mathfrak{su}(2m)$ とし, $\mathfrak{g}$ の自己同型 θ' を
$$\theta'(X) = -J'_m{}^t X J'_m$$
で定義する. ただし,
$$J'_m = \begin{pmatrix} 0 & -I'_m \\ I'_m & 0 \end{pmatrix}$$
とする. $\mathfrak{g}$ の極大トーラス $\mathfrak{t} = \{\mathrm{diag}(a_1, \ldots, a_{2m}) \mid a_j \in i\mathbb{R}\}$ に対し, θ' の作用は
$$\theta' : \mathrm{diag}(a_1, \ldots, a_{2m}) \mapsto \mathrm{diag}(-a_{2m}, \ldots, -a_1)$$
であるので,
$$\mathfrak{t}_+ = \{\mathrm{diag}(a_1, \ldots, a_m, -a_m, \ldots, -a_1) \mid a_1, \ldots, a_m \in i\mathbb{R}\}$$
は $\mathfrak{g}^{\theta'} \cong \mathfrak{sp}(m)$ の極大トーラスである (例 4.21).
$$Y'(a_1, \ldots, a_m) = \mathrm{diag}(a_1, \ldots, a_m, a_m, \ldots, a_1)$$
とおくと, $\mathfrak{t}_- = \mathfrak{t} \cap \mathfrak{p}$ については,
$$\mathfrak{t}_- = \{Y'(a_1, \ldots, a_m) \mid a_j \in i\mathbb{R}, \ a_1 + \cdots + a_m = 0\}$$
である. AI 型のときと同様にして,
$$\Delta(\mathfrak{z}_{\mathfrak{g}_{\mathbb{C}}}(\mathfrak{t}_-), \mathfrak{t}) = \{\pm(\varepsilon_1 - \varepsilon_{2m}), \ldots, \pm(\varepsilon_m - \varepsilon_{m+1})\}$$
である. これに含まれるルートは (AI 型のときとは反対に) すべてコンパクトであるので, 定理 6.16 により $\mathfrak{a} = \mathfrak{t}_-$ は $\mathfrak{p} = \{X \in \mathfrak{g} \mid \theta'(X) = -X\}$ の極大トーラスである.

制限ルート系 $\Delta(\mathfrak{g}_{\mathbb{C}}, \mathfrak{a})$ を求めよう. $\mathfrak{a}$ 上の線形形式 $\delta_j : \mathfrak{a} \to i\mathbb{R}$ を
$$\delta_j : Y'(a_1, \ldots, a_m) \mapsto a_j$$
によって定めると,
$$\varepsilon_j|_{\mathfrak{a}} = \varepsilon_{2m+1-j}|_{\mathfrak{a}} = \delta_j$$
であるから, $j \neq k$ のとき
$$\mathfrak{g}_{\mathbb{C}}(\mathfrak{a}, \delta_j - \delta_k) = \mathfrak{g}_{\mathbb{C}}(\mathfrak{t}, \varepsilon_j - \varepsilon_k) \oplus \mathfrak{g}_{\mathbb{C}}(\mathfrak{t}, \varepsilon_j - \varepsilon_{2m+1-k})$$

$$\oplus \mathfrak{g}_{\mathbb{C}}(\mathfrak{t}, \varepsilon_{2m+1-j} - \varepsilon_k) \oplus \mathfrak{g}_{\mathbb{C}}(\mathfrak{t}, \varepsilon_{2m+1-j} - \varepsilon_{2m+1-k})$$

であり, ルート空間分解

$$\mathfrak{g}_{\mathbb{C}} = \mathfrak{z}_{\mathfrak{g}_{\mathbb{C}}}(\mathfrak{a}) \oplus \bigoplus_{j \neq k} \mathfrak{g}_{\mathbb{C}}(\mathfrak{a}, \delta_j - \delta_k)$$

が成り立つ. よって $\Delta(\mathfrak{g}_{\mathbb{C}}, \mathfrak{a}) = \{\delta_j - \delta_k \mid j \neq k\}$ は A_{m-1} 型であり, すべての $\beta \in \Delta(\mathfrak{g}_{\mathbb{C}}, \mathfrak{a})$ に対し

$$\dim \mathfrak{g}_{\mathbb{C}}(\mathfrak{a}, \beta) = 4$$

である.

6.7.3 BI, DI 型のとき

BI, DI 型のときは直接, 行列計算をする方がわかりやすく, しかも統一的に記述できる.

$\mathfrak{g} = \mathfrak{o}(m)$, $n = [m/2]$ とし, $\theta(X) = I_{p,q} X I_{p,q}$ ($p+q = m$, $p \leq n$) とする. このとき,

$$\mathfrak{k} = \left\{ \begin{pmatrix} A & 0 \\ 0 & B \end{pmatrix} \;\middle|\; A \in \mathfrak{o}(p),\ B \in \mathfrak{o}(q) \right\} \cong \mathfrak{o}(p) \oplus \mathfrak{o}(q),$$

$$\mathfrak{p} = \left\{ \begin{pmatrix} 0 & C \\ -{}^t C & 0 \end{pmatrix} \;\middle|\; C \text{ は } p \times q \text{ 実行列} \right\}$$

である. $a_1, \ldots, a_n \in \mathbb{R}$ に対し,

$$Y'(a_1, \ldots, a_n) = a_1(E_{1,m} - E_{m,1}) + \cdots + a_n(E_{n,m+1-n} - E_{m+1-n,n})$$

とおく. さらに $Y''(a_1, \ldots, a_p) = Y'(a_1, \ldots, a_p, 0, \ldots, 0)$ とおくと,

$$\mathfrak{a} = \{Y''(a_1, \ldots, a_p) \mid a_1, \ldots, a_p \in \mathbb{R}\}$$

は $\mathfrak{p}$ の極大トーラスであり, $\mathfrak{t}' = \{Y'(a_1, \ldots, a_n) \mid a_1, \ldots, a_n \in \mathbb{R}\}$ は $\mathfrak{a}$ を含む $\mathfrak{g}$ の極大トーラスである.

$\mathfrak{t}'$ 上の線形形式 ε_j を

$$\varepsilon_j : Y'(a_1, \ldots, a_n) \mapsto i a_j$$

で定義すると, 例 4.20 と同様に

$$\Delta(\mathfrak{g}_{\mathbb{C}}, \mathfrak{t}') = \begin{cases} \{\pm\varepsilon_j \mid j=1,\ldots,n\} \sqcup \{\pm\varepsilon_j \pm \varepsilon_k \mid j \neq k\} & (m=2n+1 \text{ のとき}), \\ \{\pm\varepsilon_j \pm \varepsilon_k \mid j \neq k\} & (m=2n \text{ のとき}) \end{cases}$$

がわかる ([22] 第 3 章参照). また, $\mathfrak{a}$ 上の線形形式 δ_j を

$$\delta_j : Y''(a_1,\ldots,a_p) \mapsto ia_j$$

で定義すると, 同様にして

$$\Delta(\mathfrak{g}_{\mathbb{C}}, \mathfrak{a}) = \begin{cases} \{\pm\delta_j \mid j=1,\ldots,p\} \sqcup \{\pm\delta_j \pm \delta_k \mid j \neq k\} & (2p < m \text{ のとき}), \\ \{\pm\delta_j \pm \delta_k \mid j \neq k\} & (2p = m \text{ のとき}) \end{cases}$$

もわかる. $j, k = 1, \ldots, p, (j \neq k)$ に対し,

$$\dim \mathfrak{g}_{\mathbb{C}}(\mathfrak{a}, \pm\delta_j \pm \delta_k) = \dim \mathfrak{g}_{\mathbb{C}}(\mathfrak{t}', \pm\varepsilon_j \pm \varepsilon_k) = 1$$

であるが, $k = p+1, \ldots, n$ に対し, $\varepsilon_j \pm \varepsilon_k$ の $\mathfrak{a}$ への制限はすべて δ_j である ($m = 2n+1$ のときは ε_j の制限も δ_j である) ので,

$$\dim \mathfrak{g}_{\mathbb{C}}(\mathfrak{a}, \delta_j) = m - 2p$$

である. (行列計算でも容易に確かめられる.) 同様に $\dim \mathfrak{g}_{\mathbb{C}}(\mathfrak{a}, -\delta_j) = m - 2p$ もわかる.

6.7.4 CI 型のとき

例 4.21 のように

$$\mathfrak{g}_{\mathbb{C}} = \{X \in \mathfrak{gl}(2n, \mathbb{C}) \mid {}^t X J'_n + J'_n X = 0\} \cong \mathfrak{sp}(n, \mathbb{C}),$$

$$\mathfrak{g} = \mathfrak{g}_{\mathbb{C}} \cap \mathfrak{u}(2n) \cong \mathfrak{sp}(n),$$

$$\mathfrak{t} = \{Y(a_1,\ldots,a_n) \mid a_j \in i\mathbb{R}\}, \ \varepsilon_j : Y(a_1,\ldots,a_n) \mapsto a_j$$

とおく ($Y(a_1,\ldots,a_n) = \mathrm{diag}(a_1,\ldots,a_n,-a_n,\ldots,-a_1)$). このとき, 5.4 節で定義したように, $\mathfrak{t} = \mathfrak{t}_+$ (θ は内部型) であり, 単純ルート

$$\alpha_1 = \varepsilon_1 - \varepsilon_2, \ \ldots, \ \alpha_{n-1} = \varepsilon_{n-1} - \varepsilon_n, \ \alpha_n = 2\varepsilon$$

のうち, $\alpha_1, \ldots, \alpha_{n-1}$ はコンパクトルートで, α_n はノンコンパクトルートである. よって, コンパクトルートは

$$\varepsilon_j - \varepsilon_k \ (j \neq k),$$

ノンコンパクトルートは

$$\pm(\varepsilon_j + \varepsilon_k) \ (j \neq k), \ \pm 2\varepsilon_j \ (j = 1, \ldots, n)$$

である.

$$\gamma_1 = 2\varepsilon_1, \ \ldots, \ \gamma_n = 2\varepsilon_n$$

はノンコンパクトルートの強直交系であり，$0 \neq X_{\gamma_j} \in \mathfrak{g}_\mathbb{C}(\mathfrak{t}, \gamma_j) \ (j = 1, \ldots, n)$ を取れば，

$$\mathfrak{a} = \mathbb{R}(X_{\gamma_1} + \tau(X_{\gamma_1})) \oplus \cdots \oplus \mathbb{R}(X_{\gamma_n} + \tau(X_{\gamma_n}))$$

は $\mathfrak{p}$ の極大トーラスである. $X_{\gamma_j} = E_{j,2n+1-j}$ とおけば，

$$\mathfrak{a} = \mathbb{R}(E_{1,2n} - E_{2n,1}) \oplus \cdots \oplus \mathbb{R}(E_{n,n+1} - E_{n+1,n})$$

となる. $\mathfrak{a}$ は $\mathfrak{g}$ の極大トーラスであるので，すべての $\beta \in \Delta(\mathfrak{g}_\mathbb{C}, \mathfrak{a})$ に対し,

$$\dim \mathfrak{g}_\mathbb{C}(\mathfrak{a}, \beta) = 1$$

（正規型）である.

6.7.5 CII 型のとき

$\mathfrak{g}_\mathbb{C}, \mathfrak{g}, \mathfrak{t}, \alpha_1, \ldots, \alpha_n$ は CI 型と同じとする. 5.4 節で定義したように，$\mathfrak{t} = \mathfrak{t}_+$ (θ は内部型) であり，単純ルート $\alpha_1, \ldots, \alpha_n$ のうち，α_j はノンコンパクトルート ($2j \leq n$). その他の $\alpha_k \ (k \neq j)$ はコンパクトルートである. よって，コンパクトルートは

$$\pm(\varepsilon_k \pm \varepsilon_\ell) \ (k, \ell \leq j), \quad \pm(\varepsilon_k \pm \varepsilon_\ell) \ (k, \ell > j), \quad \pm 2\varepsilon_k \ (k = 1, \ldots, n),$$

ノンコンパクトルートは

$$\pm(\varepsilon_k \pm \varepsilon_\ell) \ (k \leq j < \ell)$$

である. ノンコンパクトルートの強直交系

$$\gamma_1 = \varepsilon_1 + \varepsilon_{2j}, \ \ldots, \ \gamma_j = \varepsilon_j + \varepsilon_{j+1}$$

を取ると，補題 6.17 の条件 (P1), (P2) が成り立つ. よって

$$\mathfrak{a} = \mathbb{R}(X_{\gamma_1} + \tau(X_{\gamma_1})) \oplus \cdots \oplus \mathbb{R}(X_{\gamma_j} + \tau(X_{\gamma_j}))$$

は $\mathfrak{p}$ の極大トーラスである. $X_{\gamma_k} = E_{k,2n-2j+k} + E_{2j+1-k,2n+1-k}$,

$$Y'(a_1,\ldots,a_j) = a_1(X_{\gamma_1} + \tau(X_{\gamma_1})) + \cdots + a_j(X_{\gamma_j} + \tau(X_{\gamma_j}))$$
$$= a_1(E_{1,2n-2j+1} + E_{2j,2n} - E_{2n-2j+1,1} - E_{2n,2j}) + \cdots$$
$$+ a_j(E_{j,2n-j} + E_{j+1,2n+1-j} - E_{2n-j,j} - E_{2n+1-j,j+1})$$

とおけば,

$$\mathfrak{a} = \{Y'(a_1,\ldots,a_j) \mid a_1,\ldots,a_j \in \mathbb{R}\}$$

となる. $[\tau(X_{\gamma_k}), X_{\gamma_k}] = Y_{\gamma_k} = E_{k,k} + E_{2j+1-k,2j+1-k} - E_{2n-2j+k,2n-2j+k} - E_{2n+1-k,2n+1-k}$ であるので, $c = c_{\gamma_1} \cdots c_{\gamma_j}$,

$$Y''(a_1,\ldots,a_j)$$
$$= \mathrm{diag}(a_1,\ldots,a_j,a_j,\ldots,a_1,0,\ldots,0,-a_1,\ldots,-a_j,-a_j,\ldots,-a_1)$$

とおけば, 補題 6.15 により

$$\mathrm{Ad}(c)^{-1}Y'(a_1,\ldots,a_j) = Y''(ia_1,\ldots,ia_j)$$

となる.

$\mathfrak{a}$ 上の線形形式 δ_k を

$$\delta_k : Y'(a_1,\ldots,a_j) \mapsto ia_k$$

で定義し, $\mathfrak{a}' = \mathrm{Ad}(c)^{-1}\mathfrak{a}$ 上の線形形式

$$\delta'_k = \delta_k \circ \mathrm{Ad}(c) : Y''(ia_1,\ldots,ia_j) \mapsto ia_k$$

を定義する. $\Delta = \Delta(\mathfrak{g}_\mathbb{C}, \mathfrak{t})$ の $\mathfrak{a}'$ への制限を求めればよい.

$k = 1,\ldots,j$ に対し,

$$\varepsilon_k|_{\mathfrak{a}'} = \varepsilon_{2j+1-k}|_{\mathfrak{a}'} = \delta'_k,$$

$k = 2j+1,\ldots,n$ に対し,

$$\varepsilon_k|_{\mathfrak{a}'} = 0$$

であるから, 各ルート $\alpha \in \Delta$ に対し, $\alpha|_{\mathfrak{a}'}$ は次のようになる. $\alpha = 2\varepsilon_k$, $2\varepsilon_{2j+1-k}$, $\varepsilon_k + \varepsilon_{2j+1-k}$ $(k = 1,\ldots,j)$ のとき

$$\alpha|_{\mathfrak{a}'} = 2\delta'_k, \quad -\alpha|_{\mathfrak{a}'} = -2\delta'_k,$$

$\alpha = \varepsilon_k + \varepsilon_\ell,\ \varepsilon_k + \varepsilon_{2j+1-\ell},\ \varepsilon_{2j+1-k} + \varepsilon_\ell,\ \varepsilon_{2j+1-k} + \varepsilon_{2j+1-\ell}\ (1 \leq k < \ell \leq j)$
のとき
$$\alpha|_{\mathfrak{a}'} = \delta'_k + \delta'_\ell, \quad -\alpha|_{\mathfrak{a}'} = -(\delta'_k + \delta'_\ell),$$

$\alpha = \varepsilon_k - \varepsilon_\ell,\ \varepsilon_k - \varepsilon_{2j+1-\ell},\ \varepsilon_{2j+1-k} - \varepsilon_\ell,\ \varepsilon_{2j+1-k} - \varepsilon_{2j+1-\ell}\ (1 \leq k < \ell \leq j)$
のとき
$$\alpha|_{\mathfrak{a}'} = \delta'_k - \delta'_\ell, \quad -\alpha|_{\mathfrak{a}'} = -(\delta'_k - \delta'_\ell),$$

$\alpha = \varepsilon_k \pm \varepsilon_\ell,\ \varepsilon_{2j+1-k} \pm \varepsilon_\ell\ (1 \leq k \leq j,\ 2j+1 \leq \ell \leq n)$ のとき
$$\alpha|_{\mathfrak{a}'} = \delta'_k, \quad -\alpha|_{\mathfrak{a}'} = -\delta'_k,$$

その他の $\alpha \in \Delta$ について
$$\alpha|_{\mathfrak{a}'} = 0$$

である. よって, $\Delta(\mathfrak{g}_\mathbb{C}, \mathfrak{a}')$ は BC_j 型 ($2j < n$ のとき) または C_j 型 ($2j = n$ のとき) であって,

$$\dim \mathfrak{g}_\mathbb{C}(\mathfrak{a}', \beta) = \begin{cases} 3 & (\beta = \pm 2\delta'_k\ \text{のとき}) \\ 4 & (\beta = \pm(\delta'_k \pm \delta'_\ell)\ \text{のとき}) \\ 4(n-2j) & (\beta = \pm \delta'_k\ \text{のとき}) \end{cases}$$

である.

6.7.6 DIII 型のとき

$\mathfrak{g} = \{X \in \mathfrak{gl}(2n, \mathbb{R}) \mid I'_{2n}{}^t X I'_{2n} = -X\} \cong \mathfrak{o}(2n)$ について,
$$Y(a_1, \ldots, a_n) = \mathrm{diag}(a_1, \ldots, a_n, -a_n, \ldots, -a_1),$$
$$\mathfrak{t} = \{Y(a_1, \ldots, a_n) \mid a_j \in i\mathbb{R}\},$$
$$\varepsilon_j : Y(a_1, \ldots, a_n) \mapsto a_j$$

とおく. DIII 型の対合 $\theta : \mathfrak{g} \to \mathfrak{g}$ は
$$\theta(X) = I_{n,n} X I_{n,n}, \quad I_{n,n} = \begin{pmatrix} I_n & 0 \\ 0 & -I_n \end{pmatrix}$$

で定義される. よって, コンパクトルートは

$$\varepsilon_j - \varepsilon_k \quad (j \neq k),$$

ノンコンパクトルートは

$$\pm(\varepsilon_j + \varepsilon_k) \quad (j < k)$$

である．$m = [n/2]$ とおくとき，ノンコンパクトルートの強直交系

$$\gamma_1 = \varepsilon_1 + \varepsilon_2,\ \gamma_2 = \varepsilon_3 + \varepsilon_4,\ \ldots,\ \gamma_m = \varepsilon_{2m-1} + \varepsilon_{2m}$$

は補題 6.17 の条件を満たす．よって，

$$X_{\gamma_1} = E_{1,2n} + E_{2,2n-1},\ \ldots,\ X_{\gamma_m} = E_{2m-1,2n+2-2m} + E_{2m,2n+1-2m},$$
$$Y'(a_1,\ldots,a_m) = a_1(X_{\gamma_1} + \tau(X_{\gamma_1})) + \cdots + a_m(X_{\gamma_m} + \tau(X_{\gamma_m}))$$

とおけば $\mathfrak{a} = \{Y'(a_1,\ldots,a_m) \mid a_j \in \mathbb{R}\}$ は $\mathfrak{p}$ の極大トーラスである．補題 6.15 の c_{γ_j} によって $c = c_{\gamma_1} \cdots c_{\gamma_m}$ とおき，

$$Y''(a_1,\ldots,a_m) = \begin{cases} Y(a_1, a_1, a_2, a_2, \ldots, a_m, a_m) & (n = 2m \text{ のとき}) \\ Y(a_1, a_1, a_2, a_2, \ldots, a_m, a_m, 0) & (n = 2m+1 \text{ のとき}) \end{cases}$$

とおくと $\mathrm{Ad}(c)^{-1} Y'(a_1,\ldots,a_m) = Y''(ia_1,\ldots,ia_m)$ である．

$$\mathfrak{a}' = \{Y''(ia_1,\ldots,ia_m) \mid a_j \in \mathbb{R}\}$$

上の線形形式 $\delta'_j : Y''(ia_1,\ldots,ia_m) \mapsto ia_j$ について

$$\varepsilon_{2j-1}|_{\mathfrak{a}'} = \varepsilon_{2j}|_{\mathfrak{a}'} = \delta'_j$$

であるので，$\alpha \in \Delta = \Delta(\mathfrak{g}_{\mathbb{C}}, \mathfrak{t})$ の $\mathfrak{a}'$ への制限は次のようになる．$\alpha = \varepsilon_{2j-1} + \varepsilon_{2j}\ (j=1,\ldots,m)$ のとき

$$\alpha|_{\mathfrak{a}'} = 2\delta'_j, \quad -\alpha|_{\mathfrak{a}'} = -2\delta'_j,$$

$\alpha = \varepsilon_{2j-1}+\varepsilon_{2k-1},\ \varepsilon_{2j-1}+\varepsilon_{2k},\ \varepsilon_{2j}+\varepsilon_{2k-1},\ \varepsilon_{2j}+\varepsilon_{2k}\ (1 \leq j < k \leq m)$ のとき

$$\alpha|_{\mathfrak{a}'} = \delta'_j + \delta'_k, \quad -\alpha|_{\mathfrak{a}'} = -(\delta'_j + \delta'_k),$$

$\alpha = \varepsilon_{2j-1}-\varepsilon_{2k-1},\ \varepsilon_{2j-1}-\varepsilon_{2k},\ \varepsilon_{2j}-\varepsilon_{2k-1},\ \varepsilon_{2j}-\varepsilon_{2k}\ (1 \leq j < k \leq m)$ のとき

$$\alpha|_{\mathfrak{a}'} = \delta'_j - \delta'_k, \quad -\alpha|_{\mathfrak{a}'} = -(\delta'_j - \delta'_k),$$

$\alpha = \varepsilon_{2j-1} - \varepsilon_{2j}\ (j=1,\ldots,m)$ のとき

$$\pm\alpha|_{\mathfrak{a}'} = 0,$$

$n = 2m+1$, $\alpha = \varepsilon_{2j-1} \pm \varepsilon_n$, $\varepsilon_{2j} \pm \varepsilon_n$ $(j = 1, \ldots, m)$ のとき

$$\alpha|_{\mathfrak{a}'} = \delta_j', \quad -\alpha|_{\mathfrak{a}'} = -\delta_j'$$

である．よって，$n = 2m$ のとき $\Delta(\mathfrak{g}_\mathbb{C}, \mathfrak{a}')$ は C_m 型であって

$$\dim \mathfrak{g}_\mathbb{C}(\mathfrak{a}', \beta) = \begin{cases} 1 & (\beta = \pm 2\delta_j' \text{ のとき}) \\ 4 & (\beta = \pm(\delta_j' \pm \delta_k') \text{ のとき}) \end{cases}$$

であり，$n = 2m+1$ のとき $\Delta(\mathfrak{g}_\mathbb{C}, \mathfrak{a}')$ は BC_m 型であって

$$\dim \mathfrak{g}_\mathbb{C}(\mathfrak{a}', \beta) = \begin{cases} 1 & (\beta = \pm 2\delta_j' \text{ のとき}) \\ 4 & (\beta = \pm(\delta_j' \pm \delta_k') \text{ のとき}) \\ 4 & (\beta = \pm \delta_j' \text{ のとき}) \end{cases}$$

である．

6.7.7　E_8 型ルート系の補題

3.4 節で定義したように，E_8 型ルート系 Δ は

$$\Delta = \Delta_1 \sqcup \Delta_2, \quad \Delta_1 = \{\pm \varepsilon_j \pm \varepsilon_k \mid 1 \leq j < k \leq 8\},$$
$$\Delta_2 = \{\frac{1}{2} \sum_{j=1}^{8} c_j \varepsilon_j \mid c_j = \pm 1, \prod_{j=1}^{8} c_j = 1\}$$

と書ける．Δ のワイル群を W とする．

補題 6.19 （ i ）$\alpha, \beta \in \Delta$, $\angle \alpha 0 \beta = 120°$ のとき，

$$w\alpha = \varepsilon_1 - \varepsilon_2, \quad w\beta = \varepsilon_2 - \varepsilon_3$$

を満たす $w \in W$ が存在する．

（ ii ）$\alpha, \beta \in \Delta$, $\angle \alpha 0 \beta = 90°$ のとき，

$$w\alpha = \varepsilon_1 - \varepsilon_2, \quad w\beta = \varepsilon_1 + \varepsilon_2$$

を満たす $w \in W$ が存在する．

（iii）$\alpha, \beta, \gamma \in \Delta$, $\angle \alpha 0 \beta = 90°$, $\angle \alpha 0 \gamma = \angle \beta 0 \gamma = 120°$ のとき，

$$w\alpha = \varepsilon_1 - \varepsilon_2, \qquad w\beta = \varepsilon_1 + \varepsilon_2, \qquad w\gamma = -\varepsilon_1 + \varepsilon_3$$

を満たす $w \in W$ が存在する.

(iv) $\alpha, \beta, \gamma \in \Delta$, $\angle \alpha 0 \beta = \angle \alpha 0 \gamma = 90°$, $\angle \beta 0 \gamma = 120°$ のとき,

$$w\alpha = \varepsilon_1 - \varepsilon_2, \qquad w\beta = \varepsilon_1 + \varepsilon_2, \qquad w\gamma = -\frac{1}{2}(\varepsilon_1 + \cdots + \varepsilon_8)$$

を満たす $w \in W$ が存在する.

証明 すべてのルートの長さが同じなので, 3.6 節で示したように W は Δ に推移的に作用する[9]. よって $\alpha = \varepsilon_1 - \varepsilon_2$ と仮定してよい. $\Delta_\alpha = \{\delta \in \Delta \mid (\delta, \alpha) = 0\}$, $W_\alpha = \{w \in W \mid w\alpha = \alpha\}$ とする.

(i) $\beta = \varepsilon_2 \pm \varepsilon_j$ $(j = 4, \ldots, 8)$ のとき, $\delta = \varepsilon_3 \pm \varepsilon_j \in \Delta_\alpha$ とおけば, $w_\delta \beta = \varepsilon_2 - \varepsilon_3$ となる. $\beta = \varepsilon_2 + \varepsilon_3$ のときも $\delta = \varepsilon_3 + \varepsilon_4$ によって, $w_\delta \beta = \varepsilon_2 - \varepsilon_4$ となるので示される.

$\beta = -\varepsilon_1 \pm \varepsilon_j$ $(j = 3, \ldots, 8)$ のときも, 同様にして $-\varepsilon_1 - \varepsilon_3 \in W_\alpha \beta$ が示され, $w_{\varepsilon_1 + \varepsilon_2}(-\varepsilon_1 - \varepsilon_3) = \varepsilon_2 - \varepsilon_3$ だから成り立つ.

よって, $\beta = \frac{1}{2}(-\varepsilon_1 + \varepsilon_2 + c_3 \varepsilon_3 + \cdots + c_8 \varepsilon_8)$ $(c_j = \pm 1)$ の場合を示せばよい. この場合

$$\delta = \frac{1}{2}(-\varepsilon_1 - \varepsilon_2 - c_3 \varepsilon_3 + c_4 \varepsilon_4 + \cdots + c_8 \varepsilon_8) \in \Delta_\alpha$$

によって, $w_\delta \beta = \varepsilon_2 + c_3 \varepsilon_3$ となるので示される.

(ii) $\beta = \pm \varepsilon_j \pm \varepsilon_k$ $(3 \leq j < k \leq 8)$ のとき, 容易に $w\beta = \varepsilon_3 + \varepsilon_4$ を満たす $w \in W_\alpha$ が取れる. $\delta_1, \delta_2 \in \Delta_\alpha$ を

$$\delta_1 = \frac{1}{2}(\varepsilon_1 + \varepsilon_2 - \varepsilon_3 - \varepsilon_4 + \varepsilon_5 + \varepsilon_6 + \varepsilon_7 + \varepsilon_8),$$
$$\delta_2 = \frac{1}{2}(-\varepsilon_1 - \varepsilon_2 + \varepsilon_3 + \varepsilon_4 + \varepsilon_5 + \varepsilon_6 + \varepsilon_7 + \varepsilon_8)$$

で定義すれば

$$w_{\delta_2} w_{\delta_1}(\varepsilon_3 + \varepsilon_4) = w_{\delta_2} \frac{1}{2}(\varepsilon_1 + \cdots + \varepsilon_8) = \varepsilon_1 + \varepsilon_2$$

となる.

$\beta = -(\varepsilon_1 + \varepsilon_2)$ のときは $w = w_\beta$ でよい.

---

[9] Δ の表示を用いて直接的に証明するのも容易である.

$\beta = \dfrac{1}{2}\sum_{j=1}^{8} c_j \varepsilon_j$ ($c_j = \pm 1$, $c_1 = c_2$) のとき,

$$\delta = \frac{1}{2}(-c_1\varepsilon_1 - c_2\varepsilon_2 + \sum_{j=3}^{8} c_j\varepsilon_j) \in \Delta_\alpha$$

とおけば,

$$w_\delta \beta = c_1(\varepsilon_1 + \varepsilon_2) = \pm(\varepsilon_1 + \varepsilon_2)$$

である.

(iii) (ii) により, $\alpha = \varepsilon_1 - \varepsilon_2$, $\beta = \varepsilon_1 + \varepsilon_2$ と仮定してよい. $\gamma = \dfrac{1}{2}\sum_{j=1}^{8} c_j \varepsilon_j$ ($c_j = \pm 1$) とすると, 条件 $\angle \alpha 0 \gamma = 120°$ より

$$c_1 = -1, \qquad c_2 = 1$$

となり, 条件 $\angle \beta 0 \gamma = 120°$ より

$$c_1 = c_2 = -1$$

となるので矛盾する. よって $\gamma = -\varepsilon_1 \pm \varepsilon_j$ ($j = 3, \ldots, 8$) である. 明らかに $w\alpha = \alpha$, $w\beta = \beta$, $w\gamma = -\varepsilon_1 + \varepsilon_3$ を満たす $w \in W$ は存在する.

(iv) (ii) により, $\alpha = \varepsilon_1 - \varepsilon_2$, $\beta = \varepsilon_1 + \varepsilon_2$ と仮定してよい. 条件 $\angle \alpha 0 \gamma = 90°$, $\angle \beta 0 \gamma = 120°$ より

$$\gamma = \frac{1}{2}(-\varepsilon_1 - \varepsilon_2 + \sum_{j=3}^{8} c_j\varepsilon_j)$$

である.

$$W_{\alpha,\beta} = \{w \in W \mid w\alpha = \alpha,\ w\beta = \beta\} = \{w \in W \mid w\varepsilon_1 = \varepsilon_1,\ w\varepsilon_2 = \varepsilon_2\}$$

は D_6 型ワイル群であるので, $\sum_{j=3}^{8} c_j\varepsilon_j$ ($\prod_{j=3}^{8} c_j = 1$) を $-(\varepsilon_3 + \cdots + \varepsilon_8)$ に移す $w \in W_{\alpha,\beta}$ が存在する. よって

$$w\gamma = -\frac{1}{2}(\varepsilon_1 + \cdots + \varepsilon_8)$$

となる. □

系 6.20 （ⅰ） $\alpha, \beta \in \Delta$, $\angle \alpha 0 \beta = 120°$ のとき, Δ の部分ルート系 $\{\delta \in \Delta \mid (\delta, \alpha) = (\delta, \beta) = 0\}$ は E_6 型である.

（ⅱ） $\alpha, \beta \in \Delta$, $\angle \alpha 0 \beta = 90°$ のとき, $\{\delta \in \Delta \mid (\delta, \alpha) = (\delta, \beta) = 0\}$ は D_6 型である.

（ⅲ） $\alpha, \beta, \gamma \in \Delta$, $\angle \alpha 0 \beta = 90°$, $\angle \alpha 0 \gamma = \angle \beta 0 \gamma = 120°$ のとき, $\{\delta \in \Delta \mid (\delta, \alpha) = (\delta, \beta) = (\delta, \gamma) = 0\}$ は D_5 型である.

（ⅳ） $\alpha, \beta, \gamma \in \Delta$, $\angle \alpha 0 \beta = \angle \alpha 0 \gamma = 90°$, $\angle \beta 0 \gamma = 120°$ のとき, $\{\delta \in \Delta \mid (\delta, \alpha) = (\delta, \beta) = (\delta, \gamma) = 0\}$ は A_5 型である.

証明 （ⅰ） E_6 型ルート系の定義と補題 6.19 （ⅰ）により成り立つ.

（ⅱ）, （ⅲ）, （ⅳ）は補題 6.19 （ⅱ）, （ⅲ）, （ⅳ）により明らか. □

6.7.8 EVIII 型のとき

$\mathfrak{g}$ は E_8 型コンパクト単純リー環とする. 5.4 節のように EVIII 型の $\mathfrak{g}$ の対合 θ を定義するとき, コンパクトルートの集合は Δ_1, ノンコンパクトルートの集合は Δ_2 である (Δ_1, Δ_2 の定義は 6.7.7 節). ノンコンパクトルートの強直交系 $\{\gamma_1, \ldots, \gamma_8\}$ が次で定義できる.

$$\gamma_1 = \frac{1}{2}(\varepsilon_1 + \varepsilon_2 + \varepsilon_3 + \varepsilon_4 + \varepsilon_5 + \varepsilon_6 + \varepsilon_7 + \varepsilon_8),$$
$$\gamma_2 = \frac{1}{2}(\varepsilon_1 + \varepsilon_2 + \varepsilon_3 + \varepsilon_4 - \varepsilon_5 - \varepsilon_6 - \varepsilon_7 - \varepsilon_8),$$
$$\gamma_3 = \frac{1}{2}(\varepsilon_1 + \varepsilon_2 - \varepsilon_3 - \varepsilon_4 + \varepsilon_5 + \varepsilon_6 - \varepsilon_7 - \varepsilon_8),$$
$$\gamma_4 = \frac{1}{2}(\varepsilon_1 + \varepsilon_2 - \varepsilon_3 - \varepsilon_4 - \varepsilon_5 - \varepsilon_6 + \varepsilon_7 + \varepsilon_8),$$
$$\gamma_5 = \frac{1}{2}(\varepsilon_1 - \varepsilon_2 + \varepsilon_3 - \varepsilon_4 + \varepsilon_5 - \varepsilon_6 + \varepsilon_7 - \varepsilon_8),$$
$$\gamma_6 = \frac{1}{2}(\varepsilon_1 - \varepsilon_2 + \varepsilon_3 - \varepsilon_4 - \varepsilon_5 + \varepsilon_6 - \varepsilon_7 + \varepsilon_8),$$
$$\gamma_7 = \frac{1}{2}(\varepsilon_1 - \varepsilon_2 - \varepsilon_3 + \varepsilon_4 + \varepsilon_5 - \varepsilon_6 - \varepsilon_7 + \varepsilon_8),$$
$$\gamma_8 = \frac{1}{2}(\varepsilon_1 - \varepsilon_2 - \varepsilon_3 + \varepsilon_4 - \varepsilon_5 + \varepsilon_6 + \varepsilon_7 - \varepsilon_8)$$

よって $\mathfrak{p}$ の極大トーラス $\mathfrak{a} = \bigoplus_{j=1}^{8} \mathbb{R}(X_{\gamma_j} + \tau(X_{\gamma_j}))$ は 8 次元であるので, 対称対 $(\mathfrak{g}, \mathfrak{k})$ は正規型である.

6.7.9 EV 型のとき

E_8 型単純リー環 $\mathfrak{g}$ のルート $\lambda \in \Delta$ を 1 つ取るとき,

$$\Delta' = \{\alpha \in \Delta \mid (\alpha, \lambda) = 0\}$$

は E_7 型である (3.4 節). よって $\mathfrak{g}_\mathbb{C}(\mathfrak{t}, \alpha)$ $(\alpha \in \Delta')$ で生成される $\mathfrak{g}_\mathbb{C}$ の部分リー環 $\mathfrak{g}'_\mathbb{C}$ は E_7 型の複素単純リー環であり, $\mathfrak{g}' = \mathfrak{g}'_\mathbb{C} \cap \mathfrak{g}$ は E_7 型コンパクト単純リー環である. λ は Δ のどのルートを取ってもよいので, 前節で定義した

$$\gamma_1 = \frac{1}{2}(\varepsilon_1 + \varepsilon_2 + \varepsilon_3 + \varepsilon_4 + \varepsilon_5 + \varepsilon_6 + \varepsilon_7 + \varepsilon_8)$$

を取る. $\mathfrak{g}'$ の対合 θ' は前節の θ を $\mathfrak{g}'$ に制限したものとし, $\mathfrak{k}' = \mathfrak{g}' \cap \mathfrak{k}$ とする. このとき, Δ' のコンパクトルートの集合

$$\Delta'_1 = \Delta' \cap \Delta_1 = \{\pm(\varepsilon_j - \varepsilon_k) \mid 1 \le j < k \le 8\}$$

は A_7 型であるので, 5.4 節の分類により, この対称対 $(\mathfrak{g}', \mathfrak{k}')$ は EV 型である.

Δ' のノンコンパクトルートの強直交系として, 前節の $\gamma_2, \dots, \gamma_8$ を取ることができる. よって $\mathfrak{p}' = \mathfrak{g}' \cap \mathfrak{p}$ の極大トーラス $\mathfrak{a}' = \bigoplus_{j=2}^{8} \mathbb{R}(X_{\gamma_j} + \tau(X_{\gamma_j}))$ は 7 次元であるので, 対称対 $(\mathfrak{g}', \mathfrak{k}')$ は正規型である.

演習問題 6.1 $\lambda = \varepsilon_1 - \varepsilon_2$ (コンパクトルート) とすると, $(\mathfrak{g}', \mathfrak{k}')$ はどうなるか. また, ノンコンパクトルートの強直交系はどのように取れるか (6.7.11 節参照).

6.7.10 EIX 型のとき

Δ は E_8 型ルート系とし, $\beta = \varepsilon_1 + \varepsilon_2$ とする. $\mathfrak{g}_\mathbb{C}$ の対合 θ を $X \in \mathfrak{g}_\mathbb{C}(\mathfrak{t}, \alpha)$ $(\alpha \in \Delta \sqcup \{0\})$ に対し

$$\theta(X) = \begin{cases} X & ((\alpha, \beta)/(\beta, \beta) \in \{-1, 0, 1\} \text{ のとき}) \\ -X & ((\alpha, \beta)/(\beta, \beta) \in \{-1/2, 1/2\} \text{ のとき}) \end{cases}$$

によって定義することができる. このとき, $\mathfrak{k} = \mathfrak{g}^\theta$ は $\mathfrak{su}(2) \oplus E_7$ であるので, 5.4 節の分類により, $(\mathfrak{g}, \mathfrak{k})$ は EIX 型である.

ノンコンパクトルートの強直交系 $\{\gamma_1,\gamma_2,\gamma_3,\gamma_4\}$ を

$$\gamma_1 = \varepsilon_1 - \varepsilon_3, \quad \gamma_2 = \varepsilon_1 + \varepsilon_3, \quad \gamma_3 = \varepsilon_2 - \varepsilon_4, \quad \gamma_4 = \varepsilon_2 + \varepsilon_4$$

で定義する.このとき,補題 6.17 により

$$\mathfrak{a} = \bigoplus_{j=1}^{4} \mathbb{R}(X_{\gamma_j} + \tau(X_{\gamma_j}))$$

は $\mathfrak{p} = \mathfrak{g}^{-\theta}$ の極大トーラスである. $c = c_{\gamma_1} c_{\gamma_2} c_{\gamma_3} c_{\gamma_4}$ とおくとき

$$\mathrm{Ad}(c)^{-1}\mathfrak{a} = \mathfrak{a}' = \bigoplus_{j=1}^{4} \mathbb{R} i Y_{\gamma_j}$$

であるので,制限ルート系 $\Delta(\mathfrak{g}_\mathbb{C}, \mathfrak{a}')$ を調べればよい.

$\mathfrak{a}'$ 上の線形形式 $\delta_1, \delta_2, \delta_3, \delta_4$ を

$$\delta_j(Y) = \varepsilon_j(Y) \quad \text{for } Y \in \mathfrak{a}'$$

で定義する.

$$\varepsilon_5|_{\mathfrak{a}'} = \varepsilon_6|_{\mathfrak{a}'} = \varepsilon_7|_{\mathfrak{a}'} = \varepsilon_8|_{\mathfrak{a}'} = 0$$

であるから,$\alpha \in \Delta$ に対し,$\alpha|_{\mathfrak{a}'}$ は次のようになる.$\alpha = \varepsilon_j + \varepsilon_k$ $(1 \leq j < k \leq 4)$ のとき

$$\alpha|_{\mathfrak{a}'} = \delta_j + \delta_k, \quad -\alpha|_{\mathfrak{a}'} = -(\delta_j + \delta_k),$$

$\alpha = \varepsilon_j - \varepsilon_k$ $(1 \leq j < k \leq 4)$ のとき

$$\alpha|_{\mathfrak{a}'} = \delta_j - \delta_k, \quad -\alpha|_{\mathfrak{a}'} = -(\delta_j - \delta_k),$$

$\alpha = \varepsilon_j \pm \varepsilon_k$ $(1 \leq j \leq 4 < k \leq 8)$ のとき

$$\alpha|_{\mathfrak{a}'} = \delta_j, \quad -\alpha|_{\mathfrak{a}'} = -\delta_j,$$

$\alpha = \dfrac{1}{2} \sum_{j=1}^{8} c_j \varepsilon_j$ $(c_j = \pm 1)$ のとき

$$\alpha|_{\mathfrak{a}'} = \frac{1}{2} \sum_{j=1}^{4} c_j \delta_j,$$

$\alpha = \pm(\varepsilon_j \pm \varepsilon_k)$ $(5 \leq j < k \leq 8)$ のとき

$$\alpha|_{\mathfrak{a}'} = 0$$

よって，$\Delta(\mathfrak{g}_{\mathbb{C}}, \mathfrak{a}')$ は F_4 型であり，

$$\dim \mathfrak{g}_{\mathbb{C}}(\mathfrak{a}', \beta) = \begin{cases} 1 & (|\beta| = \sqrt{2} \text{ のとき}) \\ 8 & (|\beta| = 1 \text{ のとき}) \end{cases}$$

となる．ただし，$|\delta_j| = 1\ (j = 1, \ldots, 4)$ とする．

6.7.11 EVI 型のとき

Δ は E_8 型ルート系とし，$\lambda = \varepsilon_7 - \varepsilon_8$ とする．

$$\Delta' = \{\alpha \in \Delta \mid (\alpha, \lambda) = 0\} \quad (E_7 \text{ 型})$$

とおく．$\mathfrak{g}_{\mathbb{C}}(\mathfrak{t}, \alpha)\ (\alpha \in \Delta')$ で生成される $\mathfrak{g}_{\mathbb{C}}$ の複素部分リー環を $\mathfrak{g}'_{\mathbb{C}}$ とし，$\mathfrak{g}' = \mathfrak{g} \cap \mathfrak{g}'_{\mathbb{C}}$ とする．θ は前節 (6.7.10 節) と同じとする ($\mathfrak{k} \cong \mathfrak{su}(2) \oplus E_7$)．$\lambda$ と $\varepsilon_1 + \varepsilon_2$ は直交するので，補題 6.19 (ii) により，$\mathfrak{k}' \cong \mathfrak{su}(2) \oplus \mathfrak{o}(12)$ であり，$(\mathfrak{g}', \mathfrak{k}')$ は EVI 型である．

ノンコンパクトルートの強直交系 $\{\gamma_1, \gamma_2, \gamma_3, \gamma_4\}$ と $\mathfrak{a}'$ 上の線形形式 $\delta_1, \delta_2, \delta_3, \delta_4$ は前節と同じとする．このとき，$\alpha \in \Delta'$ に対し，$\alpha|_{\mathfrak{a}'}$ は次のようになる．$\alpha = \varepsilon_j + \varepsilon_k\ (1 \leq j < k \leq 4)$ のとき

$$\alpha|_{\mathfrak{a}'} = \delta_j + \delta_k, \quad -\alpha|_{\mathfrak{a}'} = -(\delta_j + \delta_k),$$

$\alpha = \varepsilon_j - \varepsilon_k\ (1 \leq j < k \leq 4)$ のとき

$$\alpha|_{\mathfrak{a}'} = \delta_j - \delta_k, \quad -\alpha|_{\mathfrak{a}'} = -(\delta_j - \delta_k),$$

$\alpha = \varepsilon_j \pm \varepsilon_k\ (1 \leq j \leq 4,\ k = 5, 6)$ のとき

$$\alpha|_{\mathfrak{a}'} = \delta_j, \quad -\alpha|_{\mathfrak{a}'} = -\delta_j,$$

$\alpha = \dfrac{1}{2} \sum_{j=1}^{8} c_j \varepsilon_j\ (c_j = \pm 1,\ c_7 = c_8)$ のとき

$$\alpha|_{\mathfrak{a}'} = \frac{1}{2} \sum_{j=1}^{4} c_j \delta_j,$$

$\alpha = \pm(\varepsilon_5 - \varepsilon_6),\ \pm(\varepsilon_5 + \varepsilon_6),\ \pm(\varepsilon_7 + \varepsilon_8)$ のとき

$$\alpha|_{\mathfrak{a}'} = 0$$

よって, $\Delta(\mathfrak{g}'_{\mathbb{C}}, \mathfrak{a}')$ は F_4 型であり,

$$\dim \mathfrak{g}'_{\mathbb{C}}(\mathfrak{a}', \beta) = \begin{cases} 1 & (|\beta| = \sqrt{2} \text{ のとき}) \\ 4 & (|\beta| = 1 \text{ のとき}) \end{cases}$$

となる.

6.7.12 EII 型のとき

Δ は E_8 型ルート系とし, $\lambda_1, \lambda_2 \in \Delta$ は $(\lambda_1, \lambda_2) \neq 0$ であるとする. このとき, 系 6.20 (i) により,

$$\Delta' = \{\alpha \in \Delta \mid (\alpha, \lambda_1) = (\alpha, \lambda_2) = 0\}$$

は E_6 型である. $\lambda_1 = \varepsilon_6 - \varepsilon_7$, $\lambda_2 = \varepsilon_7 - \varepsilon_8$ とする. $\mathfrak{g}_{\mathbb{C}}(\mathfrak{k}, \alpha)$ $(\alpha \in \Delta')$ で生成される $\mathfrak{g}_{\mathbb{C}}$ の複素部分リー環を $\mathfrak{g}'_{\mathbb{C}}$ とし, $\mathfrak{g}' = \mathfrak{g} \cap \mathfrak{g}'_{\mathbb{C}}$ とする. θ は 6.7.10 節と同じとする ($\mathfrak{k} \cong \mathfrak{su}(2) \oplus E_7$). $\varepsilon_1 + \varepsilon_2$ は λ_1, λ_2 と直交するので, 系 6.20 (iv) により $\mathfrak{k}' \cong \mathfrak{su}(2) \oplus \mathfrak{su}(6)$ であり, $(\mathfrak{g}', \mathfrak{k}')$ は EII 型である.

ノンコンパクトルートの強直交系 $\{\gamma_1, \gamma_2, \gamma_3, \gamma_4\}$ と $\mathfrak{a}'$ 上の線形形式 $\delta_1, \delta_2, \delta_3, \delta_4$ は 6.7.10 節と同じとする. このとき, $\alpha \in \Delta'$ に対し, $\alpha|_{\mathfrak{a}'}$ は次のようになる.
$\alpha = \varepsilon_j + \varepsilon_k$ $(1 \leq j < k \leq 4)$ のとき

$$\alpha|_{\mathfrak{a}'} = \delta_j + \delta_k, \quad -\alpha|_{\mathfrak{a}'} = -(\delta_j + \delta_k),$$

$\alpha = \varepsilon_j - \varepsilon_k$ $(1 \leq j < k \leq 4)$ のとき

$$\alpha|_{\mathfrak{a}'} = \delta_j - \delta_k, \quad -\alpha|_{\mathfrak{a}'} = -(\delta_j - \delta_k),$$

$\alpha = \varepsilon_j \pm \varepsilon_5$ $(1 \leq j \leq 4)$ のとき

$$\alpha|_{\mathfrak{a}'} = \delta_j, \quad -\alpha|_{\mathfrak{a}'} = -\delta_j,$$

$\alpha = \dfrac{1}{2} \sum_{j=1}^{8} c_j \varepsilon_j$ $(c_j = \pm 1, c_6 = c_7 = c_8)$ のとき

$$\alpha|_{\mathfrak{a}'} = \frac{1}{2} \sum_{j=1}^{4} c_j \delta_j$$

よって，$\Delta(\mathfrak{g}'_{\mathbb{C}},\mathfrak{a}')$ は F_4 型であり，

$$\dim \mathfrak{g}'_{\mathbb{C}}(\mathfrak{a}',\beta) = \begin{cases} 1 & (|\beta| = \sqrt{2} \text{ のとき}) \\ 2 & (|\beta| = 1 \text{ のとき}) \end{cases}$$

となる．

6.7.13 EVII 型のとき

Δ は E_8 型ルート系とし，θ は 6.7.10 節のように $\varepsilon_1 + \varepsilon_2$ によって定義する．ノンコンパクトルート $\lambda = \varepsilon_1 - \varepsilon_3$ を取り，

$$\Delta' = \{\alpha \in \Delta \mid (\alpha,\lambda) = 0\} \quad (E_7 \text{ 型})$$

とおく．$\mathfrak{g}_{\mathbb{C}}(\mathfrak{t},\alpha)$ $(\alpha \in \Delta')$ で生成される $\mathfrak{g}_{\mathbb{C}}$ の複素部分リー環を $\mathfrak{g}'_{\mathbb{C}}$ とし，$\mathfrak{g}' = \mathfrak{g} \cap \mathfrak{g}'_{\mathbb{C}}$ とする．λ と $\varepsilon_1+\varepsilon_2$ は直交しないので，系 6.20 (i) により $\mathfrak{k}' = \mathfrak{g}' \cap \mathfrak{k}$ のルート系は E_6 型であり，$\mathfrak{k}'$ の極大トーラスの次元は 7 であるので，$\mathfrak{k}' \cong \mathbb{R} \oplus E_6$ である．よって $(\mathfrak{g}',\mathfrak{k}')$ は EVII 型である．

6.7.10 節と同様に，Δ' のノンコンパクトルートの強直交系として

$$\gamma_1 = \varepsilon_1 + \varepsilon_3, \quad \gamma_2 = \varepsilon_2 + \varepsilon_4, \quad \gamma_3 = \varepsilon_2 - \varepsilon_4$$

が取れる．$\mathfrak{a}'$ 上の線形形式 $\delta_1, \delta_2, \delta_3$ を

$$\varepsilon_1 + \varepsilon_3|_{\mathfrak{a}'} = 2\delta_1, \quad \varepsilon_2 + \varepsilon_4|_{\mathfrak{a}'} = 2\delta_2, \quad \varepsilon_2 - \varepsilon_4|_{\mathfrak{a}'} = 2\delta_3$$

によって定義する．$\varepsilon_j|_{\mathfrak{a}'} = 0$ for $j = 5,6,7,8$ であるから，各ルート $\alpha \in \Delta'$ に対して $\alpha|_{\mathfrak{a}'}$ は次のようになる．

$$\varepsilon_1 + \varepsilon_3|_{\mathfrak{a}'} = 2\delta_1, \quad \varepsilon_2 + \varepsilon_4|_{\mathfrak{a}'} = 2\delta_2, \quad \varepsilon_2 - \varepsilon_4|_{\mathfrak{a}'} = 2\delta_3,$$

$$-(\varepsilon_1 + \varepsilon_3)|_{\mathfrak{a}'} = -2\delta_1, \quad -(\varepsilon_2 + \varepsilon_4)|_{\mathfrak{a}'} = -2\delta_2, \quad -(\varepsilon_2 - \varepsilon_4)|_{\mathfrak{a}'} = -2\delta_3,$$

$$\alpha = \frac{1}{2}(\varepsilon_1 + \varepsilon_2 + \varepsilon_3 + \varepsilon_4) + \frac{1}{2}\sum_{j=5}^{8} c_j \varepsilon_j \ (c_j = \pm 1) \text{ のとき}$$

$$\alpha|_{\mathfrak{a}'} = \delta_1 + \delta_2, \quad -\alpha|_{\mathfrak{a}'} = -(\delta_1 + \delta_2),$$

$$\alpha = \frac{1}{2}(\varepsilon_1 - \varepsilon_2 + \varepsilon_3 - \varepsilon_4) + \frac{1}{2}\sum_{j=5}^{8} c_j \varepsilon_j \ (c_j = \pm 1) \text{ のとき}$$

$$\alpha|_{\mathfrak{a}'} = \delta_1 - \delta_2, \quad -\alpha|_{\mathfrak{a}'} = -(\delta_1 - \delta_2),$$

$\alpha = \dfrac{1}{2}(\varepsilon_1 + \varepsilon_2 + \varepsilon_3 - \varepsilon_4) + \dfrac{1}{2}\sum\limits_{j=5}^{8} c_j \varepsilon_j \ (c_j = \pm 1)$ のとき

$$\alpha|_{\mathfrak{a}'} = \delta_1 + \delta_3, \quad -\alpha|_{\mathfrak{a}'} = -(\delta_1 + \delta_3),$$

$\alpha = \dfrac{1}{2}(\varepsilon_1 - \varepsilon_2 + \varepsilon_3 + \varepsilon_4) + \dfrac{1}{2}\sum\limits_{j=5}^{8} c_j \varepsilon_j \ (c_j = \pm 1)$ のとき

$$\alpha|_{\mathfrak{a}'} = \delta_1 - \delta_3, \quad -\alpha|_{\mathfrak{a}'} = -(\delta_1 - \delta_3),$$

$\alpha = \varepsilon_2 \pm \varepsilon_j \ (j = 5, 6, 7, 8)$ のとき

$$\alpha|_{\mathfrak{a}'} = \delta_2 + \delta_3, \quad -\alpha|_{\mathfrak{a}'} = -(\delta_2 + \delta_3),$$

$\alpha = \varepsilon_4 \pm \varepsilon_j \ (j = 5, 6, 7, 8)$ のとき

$$\alpha|_{\mathfrak{a}'} = \delta_2 - \delta_3, \quad -\alpha|_{\mathfrak{a}'} = -(\delta_2 - \delta_3),$$

$\alpha = \pm\varepsilon_j \pm \varepsilon_k \ (5 \le j < k \le 8)$ のとき

$$\alpha|_{\mathfrak{a}'} = 0$$

よって，$\Delta(\mathfrak{g}'_{\mathbb{C}}, \mathfrak{a}')$ は C_3 型であり，

$$\dim \mathfrak{g}'_{\mathbb{C}}(\mathfrak{a}', \beta) = \begin{cases} 1 & (\beta = \pm 2\delta_j \text{ のとき}) \\ 8 & (\beta = \pm \delta_j \pm \delta_k,\ j \neq k \text{ のとき}) \end{cases}$$

となる．

6.7.14 EIII 型のとき

Δ は E_8 型ルート系とし，θ は 6.7.10 節のように $\varepsilon_1 + \varepsilon_2$ によって定義する．コンパクトルート $\lambda_1 = \varepsilon_7 + \varepsilon_8$ とノンコンパクトルート $\lambda_2 = \dfrac{1}{2}(\varepsilon_1 + \cdots + \varepsilon_8)$ を取り，

$$\Delta' = \{\alpha \in \Delta \mid (\alpha, \lambda_1) = (\alpha, \lambda_2) = 0\} \quad (E_6 \text{ 型})$$

とおく．$\mathfrak{g}_{\mathbb{C}}(\mathfrak{t}, \alpha) \ (\alpha \in \Delta')$ で生成される $\mathfrak{g}_{\mathbb{C}}$ の複素部分リー環を $\mathfrak{g}'_{\mathbb{C}}$ とし，$\mathfrak{g}' = \mathfrak{g} \cap \mathfrak{g}'_{\mathbb{C}}$ とする．$\varepsilon_1 + \varepsilon_2, \lambda_1, -\lambda_2$ は系 6.20 (iii) の条件を満たすので，$\mathfrak{k}' = \mathfrak{g}' \cap \mathfrak{k}$ のルート系は D_5 型であり，$\mathfrak{k}'$ の極大トーラスの次元は 6 であるので，$\mathfrak{k}' \cong$

$\mathbb{R} \oplus \mathfrak{o}(10)$ である. よって $(\mathfrak{g}', \mathfrak{k}')$ は EIII 型である.

Δ' のノンコンパクトルートの強直交系として
$$\gamma_1 = \varepsilon_1 - \varepsilon_3, \quad \gamma_2 = \varepsilon_2 - \varepsilon_4$$
を取ると, 補題 6.17 により
$$\mathfrak{a} = \mathbb{R}(X_{\gamma_1} + \tau(X_{\gamma_1})) \oplus \mathbb{R}(X_{\gamma_2} + \tau(X_{\gamma_2}))$$
は $\mathfrak{p}' = \mathfrak{g} \cap \mathfrak{p}$ の極大トーラスである.

$\mathfrak{a}' = \mathbb{R}iY_{\gamma_1} \oplus \mathbb{R}iY_{\gamma_2}$ 上の線形形式 δ_1, δ_2 を
$$\varepsilon_1 - \varepsilon_3|_{\mathfrak{a}'} = 2\delta_1, \qquad \varepsilon_2 - \varepsilon_4|_{\mathfrak{a}'} = 2\delta_2$$
で定義するとき, $\alpha \in \Delta'$ の $\mathfrak{a}'$ への制限は次のようになる.
$$\pm(\varepsilon_1 - \varepsilon_3)|_{\mathfrak{a}'} = \pm 2\delta_1, \qquad \pm(\varepsilon_2 - \varepsilon_4)|_{\mathfrak{a}'} = \pm 2\delta_2,$$

$\alpha = \varepsilon_1 - \varepsilon_4, \varepsilon_2 - \varepsilon_3, \frac{1}{2}(\varepsilon_1 + \varepsilon_2 - \varepsilon_3 - \varepsilon_4 \pm (\varepsilon_5 - \varepsilon_6) \pm (\varepsilon_7 - \varepsilon_8))$ のとき
$$\alpha|_{\mathfrak{a}'} = \delta_1 + \delta_2, \quad -\alpha|_{\mathfrak{a}'} = -(\delta_1 + \delta_2),$$

$\alpha = \varepsilon_1 - \varepsilon_2, \varepsilon_4 - \varepsilon_3, \frac{1}{2}(\varepsilon_1 - \varepsilon_2 - \varepsilon_3 + \varepsilon_4 \pm (\varepsilon_5 - \varepsilon_6) \pm (\varepsilon_7 - \varepsilon_8))$ のとき
$$\alpha|_{\mathfrak{a}'} = \delta_1 - \delta_2, \quad -\alpha|_{\mathfrak{a}'} = -(\delta_1 - \delta_2),$$

$\alpha = \varepsilon_1 - \varepsilon_5, \varepsilon_1 - \varepsilon_6, \varepsilon_5 - \varepsilon_3, \varepsilon_6 - \varepsilon_3, \frac{1}{2}(\varepsilon_1 - \varepsilon_3 \pm (\varepsilon_2 + \varepsilon_4 - \varepsilon_5 - \varepsilon_6) \pm (\varepsilon_7 - \varepsilon_8))$ のとき
$$\alpha|_{\mathfrak{a}'} = \delta_1, \quad -\alpha|_{\mathfrak{a}'} = -\delta_1,$$

$\alpha = \varepsilon_2 - \varepsilon_5, \varepsilon_2 - \varepsilon_6, \varepsilon_5 - \varepsilon_4, \varepsilon_6 - \varepsilon_4, \frac{1}{2}(\varepsilon_2 - \varepsilon_4 \pm (\varepsilon_1 + \varepsilon_3 - \varepsilon_5 - \varepsilon_6) \pm (\varepsilon_7 - \varepsilon_8))$ のとき
$$\alpha|_{\mathfrak{a}'} = \delta_2, \quad -\alpha|_{\mathfrak{a}'} = -\delta_2,$$

$\alpha = \pm(\varepsilon_5 - \varepsilon_6), \pm(\varepsilon_7 - \varepsilon_8), \frac{1}{2}(\pm(\varepsilon_1 - \varepsilon_2 + \varepsilon_3 - \varepsilon_4) \pm (\varepsilon_5 - \varepsilon_6) \pm (\varepsilon_7 - \varepsilon_8))$ のとき
$$\alpha|_{\mathfrak{a}'} = 0$$

よって, $\Delta(\mathfrak{g}'_{\mathbb{C}}, \mathfrak{a}')$ は BC_2 型であり,

$$\dim \mathfrak{g}'_{\mathbb{C}}(\mathfrak{a}',\beta) = \begin{cases} 1 & (\beta = \pm 2\delta_1,\ \pm 2\delta_2\ \text{のとき}) \\ 6 & (\beta = \pm \delta_1 \pm \delta_2\ \text{のとき}) \\ 8 & (\beta = \pm \delta_1,\ \pm \delta_2\ \text{のとき}) \end{cases}$$

となる.

6.7.15 EIV 型のとき

E_8 型コンパクト単純リー環 $\mathfrak{g}$ のルート系 Δ において, $\lambda_1 = \varepsilon_6 - \varepsilon_7$, $\lambda_2 = \varepsilon_7 - \varepsilon_8$ に直交するルートの集合を Δ' (E_6 型) とする. $\mathfrak{g}_{\mathbb{C}}(\mathfrak{t},\alpha)$ ($\alpha \in \Delta'$) で生成される $\mathfrak{g}_{\mathbb{C}}$ の複素部分リー環を $\mathfrak{g}'_{\mathbb{C}}$ とし, $\mathfrak{g}' = \mathfrak{g} \cap \mathfrak{g}'_{\mathbb{C}}$ とする. このとき

$$\Delta' = \Delta(\mathfrak{g}_{\mathbb{C}}, \mathfrak{t}) = \{\pm \varepsilon_j \pm \varepsilon_k \mid 1 \le j < k \le 5\}$$
$$\sqcup \{\frac{1}{2}\sum_{j=1}^{8} c_j \varepsilon_j \mid c_j = \pm 1,\ \prod_{j=1}^{8} c_j = 1,\ c_6 = c_7 = c_8\}$$

と書ける. 5.7 節のように Δ' の位数 2 の自己同型 ρ を

$$\rho(\varepsilon_j) = \begin{cases} \varepsilon_j & (j = 1, 2, 3, 4\ \text{のとき}) \\ -\varepsilon_j & (j = 5, 6, 7, 8\ \text{のとき}) \end{cases}$$

で定義すれば, ρ は Δ' の基本系 $\Psi' = \{\alpha_2, \ldots, \alpha_6, \alpha_0\}$ の自己同型を与えるので, これによって $\mathfrak{g}'$ の特殊自己同型 σ が定義され, $(\mathfrak{g}', \mathfrak{g}'^\sigma)$ は EIV 型である. ただし

$$\alpha_2 = \varepsilon_2 - \varepsilon_3,\ \alpha_3 = \varepsilon_3 - \varepsilon_4,\ \alpha_4 = \varepsilon_4 - \varepsilon_5,\ \alpha_5 = \varepsilon_4 + \varepsilon_5,$$
$$\alpha_6 = -\frac{1}{2}(\varepsilon_1 + \cdots + \varepsilon_8),$$
$$\alpha_0 = -\alpha_{\max} = \frac{1}{2}(-\varepsilon_1 - \varepsilon_2 - \varepsilon_3 - \varepsilon_4 + \varepsilon_5 + \varepsilon_6 + \varepsilon_7 + \varepsilon_8)$$

である.

$\mathfrak{g}'$ の極大トーラス

$$\mathfrak{t}' = \mathfrak{t} \cap \mathfrak{g}' = \{Y \in \mathfrak{t} \mid \varepsilon_6(Y) = \varepsilon_7(Y) = \varepsilon_8(Y)\}$$

の σ に関する $+1, -1$ 固有空間分解 $\mathfrak{t}' = \mathfrak{t}'_+ \oplus \mathfrak{t}'_-$ は

$$\mathfrak{t}'_+ = \{Y \in \mathfrak{t}' \mid \varepsilon_5(Y) = \varepsilon_6(Y) = \varepsilon_7(Y) = \varepsilon_8(Y) = 0\},$$

$$\mathfrak{t}'_- = \{Y \in \mathfrak{t}' \mid \varepsilon_1(Y) = \varepsilon_2(Y) = \varepsilon_3(Y) = \varepsilon_4(Y) = 0\}$$

で与えられる．5.7 節で示したように

$$\Delta(\mathfrak{z}_{\mathfrak{g}'_{\mathbb{C}}}(\mathfrak{t}'_-), \mathfrak{t}') = \{\pm \varepsilon_j \pm \varepsilon_k \mid 1 \le j < k \le 4\}$$

に含まれるルートはすべてコンパクトルートである．よって $\mathfrak{a} = \mathfrak{t}'_-$ は $\mathfrak{p}$ の極大トーラスである．

$\xi_1 = \varepsilon_5|_{\mathfrak{a}}$, $\xi_2 = (\varepsilon_6 + \varepsilon_7 + \varepsilon_8)|_{\mathfrak{a}}$ とおくとき，Δ' の $\mathfrak{a}$ への制限は次のようになる．

$$\alpha = \pm \varepsilon_j + \varepsilon_5 \ (j = 1, 2, 3, 4) \Longrightarrow \alpha|_{\mathfrak{a}} = \xi_1$$

$$\alpha = \pm \varepsilon_j - \varepsilon_5 \ (j = 1, 2, 3, 4) \Longrightarrow \alpha|_{\mathfrak{a}} = -\xi_1$$

$$\alpha = \frac{1}{2}(\sum_{j=1}^{4} c_j \varepsilon_j + \varepsilon_5 + (\varepsilon_6 + \varepsilon_7 + \varepsilon_8)) \Longrightarrow \alpha|_{\mathfrak{a}} = \frac{1}{2}(\xi_1 + \xi_2)$$

$$\alpha = \frac{1}{2}(\sum_{j=1}^{4} c_j \varepsilon_j + \varepsilon_5 - (\varepsilon_6 + \varepsilon_7 + \varepsilon_8)) \Longrightarrow \alpha|_{\mathfrak{a}} = \frac{1}{2}(\xi_1 - \xi_2)$$

$$\alpha = \frac{1}{2}(\sum_{j=1}^{4} c_j \varepsilon_j - \varepsilon_5 + (\varepsilon_6 + \varepsilon_7 + \varepsilon_8)) \Longrightarrow \alpha|_{\mathfrak{a}} = \frac{1}{2}(-\xi_1 + \xi_2)$$

$$\alpha = \frac{1}{2}(\sum_{j=1}^{4} c_j \varepsilon_j - \varepsilon_5 - (\varepsilon_6 + \varepsilon_7 + \varepsilon_8)) \Longrightarrow \alpha|_{\mathfrak{a}} = \frac{1}{2}(-\xi_1 - \xi_2)$$

よって $\Delta(\mathfrak{g}'_{\mathbb{C}}, \mathfrak{a})$ は A_2 型であり，すべての $\beta \in \Delta(\mathfrak{g}'_{\mathbb{C}}, \mathfrak{a})$ に対し

$$\dim \mathfrak{g}'_{\mathbb{C}}(\mathfrak{a}, \beta) = 8$$

である．

6.7.16 EI 型のとき

前節の $\mathfrak{g}'$ と σ を用いて，第 5 章で EI 型の対合 θ は次のように構成された．$\mathfrak{u} = \mathfrak{t}'_+$ への $\Delta(\mathfrak{g}'_{\mathbb{C}}, \mathfrak{u})$ の制限は F_4 型であって，その基本系として，

$$\beta_1 = \eta_1 - \eta_2, \ \beta_2 = \eta_2 - \eta_3, \ \beta_3 = \eta_3, \ \beta_4 = -\frac{1}{2}(\eta_1 + \eta_2 + \eta_3 + \eta_4)$$

が取れる．ただし，$\eta_j = \varepsilon_j|_{\mathfrak{u}}$ $(j = 1, 2, 3, 4)$ とする．$Y'_1 \in i\mathfrak{u}$ を

$$\beta_1(Y'_1) = 1, \ \beta_2(Y'_1) = \beta_3(Y'_1) = \beta_4(Y'_1) = 0$$

で定義するとき，
$$\theta = \mathrm{Ad}(\exp \pi i Y_1') \circ \sigma$$
であった．
$$\Delta(\mathfrak{z}_{\mathfrak{g}_{\mathbb{C}}'}(\mathfrak{t}_-'), \mathfrak{t}') = \{\pm\varepsilon_j \pm \varepsilon_k \mid 1 \le j < k \le 4\}$$
のルートのうち，θ に関するコンパクトルートは
$$\pm\varepsilon_1 \pm \varepsilon_4, \quad \pm\varepsilon_2 \pm \varepsilon_3$$
であって，その他はノンコンパクトルートである．よって，ノンコンパクトルートからなる強直交系
$$\{\varepsilon_1 + \varepsilon_2,\ \varepsilon_1 - \varepsilon_2,\ \varepsilon_3 + \varepsilon_4,\ \varepsilon_3 - \varepsilon_4\}$$
が取れるので EI 型は正規型である．

6.7.17　FI 型のとき

$\mathfrak{g}$ は F_4 型コンパクト単純リー環とすると，そのルート系は
$$\Delta = \Delta(\mathfrak{g}_{\mathbb{C}}, \mathfrak{t}) = \{\pm\varepsilon_j \pm \varepsilon_k \mid 1 \le j < k \le 4\} \sqcup \{\pm\varepsilon_j \mid j = 1, 2, 3, 4\}$$
$$\sqcup \{\frac{1}{2}\sum_{j=1}^{4} c_j \varepsilon_j \mid c_j = \pm 1\}$$
と書ける．Δ の基本系として $\Psi = \{\alpha_1, \alpha_2, \alpha_3, \alpha_4\}$ を
$$\alpha_1 = \varepsilon_1 - \varepsilon_2,\ \alpha_2 = \varepsilon_2 - \varepsilon_3,\ \alpha_3 = \varepsilon_3,\ \alpha_4 = -\frac{1}{2}(\varepsilon_1 + \varepsilon_2 + \varepsilon_3 + \varepsilon_4)$$
によって定義する．$Y_j \in i\mathfrak{t}\ (j = 1, 2, 3, 4)$ を
$$\alpha_k(Y_j) = \delta_{jk}$$
で定義するとき，第 5 章で分類したように FI 型の対合 θ は
$$\theta = \mathrm{Ad}(\exp \pi i Y_1)$$
で与えられる．この θ に関するコンパクトルートは
$$\pm\varepsilon_1 \pm \varepsilon_4,\ \pm\varepsilon_2 \pm \varepsilon_3,\ \pm\varepsilon_2,\ \pm\varepsilon_3,\ \frac{1}{2}(\pm(\varepsilon_1 + \varepsilon_4) \pm \varepsilon_2 \pm \varepsilon_3)$$
(C_1 型 $\sqcup C_3$ 型) であるので，ノンコンパクトルートからなる強直交系として
$$\{\varepsilon_1 + \varepsilon_2,\ \varepsilon_1 - \varepsilon_2,\ \varepsilon_3 + \varepsilon_4,\ \varepsilon_3 - \varepsilon_4\}$$
を取ることができる．したがって，FI 型は正規型である．

6.7.18 FII 型のとき

$\mathfrak{g}, \Delta, \Psi$ は前節と同じとするとき,FII 型の対合は

$$\theta = \mathrm{Ad}(\exp \pi i Y_4)$$

で与えられる.この θ に関するコンパクトルートは

$$\pm\varepsilon_j \pm \varepsilon_k \ (1 \le j < k \le 4), \ \pm\varepsilon_j \ (j=1,2,3,4) \quad (\text{B}_4 \text{ 型})$$

であるので,ノンコンパクトルートは

$$\frac{1}{2}\sum_{j=1}^4 c_j \varepsilon_j \ (c_j = \pm 1)$$

である.2 つのノンコンパクトルート γ, δ が直交するとき,

$$\gamma \pm \delta \in \Delta$$

であるので,ノンコンパクトルートから成る強直交系はただ 1 つのルートしか含まない.このルートを

$$\gamma = \frac{1}{2}(\varepsilon_1 + \varepsilon_2 + \varepsilon_3 + \varepsilon_4)$$

とし,$\mathfrak{a}' = \mathbb{R} i Y_\gamma$, $\xi = \varepsilon_1|_{\mathfrak{a}'} \ (= \varepsilon_2|_{\mathfrak{a}'} = \varepsilon_3|_{\mathfrak{a}'} = \varepsilon_4|_{\mathfrak{a}'})$ とすると,$\Delta(\mathfrak{g}_\mathbb{C}, \mathfrak{a}')$ は BC_1 型であって,

$$\alpha = \varepsilon_j + \varepsilon_k \ (j < k), \ \alpha = \gamma \Longrightarrow \alpha|_{\mathfrak{a}'} = 2\xi$$

$$\alpha = -(\varepsilon_j + \varepsilon_k) \ (j < k), \ \alpha = -\gamma \Longrightarrow \alpha|_{\mathfrak{a}'} = -2\xi$$

$$\alpha = \varepsilon_j, \ \gamma - \varepsilon_j \ (j=1,2,3,4) \Longrightarrow \alpha|_{\mathfrak{a}'} = \xi$$

$$\alpha = -\varepsilon_j, \ -\gamma + \varepsilon_j \ (j=1,2,3,4) \Longrightarrow \alpha|_{\mathfrak{a}'} = -\xi$$

であるから

$$\dim \mathfrak{g}_\mathbb{C}(\mathfrak{a}', \pm 2\xi) = 7, \quad \dim \mathfrak{g}_\mathbb{C}(\mathfrak{a}', \pm \xi) = 8$$

である.

6.7.19 G 型のとき

$\mathfrak{g}$ は G_2 型コンパクト単純リー環とする.このとき,ルート系 $\Delta = \Delta(\mathfrak{g}_\mathbb{C}, \mathfrak{t})$ は単純ルート α_1, α_2 ($|\alpha_1| = \sqrt{3}|\alpha_2|$) を用いて

$$\Delta = \{\pm\alpha_1, \pm\alpha_2, \pm(\alpha_1+\alpha_2), \pm(\alpha_1+2\alpha_2), \pm(\alpha_1+3\alpha_2), \pm(2\alpha_1+3\alpha_2)\}$$

と書ける (図 3.5). $Y_1 \in it$ を $\alpha_1(Y_1) = 1$, $\alpha_2(Y_2) = 0$ で定義すれば，第 5 章で分類したように G 型の対合 θ は

$$\theta = \mathrm{Ad}(\exp \pi i Y_1)$$

で定義できる．この θ に関するコンパクトルートは

$$\pm\alpha_2, \quad \pm(2\alpha_1+3\alpha_2)$$

(A_1 型 $\sqcup A_1$ 型) であるので，ノンコンパクトルートから成る強直交系として

$$\{\alpha_1,\ \alpha_1+2\alpha_2\}$$

を取ることができる．よって，G 型は正規型である．

第 7 章

実半単純リー群の分類と構造

7.1 カルタン対合

実半単純リー環 $\mathfrak{g}$ の対合 θ について,次の対称 2 次形式 $B_\theta(\ ,\ )$ が $\mathfrak{g}$ 上負定値であるとき,θ を $\mathfrak{g}$ の**カルタン対合** (Cartan involution) という.

$$B_\theta(X,Y) = B(\theta(X),Y) \quad \text{for } X,Y \in \mathfrak{g}$$

θ を $\mathfrak{g}$ のカルタン対合とするとき,

$$\mathfrak{k} = \{X \in \mathfrak{g} \mid \theta(X) = X\}, \qquad \mathfrak{p} = \{X \in \mathfrak{g} \mid \theta(X) = -X\}$$

とおくと,

$$\mathfrak{g} = \mathfrak{k} \oplus \mathfrak{p}$$

である.これを $\mathfrak{g}$ の**カルタン分解** (Cartan decomposition) という.キリング形式 $B(\ ,\ )$ は $\mathfrak{k}$ 上負定値,$\mathfrak{p}$ 上正定値であり,$\mathfrak{k}$ と $\mathfrak{p}$ は $B(\ ,\ )$ に関して直交する.

注意 7.1 (1) $\mathfrak{g}$ を実リー環とし,$\mathfrak{g}_\mathbb{C} = \mathfrak{g} \oplus i\mathfrak{g}$ をその複素化とする.$\mathfrak{g}_\mathbb{C}$ の(複素リー環としての)キリング形式を $B(\ ,\ )$ とすると,それの $\mathfrak{g}$ への制限は $\mathfrak{g}$ のキリング形式であり,$B(X,Y) \in \mathbb{R}$ for $X,Y \in \mathfrak{g}$ である.

$\mathfrak{g}_\mathbb{C}$ を実リー環と見たときのキリング形式を $B_\mathbb{R}(\ ,\ )$ で表わそう.$B_\mathbb{R}$ に関して $\mathfrak{g}$ と $i\mathfrak{g}$ は直交する.なぜならば,$X,Y \in \mathfrak{g}$ のとき,

$$\mathrm{ad}(X)\mathrm{ad}(iY)(\mathfrak{g}) \subset i\mathfrak{g}, \qquad \mathrm{ad}(X)\mathrm{ad}(iY)(i\mathfrak{g}) \subset \mathfrak{g}$$

だから,$\mathfrak{g}_\mathbb{C}$ を実ベクトル空間と見たとき $\mathrm{tr}(\mathrm{ad}(X)\mathrm{ad}(iY)) = 0$ だからである.また,$X,Y \in \mathfrak{g}$ に対し,$\mathrm{ad}(X)\mathrm{ad}(Y) : \mathfrak{g} \to \mathfrak{g}$ のトレースは $B(X,Y)$ であり,$\mathrm{ad}(X)\mathrm{ad}(Y) : i\mathfrak{g} \to i\mathfrak{g}$ のトレースも $B(X,Y)$ であるから,$B_\mathbb{R}(X,Y) = 2B(X,Y)$ である.同様にして $B_\mathbb{R}(iX,iY) = -2B(X,Y)$ も示せる.

よって，$X = X_1 + iX_2$, $Y = Y_1 + iY_2$ $(X_1, X_2, Y_1, Y_2 \in \mathfrak{g})$ に対し，

$$B_\mathbb{R}(X, Y) = 2B(X_1, Y_1) - 2B(X_2, Y_2) = 2\operatorname{Re} B(X, Y)$$

となる[1]．

(2) 特に $\mathfrak{g}$ をコンパクトリー環とし，τ を $\mathfrak{g}$ に関する $\mathfrak{g}_\mathbb{C}$ の共役すなわち

$$\tau(X + iY) = X - iY \quad \text{for } X, Y \in \mathfrak{g}$$

とする．このとき

$$(B_\mathbb{R})_\tau(X + iY, X + iY) = B_\mathbb{R}(X - iY, X + iY) = 2B(X, X) + 2B(Y, Y)$$

となり，$B(\ ,\ )$ は $\mathfrak{g}$ 上負定値であるので，τ は $\mathfrak{g}_\mathbb{C}$ のカルタン対合である．

定理 7.1 任意の実半単純リー環 $\mathfrak{g}$ について，
(1) $\mathfrak{g}$ のカルタン対合が存在する．
(2) σ を $\mathfrak{g}$ の対合とするとき，σ と可換な $\mathfrak{g}$ のカルタン対合が存在する．
(3) $\mathfrak{g}$ の任意の 2 つのカルタン対合は $\mathfrak{g}$ の内部自己同型によって移りあう．

証明 (1) $\mathfrak{g}_\mathbb{C}$ の $\mathfrak{g}$ に関する共役を ρ とする．すなわち

$$\rho(X + iY) = X - iY \quad \text{for } X, Y \in \mathfrak{g}$$

とする．また，$\mathfrak{g}_\mathbb{C}$ のコンパクト実型 $\mathfrak{u}$ を 1 つ取り，それに関する $\mathfrak{g}_\mathbb{C}$ の共役を τ とする．このとき，$\mathfrak{g}_\mathbb{C}$ 上の負定値エルミート内積 $B_\tau(\ ,\ )$ が

$$B_\tau(X, Y) = B(\tau(X), Y)$$

で定義できる．

$\mathfrak{g}_\mathbb{C}$ の複素線形自己同型写像 $f = \tau\rho$ について

$$B_\tau(f(X), Y) = B(\rho(X), Y) = B(\tau\rho\rho(X), \tau\rho(Y)) = B_\tau(X, f(Y)) \quad (7.1)$$

が成り立つ．(f は $B_\tau(\ ,\ )$ に関して自己共役 (self-adjoint) であるという．) これにより，f の固有値はすべて実数であり，$\mathfrak{g}_\mathbb{C}$ は f に関する固有空間の直和となる．また，f は全単射であるので固有値は 0 でない．さらに，$g = f^2$ を考え

---

[1] 複素リー環について，その実型の存在を仮定しなくても $B_\mathbb{R}(X, Y) = 2\operatorname{Re} B(X, Y)$ は成り立つ．(問：これを証明せよ．)

ると，
$$\mathfrak{g}_{\mathbb{C}} = \bigoplus_{\lambda > 0} \mathfrak{g}_{\mathbb{C}}^{\lambda}, \qquad \mathfrak{g}_{\mathbb{C}}^{\lambda} = \{X \in \mathfrak{g}_{\mathbb{C}} \mid g(X) = \lambda X\}$$
と固有空間分解できる．

$t \in \mathbb{R}$ に対し，写像 $g^t : \mathfrak{g}_{\mathbb{C}} \to \mathfrak{g}_{\mathbb{C}}$ を
$$g^t(X) = \lambda^t X \quad \text{for } X \in \mathfrak{g}_{\mathbb{C}}^{\lambda}$$
によって定義する．$X \in \mathfrak{g}_{\mathbb{C}}^{\lambda}$, $Y \in \mathfrak{g}_{\mathbb{C}}^{\mu}$ のとき，
$$g([X,Y]) = [g(X), g(Y)] = [\lambda X, \mu Y] = \lambda\mu [X,Y]$$
であるから，$[X,Y] \in \mathfrak{g}_{\mathbb{C}}^{\lambda\mu}$ であるので，$g^t([X,Y]) = (\lambda\mu)^t [X,Y]$ である．一方，
$$[g^t(X), g^t(Y)] = [\lambda^t X, \mu^t Y] = (\lambda\mu)^t [X,Y]$$
も成り立つ．よって，$g^t \in \mathrm{Aut}(\mathfrak{g}_{\mathbb{C}})$ である．（さらに，系 5.9 により $g^t \in \mathrm{Int}(\mathfrak{g}_{\mathbb{C}})$ である．）

$X \in \mathfrak{g}_{\mathbb{C}}^{\lambda}$ に対し，
$$g\tau(X) = (\tau\rho)^2 \tau(X) = \tau(\rho\tau)^2(X) = \tau g^{-1}(X) = \lambda^{-1}\tau(X)$$
であるから，$\tau(X) \in \mathfrak{g}_{\mathbb{C}}^{\lambda^{-1}}$ である．よって，
$$\tau g^t \tau(X) = \tau(\lambda^{-t}\tau(X)) = \lambda^{-t} X$$
となるので，
$$\tau g^t \tau = g^{-t} \tag{7.2}$$
である．同様にして
$$\rho g^t \rho = g^{-t} \tag{7.3}$$
も成り立つ．

$\tau' = g^{-1/4} \tau g^{1/4}$ とおくと，これは $\mathfrak{g}_{\mathbb{C}}$ のコンパクト実型 $g^{-1/4}\mathfrak{u}$ に関する共役写像である．また，(7.2) と (7.3) により
$$\tau'\rho\tau'\rho = g^{-1/4}\tau g^{1/4}\rho g^{-1/4}\tau g^{1/4}\rho = g^{-1}\tau\rho\tau\rho = \mathrm{id}.$$
であるので，ρ と τ' は可換である．よって，τ' は $\mathfrak{g}$ をそれ自身に移すので，τ' の $\mathfrak{g}$ への制限を θ とすると

$$B_\theta \text{ は } \mathfrak{g} \text{ 上負定値}$$

であるので，θ は $\mathfrak{g}$ のカルタン対合である．

(2) (1) によって $\mathfrak{g}$ のカルタン対合が存在するので，その 1 つを θ とする．$f = \theta\sigma$ とおくと，(1) と同様に

$$B_\theta(f(X), Y) = B_\theta(X, f(Y)) \quad \text{for } X, Y \in \mathfrak{g}$$

が成り立つ．これは $\mathfrak{g}$ の $-B_\theta$ に関する正規直交基底に関して f が実対称行列で表現されることを意味する．よって，$f : \mathfrak{g} \to \mathfrak{g}$ の固有値はすべて 0 でない実数であって，$\mathfrak{g}$ は固有空間の直和になる．さらに $g = f^2$ を考えると，$\mathfrak{g}$ は

$$\mathfrak{g} = \bigoplus_{\lambda > 0} \mathfrak{g}^\lambda, \qquad \mathfrak{g}^\lambda = \{X \in \mathfrak{g} \mid g(X) = \lambda X\}$$

と直和分解できる．(1) と同様に $t \in \mathbb{R}$ に対し，$g^t : \mathfrak{g} \to \mathfrak{g}$ を

$$g^t(X) = \lambda^t X \quad \text{for } X \in \mathfrak{g}^\lambda$$

で定義すると，$g^t \in \text{Aut}(\mathfrak{g})$ であり，さらに系 5.9 により $g^t \in \text{Int}(\mathfrak{g})$ である．$\theta' = g^{-1/4} \theta g^{1/4}$ とおけば，これは σ と可換なカルタン対合である．

(3) θ_1, θ_2 を $\mathfrak{g}$ の 2 つのカルタン対合とする．(2) により，ある $h \in \text{Int}(\mathfrak{g})$ を $\theta' = h\theta_2 h^{-1}$ が θ_1 と可換になるように取ることができる．θ_1 に関する $\mathfrak{g}$ のカルタン分解を $\mathfrak{g} = \mathfrak{k}_1 \oplus \mathfrak{p}_1$ とし，θ' に関するカルタン分解を $\mathfrak{g} = \mathfrak{k}' \oplus \mathfrak{p}'$ とすると，θ_1 と θ' の可換性により，

$$\mathfrak{g} = (\mathfrak{k}_1 \cap \mathfrak{k}') \oplus (\mathfrak{k}_1 \cap \mathfrak{p}') \oplus (\mathfrak{p}_1 \cap \mathfrak{k}') \oplus (\mathfrak{p}_1 \cap \mathfrak{p}')$$

と分解できる．$\mathfrak{k}_1 \cap \mathfrak{p}' \neq \{0\}$ とすると，$B(\,,\,)$ は $\mathfrak{k}_1$ 上負定値，$\mathfrak{p}'$ 上正定値であるので矛盾する．また，$\mathfrak{p}_1 \cap \mathfrak{k}' \neq \{0\}$ としても同様に矛盾する．よって $\mathfrak{k}_1 = \mathfrak{k}'$，$\mathfrak{p}_1 = \mathfrak{p}'$ であるので，$\theta_1 = \theta' = h\theta_2 h^{-1}$ である． □

7.2 実単純リー環の分類

$\mathfrak{g}$ を実半単純リー環とし，θ をそのカルタン対合，$\mathfrak{g} = \mathfrak{k} \oplus \mathfrak{p}$ をカルタン分解とする．このとき，

$$\mathfrak{u} = \mathfrak{k} \oplus i\mathfrak{p}$$

は $\mathfrak{g}_{\mathbb{C}}$ のコンパクト実型であり，

$$\theta : X + iY \mapsto X - iY \quad \text{for } X \in \mathfrak{k}, Y \in \mathfrak{p}$$

は $\mathfrak{u}$ の対合である．

逆に，コンパクトリー環 $\mathfrak{u}$ とその対合 θ が与えられたとき，6.1 節のように

$$\mathfrak{k} = \{X \in \mathfrak{u} \mid \theta(X) = X\}, \quad \mathfrak{p} = \{X \in \mathfrak{u} \mid \theta(X) = -X\}$$

とおくと，$\mathfrak{g} = \mathfrak{k} \oplus i\mathfrak{p}$ は実半単純リー環であり，θ の $\mathfrak{u}_{\mathbb{C}}$ への複素線形拡張を $\mathfrak{g}$ に制限することにより $\mathfrak{g}$ のカルタン対合が得られる．

定理 7.1 により，

定理 7.2 次の 2 つは自然に 1 対 1 に対応する．
(1) 実単純リー環の同型類
(2) 既約コンパクト対称対の同型類

注意 7.2 任意の複素単純リー環 $\mathfrak{g}$ はそのコンパクト実型 $\mathfrak{u}$ によって $\mathfrak{g} = \mathfrak{u}_{\mathbb{C}} = \mathfrak{u} \oplus i\mathfrak{u}$ と書ける．複素リー環 $\mathfrak{g} \oplus \mathfrak{g}$ の実型 $\widetilde{\mathfrak{g}}$ を

$$\widetilde{\mathfrak{g}} = \{(X + iY, X - iY) \mid X, Y \in \mathfrak{u}\}$$

で定義すると $\widetilde{\mathfrak{g}}$ は実リー環として $\mathfrak{g}$ と同型である．

$$\widetilde{\mathfrak{k}} = \{(X, X) \mid X \in \mathfrak{u}\}, \quad \widetilde{\mathfrak{p}} = \{(iY, -iY) \mid Y \in \mathfrak{u}\}$$

とおくと，$\widetilde{\mathfrak{g}} = \widetilde{\mathfrak{k}} \oplus \widetilde{\mathfrak{p}}$ は $\widetilde{\mathfrak{g}}$ のカルタン分解であり，カルタン対合（の複素化）は

$$\theta : (X, Y) \mapsto (Y, X)$$

で与えられる．$i\widetilde{\mathfrak{p}} = \{(Y, -Y) \mid Y \in \mathfrak{u}\}$ であるから，

$$\widetilde{\mathfrak{k}} \oplus i\widetilde{\mathfrak{p}} = \mathfrak{u} \oplus \mathfrak{u} \subset \mathfrak{g} \oplus \mathfrak{g}$$

である．

このように，複素単純リー環 $\mathfrak{g} = \mathfrak{u} \oplus i\mathfrak{u}$ には既約コンパクト対称対 $(\mathfrak{u} \oplus \mathfrak{u}, \theta)$ が対応する．これは注意 6.1 で与えた対称対である．

7.3 基本的な例

例 7.3 $G = GL(n, \mathbb{R})$, $\mathfrak{g} = \mathfrak{gl}(n, \mathbb{R})$ とする.

(1) $B(\ ,\ )$ の計算: まず,ルート系のテクニック[2]によってキリング形式 $B(\ ,\ )$ を計算しよう. 行列単位 E_{ij} $(i, j = 1, \ldots, n)$ について,

$$[E_{ij}, E_{k\ell}] = \begin{cases} 0 & (j \neq k,\ i \neq \ell\ \text{のとき}) \\ E_{i\ell} & (j = k,\ i \neq \ell\ \text{のとき}) \\ -E_{kj} & (j \neq k,\ i = \ell\ \text{のとき}) \\ E_{ii} - E_{jj} & (j = k,\ i = \ell\ \text{のとき}) \end{cases}$$

であることを用いて次のように計算する.

$i \neq j$ のとき,$f = \mathrm{ad}(E_{ij})\mathrm{ad}(E_{ji})$ について,$k \neq i, j$ のとき,

$$f(E_{ik}) = \mathrm{ad}(E_{ij})E_{jk} = E_{ik}, \quad f(E_{kj}) = \mathrm{ad}(E_{ij})(-E_{ki}) = E_{kj}$$

であり,

$$f(E_{ii}) = \mathrm{ad}(E_{ij})E_{ji} = E_{ii} - E_{jj}, \quad f(E_{jj}) = \mathrm{ad}(E_{ij})(-E_{ji}) = E_{jj} - E_{ii},$$

$$f(E_{ij}) = \mathrm{ad}(E_{ij})(E_{jj} - E_{ii}) = 2E_{ij}$$

である. また,その他の行列単位 $E_{k\ell}$ に対しては $f(E_{k\ell}) = 0$ である. よって,

$$B(E_{ij}, E_{ji}) = \mathrm{tr}\, f = (n-2) + (n-2) + 1 + 1 + 2 = 2n \tag{7.4}$$

---

[2] 例 2.6 と同様に $\mathfrak{g}$ のカルタン部分環 $\mathfrak{a} = \{\mathrm{diag}(a_1, \ldots, a_n) \mid a_i \in \mathbb{R}\}$ に関するルート系 $\Delta(\mathfrak{g}, \mathfrak{a}) = \{\varepsilon_i - \varepsilon_j \mid i \neq j\}$ が定義される.($\varepsilon_i : \mathrm{diag}(a_1, \ldots, a_n) \mapsto a_i$ とする.) このとき,ルート $\alpha = \varepsilon_i - \varepsilon_j$ に関するルート空間は $\mathbb{R}E_{ij}$ である.

一般に,実単純リー環 $\mathfrak{g}$ について,$\mathfrak{p}$ の極大可換部分空間 $\mathfrak{a}$ に関するルート系 $\Delta(\mathfrak{a}) = \Delta(\mathfrak{g}_\mathbb{C}, \mathfrak{a})$ を考えると,$\alpha \in \Delta(\mathfrak{a})$ は $\mathfrak{a}$ 上実数値であるので,複素化 $\mathfrak{g}_\mathbb{C}$ を取らなくても $\mathfrak{g}$ 自身が

$$\mathfrak{g} = \mathfrak{z}_\mathfrak{g}(\mathfrak{a}) \oplus \bigoplus_{\alpha \in \Delta(\mathfrak{a})} \mathfrak{g}(\mathfrak{a}, \alpha)$$

とルート空間分解できる. 各型の実単純リー環に対する $\Delta(\mathfrak{a})$ と重複度 $\dim_\mathbb{R} \mathfrak{g}(\mathfrak{a}, \alpha) = \dim_\mathbb{C} \mathfrak{g}_\mathbb{C}(\mathfrak{a}, \alpha)$ は定理 7.2 によって対応する既約コンパクト対称対について第 6 章で求めたものと同じである.

さらに,$\mathfrak{a}$ が実単純リー環 $\mathfrak{g}$ のカルタン部分環であるときは,すべての $\alpha \in \Delta(\mathfrak{a})$ について $\dim \mathfrak{g}(\mathfrak{a}, \alpha) = 1$ である. このような実単純リー環 $\mathfrak{g}$ は($\mathfrak{g}_\mathbb{C}$ の)**正規実型** (normal real form) あるいは Chevalley 型と呼ばれ,定理 7.2 によって正規型の既約コンパクト対称対と対応する.

となる.

次に $g = \mathrm{ad}(E_{ii})\mathrm{ad}(E_{ii})$ について計算する. $k \neq i$ のとき,
$$g(E_{ik}) = E_{ik}, \quad g(E_{ki}) = E_{ki}$$
であり, その他の $E_{k\ell}$ に対しては $g(E_{k\ell}) = 0$ である. よって
$$B(E_{ii}, E_{ii}) = \mathrm{tr}\, g = 2(n-1) \tag{7.5}$$
となる.

最後に $h = \mathrm{ad}(E_{ii})\mathrm{ad}(E_{jj})$ について,
$$h(E_{ji}) = \mathrm{ad}(E_{ii})E_{ji} = -E_{ji}, \quad h(E_{ij}) = \mathrm{ad}(E_{ii})(-E_{ij}) = -E_{ij}$$
であり, その他の $E_{k\ell}$ に対しては $h(E_{k\ell}) = 0$ である. よって
$$B(E_{ii}, E_{jj}) = \mathrm{tr}\, h = -2 \tag{7.6}$$
となる. (7.4), (7.5), (7.6) 以外の行列単位の組 $(E_{ij}, E_{k\ell})$ については
$$B(E_{ij}, E_{k\ell}) = 0 \tag{7.7}$$
となる. (特に, $Z = E_{11} + \cdots + E_{nn}$ は $\mathfrak{g}$ の中心の元であるが, (7.5), (7.6) により
$$B(E_{ii}, Z) = 2(n-1) - 2(n-1) = 0$$
であり, (7.7) と合わせて,
$$B(X, Z) = 0 \quad \text{for all } X \in \mathfrak{g}$$
が確かめられる.)

(2) 不変対称双線形形式 (,) との比較: 例 2.2 と同様に $\mathfrak{g}$ 上に次の $\mathrm{Ad}(G)$-不変対称双線形形式 (,) が定義できる.
$$(X, Y) = \mathrm{tr}\,(XY) \quad \text{for } X, Y \in \mathfrak{g}$$
これと (7.4), (7.5), (7.6), (7.7) を比較することにより, $\mathfrak{g}_s = [\mathfrak{g}, \mathfrak{g}] = \mathfrak{sl}(n, \mathbb{R})$ 上で
$$B(\ ,\ ) = 2n(\ ,\ ) \tag{7.8}$$
が示せる. また, $\mathrm{ad}(X) : \mathfrak{g} \to \mathfrak{g}$ $(X \in \mathfrak{g})$ の像は $\mathfrak{g}_s$ に含まれるので, $\mathfrak{g}_s$ のキリング形式は $B(\ ,\ )$ を $\mathfrak{g}_s$ に制限したものと一致する.

(3) $\mathfrak{g}$ のカルタン対合とカルタン分解： $\mathfrak{g}$ の対合 θ を
$$\theta(X) = -{}^tX$$
によって定義する．$\mathfrak{g}$ 上の対称双線形形式 $(\ ,\ )_\theta$ を
$$(X,Y)_\theta = (\theta(X),Y) = \operatorname{tr}(\theta(X)Y) = -\operatorname{tr}({}^tXY) \quad \text{for } X,Y \in \mathfrak{g}$$
で定義すると，$X = \{x_{ij}\} \in \mathfrak{g}$ に対し
$$(X,X)_\theta = -\operatorname{tr}(\{x_{ji}\}\{x_{ij}\}) = -\sum_{i=1}^n \sum_{j=1}^n x_{ij}^2$$
であるので，$(\ ,\ )_\theta$ は $\mathfrak{g}$ 上負定値である．よって (7.8) により，$\theta|_{\mathfrak{g}_s}$ は $\mathfrak{g}_s$ のカルタン対合である．

$\mathfrak{g}$ の対合 θ について 7.1 節の $\mathfrak{k}$, $\mathfrak{p}$ を求めると
$$\mathfrak{k} = \{X \in \mathfrak{g} \mid \theta(X) = X\} = \{X \in \mathfrak{g} \mid {}^tX = -X\} = \{n \text{ 次実交代行列}\}$$
$$\mathfrak{p} = \{X \in \mathfrak{g} \mid \theta(X) = -X\} = \{X \in \mathfrak{g} \mid {}^tX = X\} = \{n \text{ 次実対称行列}\}$$
という線形代数における自然な対象が得られる．よって，θ を $\mathfrak{g} = \mathfrak{gl}(n,\mathbb{R})$ [3] のカルタン対合，$\mathfrak{g} = \mathfrak{k} \oplus \mathfrak{p}$ をカルタン分解というのが自然である．

(4) G のカルタン分解： $G = GL(n,\mathbb{R})$ の対合 θ を
$$\theta(g) = {}^tg^{-1} \quad \text{for } g \in G$$
で定義する．このとき $\theta : G \to G$ の微分は (3) で定義した $\theta : \mathfrak{g} \to \mathfrak{g}$ である．$K = \{g \in G \mid \theta(g) = g\}$ とおくと，
$$K = \{g \in G \mid {}^tg^{-1} = g\} = \{n \text{ 次直交行列}\} = O(n)$$
である．

次の写像を考える．
$$K \times \mathfrak{p} \ni (k,X) \mapsto k\exp X \in G$$
これが $K \times \mathfrak{p}$ と G との解析的微分同型を与えることを示そう．（この分解を $G = GL(n,\mathbb{R})$ のカルタン分解という．簡潔に $G = K\exp\mathfrak{p}$ と表示することが多い．）

---

[3] $\mathfrak{g}$ は 1 次元可換リー環と $\mathfrak{g}_s = \mathfrak{sl}(n,\mathbb{R})$ の直和である．一般に可換リー環と半単純リー環の直和を完約 (reductive) リー環という．

(全射性) $(\ ,\ )$ を $\mathbb{R}^n$ 上の通常の内積とする．$g \in G$ に対し，$A = {}^t gg$ とおくと，A は実対称行列であり，$v \in \mathbb{R}^n$ に対し

$$(Av, v) = ({}^t ggv, v) = (gv, gv)$$

であるから，A は正定値である．よって，ある $P \in O(n)$ によって

$$A = P \operatorname{diag}(a_1, \ldots, a_n) P^{-1}, \qquad a_1, \ldots, a_n > 0$$

と書ける．実対称行列 X を

$$X = \frac{1}{2} \log A = \frac{1}{2} P \operatorname{diag}(\log a_1, \ldots, \log a_n) P^{-1}$$

で定義すれば，$A = \exp 2X$ である．よって，$k = g \exp(-X)$ とおくと，

$${}^t kk = {}^t (g \exp(-X)) g \exp(-X) = \exp(-X) {}^t gg \exp(-X)$$
$$= \exp(-X) \exp 2X \exp(-X) = I$$

となるので，$k \in K = O(n)$．よって，$g = k \exp X \in K \exp \mathfrak{p}$ である．

(単射性) $k_1, k_2 \in K$, $X_1, X_2 \in \mathfrak{p}$ について

$$k_1 \exp X_1 = k_2 \exp X_2 \tag{7.9}$$

とすると，両辺の転置を取って

$$(\exp X_1) k_1^{-1} = (\exp X_2) k_2^{-1} \tag{7.10}$$

よって，(7.9) と (7.10) をかけ合わせて

$$\exp 2X_1 = \exp 2X_2$$

となる．(全射性) の所で示したように，写像

$$\exp: \{\text{実対称行列}\} \to \{\text{正定値実対称行列}\} \tag{7.11}$$

の逆写像 $\log$ が存在して，ともに全単射であるので，$X_1 = X_2$ である．したがって $k_1 = k_2$ も成り立つ．

(regularity) 写像 $K \times \mathfrak{p} \ni (k, X) \mapsto g = k \exp X \in G$ の逆写像が解析的であることを示せばよい．$\exp 2X = {}^t gg$ は $g \in G$ に関して解析的だから，上記の $\log$ の解析性を示せばよい．

逆写像の定理により，$X \in \mathfrak{p}$ における $\exp: \mathfrak{gl}(n, \mathbb{R}) \to GL(n, \mathbb{R})$ の微分 $\exp_*$

が全単射であることを示せばよい．$X \in \mathfrak{p}$, $Y \in \mathfrak{g}$, $t \in \mathbb{R}$ に対し，$\exp(X + tY)$ を計算し，t に関する 1 次の項を求めよう．その前に，X, Y を直交行列による共役で置き換えても構わないので，

$$X = \mathrm{diag}(x_1, \ldots, x_n)$$

としてよい．$Y = \{y_{ij}\}$ とする．

$$\exp(X + tY) = I + (X + tY) + \frac{1}{2!}(X + tY)^2 + \frac{1}{3!}(X + tY)^3 + \cdots$$

の t に関する 1 次の項の係数は

$$\frac{d}{dt}\exp(X + tY)|_{t=0} = Y + \frac{1}{2!}(XY + YX) + \frac{1}{3!}(X^2Y + XYX + YX^2) + \cdots$$

である．これの (i, j) 成分を z_{ij} とすると，

$$z_{ij} = y_{ij}(1 + \frac{1}{2!}(x_i + x_j) + \frac{1}{3!}(x_i^2 + x_i x_j + x_j^2) + \cdots)$$

である．$x_i \neq x_j$ のとき，

$$z_{ij} = \frac{y_{ij}}{x_i - x_j}((x_i - x_j) + \frac{1}{2!}(x_i^2 - x_j^2) + \frac{1}{3!}(x_i^3 - x_j^3) + \cdots)$$
$$= y_{ij}\frac{e^{x_i} - e^{x_j}}{x_i - x_j}$$

であり，$x_i = x_j$ のとき，

$$z_{ij} = y_{ij}e^{x_i}$$

であるので，

$$a_{ij} = \begin{cases} \dfrac{e^{x_i} - e^{x_j}}{x_i - x_j} & (x_i \neq x_j \text{ のとき}) \\ e^{x_i} & (x_i = x_j \text{ のとき}) \end{cases}$$

とおけば

$$z_{ij} = y_{ij}a_{ij}$$

である．$a_{ij} > 0$ であるので

$$\{y_{ij}\} = 0 \iff \{z_{ij}\} = 0$$

が成り立つ．よって $\exp_*$ は全単射である．

7.4 実半単純リー群のカルタン対合とカルタン分解

7.4.1 $G = \text{Int}(\mathfrak{g})$ のとき

まず，$\mathfrak{g}$ の内部自己同型群 $G = \text{Int}(\mathfrak{g})$ について考える．θ を $\mathfrak{g}$ のカルタン対合とするとき，G の対合 Θ が

$$\Theta(g) = \theta g \theta$$

によって定義される．($\theta(g)$ と書くべきかもしれないが混乱を避けるために記号を変えた．) $\Theta : G \to G$ の微分は $\text{ad}(X) \mapsto \theta \text{ad}(X) \theta = \text{ad}(\theta(X))$ である．実際，$Y \in \mathfrak{g}$ に対し，

$$(\theta \text{ad}(X) \theta) Y = \theta([X, \theta(Y)]) = [\theta(X), Y] = \text{ad}(\theta(X)) Y$$

である．$K = \{g \in G \mid \Theta(g) = g\}$ とおく．

命題 7.4 (1) 写像 $K \times \mathfrak{p} \ni (k, X) \mapsto k \exp \text{ad}(X) \in G$ は解析的微分同型である．

(2) K は連結である．

証明 (1) (全射性) まず，$K \times \mathfrak{p} \ni (k, X) \mapsto k \exp \text{ad}(X) \in G$ が全射であることを示そう．$g \in G$ に対し，$f = \Theta(g)^{-1} g = \theta g^{-1} \theta g$ とおくと，$X, Y \in \mathfrak{g}$ について

$$B_\theta(f(X), Y) = B(g^{-1} \theta g(X), Y) = B(\theta g(X), g(Y))$$
$$= B_\theta(g(X), g(Y)) = B_\theta(X, f(Y))$$

であるから，正定値内積 $-B_\theta(\,,\,)$ に関する $\mathfrak{g}$ の正規直交基底により，f は正定値実対称行列で表わせる．よって，$\mathfrak{g}$ は

$$\mathfrak{g} = \bigoplus_{\lambda > 0} \mathfrak{g}^\lambda, \qquad \mathfrak{g}^\lambda = \{Y \in \mathfrak{g} \mid f(Y) = \lambda Y\}$$

と直和分解される．$t \in \mathbb{R}$ に対し，$f^t : \mathfrak{g} \to \mathfrak{g}$ を

$$f^t(Y) = \lambda^t Y \quad \text{for } Y \in \mathfrak{g}^\lambda$$

で定義すると定理 7.1 (2) の証明と同様に $f^t \in \text{Aut}(\mathfrak{g})$ であり，$f^t = \exp t \text{ad}(2X)$

for some $X \in \mathfrak{g}$ である.

さらに,$\theta f \theta = g^{-1}\theta g \theta = f^{-1}$ であるので,$Y \in \mathfrak{g}^\lambda$ に対し
$$f\theta(Y) = \theta f^{-1}(Y) = \lambda^{-1}\theta(Y)$$
となり,$\theta(Y) \in \mathfrak{g}^{\lambda^{-1}}$ である.よって
$$\theta f^t \theta(Y) = \theta(\lambda^{-t}\theta(Y)) = \lambda^{-t}Y$$
であるので,$\theta f^t \theta = f^{-t}$ が成り立つ.これは $X \in \mathfrak{p}$ を意味する.

$k = g\exp(-\mathrm{ad}(X))$ とおくと,
$$\Theta(k)^{-1}k = \exp(-\mathrm{ad}(X))\Theta(g)^{-1}g\exp(-\mathrm{ad}(X))$$
$$= \exp(-\mathrm{ad}(X))\exp(\mathrm{ad}(2X))\exp(-\mathrm{ad}(X)) = \mathrm{id}.$$
であるので,$k \in K$.よって,$g = k\exp(\mathrm{ad}(X))$ となる.

(単射性) $k_1, k_2 \in K$,$X_1, X_2 \in \mathfrak{p}$ について
$$k_1 \exp\mathrm{ad}(X_1) = k_2 \exp\mathrm{ad}(X_2)$$
とすると,両辺に Θ を作用させて
$$k_1 \exp(-\mathrm{ad}(X_1)) = k_2 \exp(-\mathrm{ad}(X_2))$$
であるので,
$$\exp(\mathrm{ad}(2X_1)) = \exp(\mathrm{ad}(2X_2))$$
である.$\mathfrak{g}$ の正定値内積 $-B_\theta(\ ,\ )$ に関する正規直交基底に関して,$\mathrm{ad}(2X_1)$,$\mathrm{ad}(2X_2)$ は実対称行列で表わされるので,例 7.3 で示したように,
$$\mathrm{ad}(2X_1) = \mathrm{ad}(2X_2)$$
が成り立つ.$\mathrm{ad}: \mathfrak{g} \to \mathfrak{gl}(\mathfrak{g})$ は単射であるので,
$$X_1 = X_2$$
であり,$k_1 = k_2$ も成り立つ.

(regularity) $K \times \mathfrak{p} \ni (k, X) \mapsto g = k\exp\mathrm{ad}(X) \in G$ の逆写像が解析的であることを示せばよい.$\exp\mathrm{ad}(2X) = \Theta(g)^{-1}g$ は $g \in G$ に関して解析的である.また,$\mathrm{ad}(2X)$ は $-B_\theta(\ ,\ )$ に関する $\mathfrak{g}$ の正規直交基底に関して実対称行列

で表わせるので，例 7.3 (4) により，$\exp \mathrm{ad}(2X)$ の近傍で $\exp: \mathfrak{gl}(\mathfrak{g}) \to GL(\mathfrak{g})$ の逆写像 $\log$ は解析的である．$\mathrm{ad}_\mathfrak{g} \ni \mathrm{ad}(2X) \mapsto X \in \mathfrak{g}$ については線形同型であるので解析的である．以上により，$g \mapsto X$ の解析性がわかった．これから $g \mapsto k = g\exp(-\mathrm{ad}(X))$ の解析性も従う．

(2) G は $K \times \mathfrak{p}$ と位相同型であって，$G = \mathrm{Int}(\mathfrak{g})$ は連結だから，K も連結である． $\square$

7.4.2　G が単連結のとき

次に，G を $\mathfrak{g}$ をリー環に持つ連結単連結リー群とする．このとき，定理 1.3 により，G の対合 θ であってその微分が θ であるものがただ 1 つ定まり，G の閉部分群 $K = \{g \in G \mid \theta(g) = g\}$ が定義できる．G の中心を Z とし，

$$K_Z = \{g \in G \mid \theta(g) \in gZ\}$$

とおく．

命題 7.5　(1) K_Z は連結である．

(2) $K_Z = K$

(3) Z は K に含まれる．

(4) 写像 $\varphi: K \times \mathfrak{p} \ni (k, X) \mapsto g = k\exp X \in G$ は解析的微分同型である．

証明　(1) $\mathfrak{g}$ は半単純だから Z は離散群であって，

$$\mathrm{Ad}: G \to G/Z \cong \mathrm{Int}(\mathfrak{g})$$

は被覆写像である．K_Z は Z を含むが，命題 7.4 により

$$(K_Z/Z) \times \mathfrak{p} \ni (kZ, X) \mapsto (k\exp X)Z \in G/Z$$

は解析的微分同型である．よって，

$$G/K_Z \cong (G/Z)/(K_Z/Z) \cong \mathfrak{p}$$

である．K_Z の単位元の連結成分を $(K_Z)_0$ とすると，写像 $G/(K_Z)_0 \ni g(K_Z)_0 \mapsto gK_Z \in G/K_Z$ は被覆写像であるが，$G/K_Z \cong \mathfrak{p}$ は単連結であるので，これは全単射である．よって K_Z は連結である．

(2) $K_Z \ni k \mapsto \theta(k)^{-1}k \in Z$ は連続写像であって，Z は離散群だから，

$$\theta(k)^{-1}k = e \quad \text{for } k \in K_Z$$

である．よって $K_Z = K$ である．

(3) $Z \subset K_Z$ だから (2) により $Z \subset K$．

(4) （全射性）任意の $g \in G$ に対し，命題 7.4 により

$$gZ = kZ \exp X$$

を満たす $k \in K$, $X \in \mathfrak{p}$ が存在する．よって，

$$g = kz \exp X$$

を満たす $z \in Z \subset K$ が存在するので，φ は全射である．

（単射性）$k_1, k_2 \in K$, $X_1, X_2 \in \mathfrak{p}$ に対し，$k_1 \exp X_1 = k_2 \exp X_2 = g$ とすると，

$$k_1 Z \exp X_1 = k_2 Z \exp X_2$$

であるから，命題 7.4 により $k_1 Z = k_2 Z$, $X_1 = X_2$ である．よって

$$k_1 = g \exp(-X_1) = g \exp(-X_2) = k_2$$

である．

（regularity）写像 $\varphi : K \times \mathfrak{p} \ni (k, X) \mapsto g = k \exp X \in G$ は局所的に

$$(K/Z) \times \mathfrak{p} \ni (kZ, X) \mapsto g = kZ \exp X \in G/Z$$

と同じであるので，命題 7.4 によりこれは解析的微分同型である． □

7.4.3　G が一般のとき

最後に，G は $\mathfrak{g}$ をリー環に持つ任意の連結リー群とすると，G の普遍被覆群 $\widetilde{G}$ の中心 $\widetilde{Z}$ のある部分群 Γ が存在して，

$$G \cong \widetilde{G}/\Gamma$$

である．$\widetilde{G}$ のカルタン対合を $\widetilde{\theta}$ とし，$\widetilde{K} = \{g \in \widetilde{G} \mid \widetilde{\theta}(g) = g\}$ とする．

定理 7.6　(1) G の対合 θ であって，その微分が $\theta : \mathfrak{g} \to \mathfrak{g}$ であるものがただ 1 つ存在する．（これを G のカルタン対合という．）

(2) $K = \{g \in G \mid \theta(g) = g\}$ は連結であって，G の中心 Z を含む．

(3) $\varphi: K \times \mathfrak{p} \ni (k, X) \mapsto g = k \exp X \in G$ は解析的微分同型である[4]．

証明 (1) 命題 7.5 (3) により $\Gamma \subset \widetilde{K}$ であるので，$\widetilde{G}/\Gamma \ni g\Gamma \mapsto \widetilde{\theta}(g)\Gamma \in \widetilde{G}/\Gamma$ によって $\theta: G \to G$ が定義できる．

(2) $\widetilde{K}_\Gamma = \{g \in \widetilde{G} \mid \widetilde{\theta}(g) \in g\Gamma\}$ とおくと，$\widetilde{K}_\Gamma/\Gamma \cong K$ である．

$$\widetilde{K} \subset \widetilde{K}_\Gamma \subset \widetilde{K}_{\widetilde{Z}}$$

であり，命題 7.5 (1), (2) により $\widetilde{K}$ は $\widetilde{K}_{\widetilde{Z}}$ に等しく，連結である．よって $\widetilde{K} = \widetilde{K}_\Gamma$ であり，$K \cong \widetilde{K}_\Gamma/\Gamma$ は連結である．

命題 7.5 (3) により $\widetilde{K}$ は中心 $\widetilde{Z}$ を含むので，$K \cong \widetilde{K}/\Gamma$ は G の中心 $Z \cong \widetilde{Z}/\Gamma$ を含む．

(3) $G \cong \widetilde{G}/\Gamma$, $K \cong \widetilde{K}/\Gamma$ だから，命題 7.5 (4) により明らか． □

---

[4] 対称空間 $G/K \cong \mathfrak{p}$ 上に G-不変な正定値リーマン計量が入るので，G/K はノンコンパクト型リーマン対称空間 (Riemannian symmetric space of noncompact type) と呼ばれる．その測地線は $(g \exp tX)K$ $(g \in G, X \in \mathfrak{p})$ と書ける ([15] 等).

付録

A.1　定理 5.11 の証明

補題 A.1　(de Siebenthal [11] Chap. II, § 2) 自明でないコンパクトリー環 $\mathfrak{g}$（半単純）の自己同型 σ について，$\dim \mathfrak{g}^\sigma \geq 1$ である．

証明　$\mathfrak{g}$ をリー環に持つ単連結な連結リー群を G とすると，定理 1.3 により σ は G の自己同型 σ に持ち上がる．$\mathfrak{g}^\sigma = \{0\}$ を仮定して，矛盾を導けばよい．線形写像
$$\mathfrak{g} \ni X \mapsto X - \sigma(X) \in \mathfrak{g}$$
の核が $\{0\}$ であるから，この写像は全射である．よって，集合 $S = \{g\sigma(g)^{-1} \mid g \in G\}$ は e の近傍を含む．さらに，
$$G \times G \ni (g, x) \mapsto gx\sigma(g)^{-1} \in G$$
は G の G への作用であるから，S は e を通る開軌道であり，G の開部分集合であることがわかる．一方，G はコンパクトだから S もコンパクトであり，G の閉部分集合である．よって
$$G = S = \{g\sigma(g)^{-1} \mid g \in G\} \tag{A.1}$$
である．

$\mathfrak{t}$ を $\mathfrak{g}$ の極大トーラスとし，$\mathfrak{t}_0$ をワイル領域とする．$\sigma\mathfrak{t}$ も $\mathfrak{g}$ の極大トーラスだから，定理 2.16 により $\mathrm{Ad}(g)\sigma\mathfrak{t} = \mathfrak{t}$ となる $g \in G$ が存在する．さらに，$\mathrm{Ad}(g)\sigma\mathfrak{t}_0$ は $\mathfrak{t}$ のワイル領域だから，$\mathrm{Ad}(g')\mathrm{Ad}(g)\sigma\mathfrak{t}_0 = \mathfrak{t}_0$ となる $g' \in N_G(\mathfrak{t})$ が存在する．(A.1) により $h\sigma(h)^{-1} = g'g$ となる $h \in G$ を取れば，
$$\mathfrak{t}_0 = \mathrm{Ad}(h\sigma(h)^{-1})\sigma\mathfrak{t}_0 = \mathrm{Ad}(h)\sigma\mathrm{Ad}(h)^{-1}\mathfrak{t}_0$$

となって

$$\sigma \mathrm{Ad}(h)^{-1}\mathfrak{t}_0 = \mathrm{Ad}(h)^{-1}\mathfrak{t}_0$$

が成り立つ．すなわち，σ は $\mathfrak{g}$ の極大トーラス $\mathfrak{t}' = \mathrm{Ad}(h)^{-1}\mathfrak{t}$ のワイル領域 $\mathfrak{t}'_0 = \mathrm{Ad}(h)^{-1}\mathfrak{t}_0$ をそれ自身に移す．$Y \in \mathfrak{t}'_0$ を取り，$\sigma^k \in Z_G(\mathfrak{t}')$ となる自然数 k に対し，

$$Y_0 = \frac{1}{k}(Y + \sigma(Y) + \cdots + \sigma^{k-1}(Y)) \in \mathfrak{t}'_0$$

とおけば，$\sigma(Y_0) = Y_0$ となり，$\mathfrak{g}^\sigma = \{0\}$ に矛盾する． □

定理 5.11 の証明 任意の $x \in G^\sigma$ に対し，$x \in G_0^\sigma$ であることを示せばよい．まず x が正則元のときを考える．このとき，$\mathfrak{t} = \mathfrak{g}^x = \{X \in \mathfrak{g} \mid \mathrm{Ad}(x)X = X\}$ は $\mathfrak{g}$ の極大トーラスであり，$\sigma\mathfrak{t} = \mathfrak{t}$ である．$x \in T = \exp\mathfrak{t}$ であるが，$x = \exp X$ となる $X \in \mathfrak{t}$ は超平面の族 $\widetilde{\mathcal{H}}(\mathfrak{t}) = \{H_{\alpha, k} \mid \alpha \in \Delta, k \in \mathbb{Z}\}$ (ただし，$H_{\alpha,k} = \{X \in \mathfrak{t} \mid \alpha(X) = 2\pi i k\}$) に関する正則元なので，それを含むワイル領域 $\widetilde{\mathfrak{t}}_0$ がただ 1 つ存在する．X に $\Gamma = \exp^{-1}(e)$ の元を加えても x は変わらず，$\widetilde{\mathcal{H}}(\mathfrak{t})$ に関するアフィンワイル群 $\widetilde{W}$ について

$$\widetilde{W} = W \ltimes \Gamma$$

であるので，X を取り直して，$\widetilde{\mathfrak{t}}_0^{cl}$ が 0 を含むようにできる．$\sigma(x) = x$ であるから，

$$X = \sigma(X) + \gamma \quad \text{for some } \gamma \in \Gamma$$

と書ける．よって

$$\widetilde{\mathfrak{t}}_0^{cl} = \sigma\widetilde{\mathfrak{t}}_0^{cl} + \gamma$$

であるので，$0, \gamma \in \widetilde{\mathfrak{t}}_0^{cl}$ であるが，$\Gamma \subset \widetilde{W}$ であるので，系 3.4 (ii) により

$$\gamma = 0$$

が従う．以上により

$$\sigma(X) = X$$

である．任意の $s \in [0,1]$ に対し，$\sigma(\exp sX) = \exp sX$ だから $x = \exp X \in G_0^\sigma$ が示された．

$x \in G^\sigma$ が正則でないときは，次のように $\dim \mathfrak{g}^x$ に関する帰納法で示される[1]．$\dim \mathfrak{g}^x = k$ とする．$\dim \mathfrak{g}^y < k$ を満たすすべての $y \in G^\sigma$ に対し $y \in G_0^\sigma$ を仮定してよい．$\mathfrak{g}^x$ の半単純部分 $\mathfrak{h} \neq \{0\}$ に対し $\sigma\mathfrak{h} = \mathfrak{h}$ であるので，補題 A.1 により $\mathfrak{h}^\sigma \neq \{0\}$ である．$\mathfrak{h}^\sigma$ の 0 でない元 Y を取り，$y(s) = x \exp sY \in G^\sigma$ とおくとき，十分小さな $\varepsilon > 0$ に対し，$\dim \mathfrak{g}^{y(s)} < k$ for $s \in (0, \varepsilon)$ であるので，

$$x = \lim_{s \to 0} y(s) \in G_0^\sigma$$

が成り立つ． □

A.2 単純リー環の構成

この節では，任意の既約な被約ルート系に対して，複素単純リー環を構成する標準的方法を紹介する．

A.2.1 自由リー環

複素ベクトル空間 A 上に積と呼ばれる双線形写像

$$A \times A \ni (a, b) \mapsto ab \in A$$

が定義されていて，結合法則

$$(ab)c = a(bc) \quad \text{for } a, b, c \in A$$

が成り立つとき，A を $\mathbb{C}$-代数 ($\mathbb{C}$-algebra) という．

有限個の文字の集合 $I = \{x_1, \ldots, x_n\}$ に対し，n 次元ベクトル空間

$$V = \mathbb{C}x_1 \oplus \cdots \oplus \mathbb{C}x_n$$

上のテンソル代数

$$T(V) = \mathbb{C} \oplus V \oplus (V \otimes V) \oplus (V \otimes V \otimes V) \oplus \cdots$$

はテンソル積 $T(V) \times T(V) \ni (x, y) \mapsto x \otimes y \in T(V)$ によって $\mathbb{C}$-代数である．$T(V)$ は I で生成される**自由代数** (free algebra) とも呼ばれる．$T(V)$ 上に括弧

---

[1] Borel [2] では，x の近傍に正則な G^σ の元が存在することを直接的に証明している．ここに書いたように，帰納法を用いる方が簡単であろう．

積を
$$[x,y] = x \otimes y - y \otimes x$$
によって定義する．ヤコビ恒等式
$$[[x,y],z] + [[y,z],x] + [[z,x],y] = 0$$
は容易に確かめられるので，$T(V)$ はリー環の構造も持つ．V によって生成される $T(V)$ の部分リー環 $L(V) = L(I)$ を I で生成される**自由リー環** (free Lie algebra) という．

A.2.2　複素単純リー環の構成

Δ を既約な被約ルート系とし，Ψ を Δ の 1 つの基本系とする．ルート系の公理 (ⅱ) により，任意の $\alpha, \beta \in \Delta$ に対し
$$n(\alpha, \beta) = \frac{2(\alpha, \beta)}{(\alpha, \alpha)}$$
は整数である．$\alpha, \beta \in \Psi$ に対する $n(\alpha, \beta)$ を**カルタン整数** (Cartan integer) といい，行列 $\{n(\alpha, \beta)\}_{\alpha, \beta \in \Psi}$ を**カルタン行列** (Cartan matrix) という．Ψ の性質により，カルタン行列の対角成分は 2 でその他の成分は 0 または負の整数である．

$2|\Psi|$ 個の文字の集合 $I = \{x_\alpha \mid \alpha \in \Psi\} \sqcup \{x_{-\alpha} \mid \alpha \in \Psi\}$ で生成される自由リー環 $L(I)$ において，次の 5 種類の形のすべての元で生成されるイデアルを $\mathcal{I}$ とし，(A.2), (A.3), (A.4) で生成されるイデアルを $\widetilde{\mathcal{I}}$ とする．

$$[x_{-\alpha}, x_\beta] \qquad (\alpha, \beta \in \Psi, \alpha \neq \beta) \qquad \text{(A.2)}$$
$$[[x_{-\alpha}, x_\alpha], x_\beta] - n(\alpha, \beta) x_\beta \qquad (\alpha, \beta \in \Psi) \qquad \text{(A.3)}$$
$$[[x_{-\alpha}, x_\alpha], x_{-\beta}] + n(\alpha, \beta) x_{-\beta} \qquad (\alpha, \beta \in \Psi) \qquad \text{(A.4)}$$
$$(\mathrm{ad}(x_\alpha))^{-n(\alpha, \beta)+1} x_\beta \qquad (\alpha, \beta \in \Psi, \alpha \neq \beta) \qquad \text{(A.5)}$$
$$(\mathrm{ad}(x_{-\alpha}))^{-n(\alpha, \beta)+1} x_{-\beta} \qquad (\alpha, \beta \in \Psi, \alpha \neq \beta) \qquad \text{(A.6)}$$

$\alpha \in \Psi$ に対し，$y_\alpha = [x_{-\alpha}, x_\alpha]$ とおく．(A.3), (A.4) により $\alpha, \beta \in \Psi$ に対し，
$$[y_\alpha, x_\beta] - n(\alpha, \beta) x_\beta,\ [y_\alpha, x_{-\beta}] + n(\alpha, \beta) x_{-\beta} \in \widetilde{\mathcal{I}}$$
である．よって

$$[y_\alpha, y_\beta] = [y_\alpha, [x_{-\beta}, x_\beta]]$$
$$= [[y_\alpha, x_{-\beta}], x_\beta] + [x_{-\beta}, [y_\alpha, x_\beta]]$$
$$\in [-n(\alpha,\beta)x_{-\beta}, x_\beta] + [x_{-\beta}, n(\alpha,\beta)x_\beta] + \widetilde{\mathcal{I}} = \widetilde{\mathcal{I}}$$

である. $\mathfrak{g} = L(I)/\mathcal{I}$, $\widetilde{\mathfrak{g}} = L(I)/\widetilde{\mathcal{I}}$ とおく. 自然な準同型写像 $L(I) \to \mathfrak{g}$, $L(I) \to \widetilde{\mathfrak{g}}$ をそれぞれ π, $\widetilde{\pi}$ で表わし, 各 $\alpha \in \Psi$ に対し,

$$X_\alpha = \pi(x_\alpha), \quad X_{-\alpha} = \pi(x_{-\alpha}), \quad Y_\alpha = \pi(y_\alpha)$$
$$\widetilde{X}_\alpha = \widetilde{\pi}(x_\alpha), \quad \widetilde{X}_{-\alpha} = \widetilde{\pi}(x_{-\alpha}), \quad \widetilde{Y}_\alpha = \widetilde{\pi}(y_\alpha)$$

とおく. この節 (A.2 節) の目標は次の定理である.

定理 A.2 (ⅰ) $\mathfrak{h} = \bigoplus_{\alpha \in \Psi} \mathbb{C} Y_\alpha$ は $\mathfrak{g}$ の可換部分リー環である.

(ⅱ) 任意の $\gamma \in \Delta$ に対し, これを $\gamma(Y_\alpha) = 2(\alpha,\gamma)/(\alpha,\alpha)$ を満たす $\mathfrak{h}$ 上の複素線形形式と見なすと, ルート空間分解

$$\mathfrak{g} = \mathfrak{h} \oplus \bigoplus_{\gamma \in \Delta} \mathfrak{g}(\mathfrak{h},\gamma)$$

が成り立ち, 任意の $\gamma \in \Delta$ に対し

$$\dim \mathfrak{g}(\mathfrak{h},\gamma) = 1$$

である.

A.2.3 $\widetilde{\mathfrak{g}}$ の構造

まず $\widetilde{\mathfrak{g}}$ の構造を調べよう. $V_- = \bigoplus_{\alpha \in \Psi} \mathbb{C} x_{-\alpha}$ 上のテンソル代数 $T(V_-)$ の上に, 次のように $c = \{c_\alpha\} \in \mathbb{C}^{|\Psi|}$ でパラメトライズされる $L(I)$ の表現 $\varphi = \varphi_c$ を構成する. 各 $\alpha \in \Psi$, $v = x_{-\alpha_1} \otimes \cdots \otimes x_{-\alpha_m} \in V_-^{\otimes m}$ に対し, $c_{\alpha,v} = c_\alpha - n(\alpha, \alpha_1 + \cdots + \alpha_m)$ とおくとき

(ⅰ) $\varphi(x_{-\alpha})(v) = x_{-\alpha} \otimes v$

(ⅱ) $\varphi(x_\alpha)1 = 0$, $\varphi(x_\alpha)(x_{-\beta} \otimes v) = x_{-\beta} \otimes \varphi(x_\alpha)v - \delta_{\alpha\beta} c_{\alpha,v} v$ for $\beta \in \Psi$ (帰納的定義)

と定義する.

(i), (ii) により，$y_\alpha = [x_{-\alpha}, x_\alpha]$ については

$$\begin{aligned}
\varphi(y_\alpha)v &= \varphi(x_{-\alpha})\varphi(x_\alpha)v - \varphi(x_\alpha)\varphi(x_{-\alpha})v \\
&= x_{-\alpha} \otimes \varphi(x_\alpha)v - \varphi(x_\alpha)(x_{-\alpha} \otimes v) \\
&= c_{\alpha,v} v
\end{aligned} \tag{A.7}$$

が成り立つ．

命題 A.3 $\varphi(\widetilde{\mathcal{I}}) = \{0\}$ （したがって，φ は $\widetilde{\mathfrak{g}}$ の表現を定義する．）

証明 (A.2), (A.3), (A.4) のすべての元の φ による像が 0 であることを示せばよい．

まず，(A.2) については (A.7) と同様にして

$$\begin{aligned}
\varphi([x_{-\alpha}, x_\beta])v &= \varphi(x_{-\alpha})\varphi(x_\beta)v - \varphi(x_\beta)\varphi(x_{-\alpha})v \\
&= x_{-\alpha} \otimes \varphi(x_\beta)v - \varphi(x_\beta)(x_{-\alpha} \otimes v) \\
&= 0
\end{aligned} \tag{A.8}$$

次に，(A.4) について示す．

$$\begin{aligned}
&\varphi([y_\alpha, x_{-\beta}] + n(\alpha,\beta)x_{-\beta})v \\
&= \varphi(y_\alpha)\varphi(x_{-\beta})v - \varphi(x_{-\beta})\varphi(y_\alpha)v + n(\alpha,\beta)\varphi(x_{-\beta})v \\
&= c_{\alpha, x_{-\beta} \otimes v} x_{-\beta} \otimes v - c_{\alpha,v} x_{-\beta} \otimes v + n(\alpha,\beta) x_{-\beta} \otimes v \\
&= 0
\end{aligned} \tag{A.9}$$

最後に，(A.3) について示す．

$$\varphi([y_\alpha, x_\beta] - n(\alpha,\beta)x_\beta)1 = \varphi(y_\alpha)\varphi(x_\beta)1 - \varphi(x_\beta)\varphi(y_\alpha)1 - n(\alpha,\beta)\varphi(x_\beta)1 = 0$$

であるから，帰納的に，

$$\varphi([y_\alpha, x_\beta] - n(\alpha,\beta)x_\beta)v = 0$$

を仮定して，任意の $\gamma \in \Psi$ に対して

$$\varphi([y_\alpha, x_\beta] - n(\alpha,\beta)x_\beta)(x_{-\gamma} \otimes v) = 0$$

を示せばよい．そのためには

$$\varphi([[y_\alpha, x_\beta] - n(\alpha,\beta)x_\beta, x_{-\gamma}]) = 0$$

を示せばよい．(A.7) から導かれる

$$\varphi([y_\alpha, y_\beta]) = 0$$

および (A.8), (A.9) を用いて

$$\begin{aligned}
&\varphi([[y_\alpha, x_\beta] - n(\alpha,\beta)x_\beta, x_{-\gamma}]) \\
&= \varphi([y_\alpha, [x_\beta, x_{-\gamma}]] - [x_\beta, [y_\alpha, x_{-\gamma}]] - n(\alpha,\beta)[x_\beta, x_{-\gamma}]) \\
&= \varphi(-[y_\alpha, \delta_{\beta\gamma}y_\beta] - [x_\beta, -n(\alpha,\gamma)x_{-\gamma}] + n(\alpha,\beta)\delta_{\beta\gamma}y_\beta) \\
&= \varphi(-n(\alpha,\gamma)\delta_{\beta\gamma}y_\beta + n(\alpha,\beta)\delta_{\beta\gamma}y_\beta) \\
&= 0
\end{aligned}$$

となり，示された．□

系 A.4 （ⅰ）$\{\widetilde{Y}_\alpha \mid \alpha \in \Psi\}$ は 1 次独立である．
（ⅱ）任意の $\alpha \in \Psi$ に対し，$\widetilde{X}_\alpha \neq 0$, $\widetilde{X}_{-\alpha} \neq 0$ である．

証明（ⅰ）$Y = \sum_{\beta \in \Psi} b_\beta \widetilde{Y}_\beta = 0$ とする．任意の $\alpha \in \Psi$ に対し，$c = \{c_\beta\} \in \mathbb{C}^{|\Psi|}$ を $c_\beta = \delta_{\alpha\beta}$ によって定義すると，

$$0 = \varphi_c(Y)1 = \sum_{\beta \in \Psi} b_\beta \varphi_c(\widetilde{Y}_\beta)1 = \sum_{\beta \in \Psi} b_\beta \delta_{\alpha\beta} = b_\alpha$$

よって，$\{\widetilde{Y}_\alpha \mid \alpha \in \Psi\}$ は 1 次独立である．

（ⅱ）任意の $\alpha \in \Psi$ に対し，$[\widetilde{X}_{-\alpha}, \widetilde{X}_\alpha] = \widetilde{Y}_\alpha$ であり，（ⅰ）により $\widetilde{Y}_\alpha \neq 0$ だから，$\widetilde{X}_\alpha \neq 0$, $\widetilde{X}_{-\alpha} \neq 0$ である． □

$\widetilde{Y}_\alpha$ の定義により，

$$[\widetilde{X}_{-\alpha}, \widetilde{X}_\alpha] = \widetilde{Y}_\alpha$$

であり，(A.2), (A.3), (A.4) が $\widetilde{\mathcal{I}}$ の元であるので，

$$[\widetilde{X}_{-\alpha}, \widetilde{X}_\beta] = 0 \qquad (\alpha,\beta \in \Psi, \alpha \neq \beta) \qquad (A.10)$$

$$[\widetilde{Y}_\alpha, \widetilde{X}_\beta] = n(\alpha,\beta)\widetilde{X}_\beta \qquad (\alpha,\beta \in \Psi) \qquad (A.11)$$

$$[\widetilde{Y}_\alpha, \widetilde{X}_{-\beta}] = -n(\alpha,\beta)\widetilde{X}_{-\beta} \quad (\alpha,\beta \in \Psi) \tag{A.12}$$

$$[\widetilde{Y}_\alpha, \widetilde{Y}_\beta] = 0 \quad\quad\quad\quad (\alpha,\beta \in \Psi) \tag{A.13}$$

が成り立つことに注意する.

$\widetilde{\mathfrak{h}} = \sum_{\alpha\in\Psi} \mathbb{C}\widetilde{Y}_\alpha$ とおき,$\{\widetilde{X}_\alpha \mid \alpha \in \Psi\}$ で生成される $\widetilde{\mathfrak{g}}$ の部分リー環を $\widetilde{\mathfrak{n}}^+$,$\{\widetilde{X}_{-\alpha} \mid \alpha \in \Psi\}$ で生成される $\widetilde{\mathfrak{g}}$ の部分リー環を $\widetilde{\mathfrak{n}}^-$ で表わす.自然数 m に対し,

$$\mathrm{ad}(\widetilde{X}_{\alpha_m})\cdots\mathrm{ad}(\widetilde{X}_{\alpha_2})\widetilde{X}_{\alpha_1}\ (\alpha_1,\ldots,\alpha_m \in \Psi)$$

の形の元の 1 次結合のなす $\widetilde{\mathfrak{n}}^+$ の部分空間を $\widetilde{\mathfrak{n}}^+_m$ とする.

補題 A.5 任意の $\alpha \in \Psi$ に対し,
(i) $\mathrm{ad}(\widetilde{X}_\alpha)\widetilde{\mathfrak{n}}^+_m \subset \widetilde{\mathfrak{n}}^+_{m+1}$
(ii) $\mathrm{ad}(\widetilde{Y}_\alpha)\widetilde{\mathfrak{n}}^+_m \subset \widetilde{\mathfrak{n}}^+_m$
(iii) $\mathrm{ad}(\widetilde{X}_{-\alpha})\widetilde{\mathfrak{n}}^+_1 \subset \mathbb{C}\widetilde{Y}_\alpha$
(iv) $m \geq 2$ のとき,$\mathrm{ad}(\widetilde{X}_{-\alpha})\widetilde{\mathfrak{n}}^+_m \subset \widetilde{\mathfrak{n}}^+_{m-1}$

証明 (i) は明らかである.

(ii) m についての帰納法で証明しよう.$m=1$ のときは,(A.11) により成り立つ.$m \geq 2$ とし,$\mathrm{ad}(\widetilde{Y}_\alpha)\widetilde{\mathfrak{n}}^+_{m-1} \subset \widetilde{\mathfrak{n}}^+_{m-1}$ を仮定する.

$$X' = \mathrm{ad}(\widetilde{X}_{\alpha_{m-1}})\cdots\mathrm{ad}(\widetilde{X}_{\alpha_2})\widetilde{X}_{\alpha_1},\ X = [\widetilde{X}_{\alpha_m}, X']\quad (\alpha_1,\ldots,\alpha_m \in \Psi)$$

とするとき,(A.11) と帰納法の仮定により

$$\begin{aligned}[\widetilde{Y}_\alpha, X] &= [\widetilde{Y}_\alpha, [\widetilde{X}_{\alpha_m}, X']] \\ &= [[\widetilde{Y}_\alpha, \widetilde{X}_{\alpha_m}], X'] + [\widetilde{X}_{\alpha_m}, [\widetilde{Y}_\alpha, X']] \\ &\subset [n(\alpha,\alpha_m)\widetilde{X}_{\alpha_m}, X'] + [\widetilde{X}_{\alpha_m}, \widetilde{\mathfrak{n}}^+_{m-1}] \\ &\subset \widetilde{\mathfrak{n}}^+_m\end{aligned}$$

となるので,成り立つ.

(iii) $\alpha_1 \neq \alpha$ のとき,(A.10) により $[\widetilde{X}_{-\alpha}, \widetilde{X}_{\alpha_1}] = 0$ であり,$\alpha_1 = \alpha$ のとき,$\widetilde{Y}_\alpha$ の定義により $[\widetilde{X}_{-\alpha}, \widetilde{X}_{\alpha_1}] = \widetilde{Y}_\alpha$ である.よって,$\mathrm{ad}(\widetilde{X}_{-\alpha})\widetilde{\mathfrak{n}}^+_1 \subset \mathbb{C}\widetilde{Y}_\alpha$ が成り立つ.

(iv) m についての帰納法で証明しよう．$m=2$ のとき，(iii) と (A.11) により，$\alpha_1, \alpha_2 \in \Psi$ に対し

$$[\widetilde{X}_{-\alpha},[\widetilde{X}_{\alpha_2},\widetilde{X}_{\alpha_1}]] = [[\widetilde{X}_{-\alpha},\widetilde{X}_{\alpha_2}],\widetilde{X}_{\alpha_1}] + [\widetilde{X}_{\alpha_2},[\widetilde{X}_{-\alpha},\widetilde{X}_{\alpha_1}]]$$
$$\subset [\mathbb{C}\widetilde{Y}_\alpha, \widetilde{X}_{\alpha_1}] + [\widetilde{X}_{\alpha_2}, \mathbb{C}\widetilde{Y}_\alpha]$$
$$\subset \mathbb{C}\widetilde{X}_{\alpha_1} + \mathbb{C}\widetilde{X}_{\alpha_2} \subset \widetilde{\mathfrak{n}}_1^+$$

となり，成り立つ．

$m \geq 3$ とし，$\mathrm{ad}(\widetilde{X}_{-\alpha})\widetilde{\mathfrak{n}}_{m-1}^+ \subset \widetilde{\mathfrak{n}}_{m-2}^+$ を仮定する．(ⅱ) の X, X' に対し，(ⅱ)，(iii) および帰納法の仮定を用いて

$$[\widetilde{X}_{-\alpha}, X] = [\widetilde{X}_{-\alpha}, [\widetilde{X}_{\alpha_m}, X']]$$
$$= [[\widetilde{X}_{-\alpha}, \widetilde{X}_{\alpha_m}], X'] + [\widetilde{X}_{\alpha_m}, [\widetilde{X}_{-\alpha}, X']]$$
$$\subset [\mathbb{C}\widetilde{Y}_\alpha, \widetilde{\mathfrak{n}}_{m-1}^+] + [\widetilde{X}_{\alpha_m}, \widetilde{\mathfrak{n}}_{m-2}^+] = \widetilde{\mathfrak{n}}_{m-1}^+$$

となり，成り立つ． □

$\widetilde{\mathfrak{n}}_m^+$ と同様にして，$\widetilde{\mathfrak{n}}^-$ の部分空間 $\widetilde{\mathfrak{n}}_m^-$ を定義するとき，補題 A.5 と同様にして次も成り立つ．

補題 A.6 任意の $\alpha \in \Psi$ に対し，
(ⅰ) $\mathrm{ad}(\widetilde{X}_{-\alpha})\widetilde{\mathfrak{n}}_m^- \subset \widetilde{\mathfrak{n}}_{m+1}^-$
(ⅱ) $\mathrm{ad}(\widetilde{Y}_\alpha)\widetilde{\mathfrak{n}}_m^- \subset \widetilde{\mathfrak{n}}_m^-$
(iii) $\mathrm{ad}(\widetilde{X}_\alpha)\widetilde{\mathfrak{n}}_1^- \subset \mathbb{C}\widetilde{Y}_\alpha$
(iv) $m \geq 2$ のとき，$\mathrm{ad}(\widetilde{X}_\alpha)\widetilde{\mathfrak{n}}_m^- \subset \widetilde{\mathfrak{n}}_{m-1}^-$

補題 A.5 および補題 A.6 により次が成り立つ．

系 A.7 $\widetilde{\mathfrak{g}} = \widetilde{\mathfrak{n}}^- + \widetilde{\mathfrak{h}} + \widetilde{\mathfrak{n}}^+$

Ψ の任意の元 β を自然に

$$\beta(\widetilde{Y}_\alpha) = n(\alpha, \beta) \quad \text{for all } \alpha \in \Psi$$

によって定義される $\widetilde{\mathfrak{h}}$ 上の複素線形形式と見なす．$X = \mathrm{ad}(\widetilde{X}_{\alpha_m}) \cdots \mathrm{ad}(\widetilde{X}_{\alpha_2})\widetilde{X}_{\alpha_1}$ に対し，

$$[\widetilde{Y}_\alpha, X] = (\alpha_1 + \cdots + \alpha_m)(\widetilde{Y}_\alpha)X$$

であるから，Ψ の m 個の元の和で表わされる $\widetilde{\mathfrak{h}}^*$ の元の集合を Q_m とすると，$\widetilde{\mathfrak{n}}_m^+$ は次のようにルート空間分解される．

$$\widetilde{\mathfrak{n}}_m^+ = \bigoplus_{\lambda \in Q_m} \widetilde{\mathfrak{n}}_m^+(\widetilde{\mathfrak{h}}, \lambda)$$

ただし，$\widetilde{\mathfrak{g}}$ の任意の部分空間 S に対し $S(\widetilde{\mathfrak{h}}, \lambda) = \{X \in S \mid [Y, X] = \lambda(Y)X \text{ for all } Y \in \widetilde{\mathfrak{h}}\}$ とする．$\widetilde{\mathfrak{n}}_m^-$ についても同様にして

$$\widetilde{\mathfrak{n}}_m^- = \bigoplus_{\lambda \in -Q_m} \widetilde{\mathfrak{n}}_m^-(\widetilde{\mathfrak{h}}, \lambda)$$

と分解できる．

$$Q = (\bigsqcup_{m=1}^\infty Q_m) \sqcup (\bigsqcup_{m=1}^\infty (-Q_m))$$

とおくとき，これは disjoint union であるので，系 A.7 により

$$\widetilde{\mathfrak{n}}_m^+(\widetilde{\mathfrak{h}}, \lambda) = \widetilde{\mathfrak{g}}(\widetilde{\mathfrak{h}}, \lambda) \quad \text{for } \lambda \in Q_m,$$
$$\widetilde{\mathfrak{n}}_m^-(\widetilde{\mathfrak{h}}, \lambda) = \widetilde{\mathfrak{g}}(\widetilde{\mathfrak{h}}, \lambda) \quad \text{for } \lambda \in -Q_m$$

であって，$\widetilde{\mathfrak{g}}$ のルート空間分解

$$\widetilde{\mathfrak{g}} = \widetilde{\mathfrak{h}} \oplus \bigoplus_{\lambda \in Q} \widetilde{\mathfrak{g}}(\widetilde{\mathfrak{h}}, \lambda) \tag{A.14}$$

が成り立つ．特に，系 A.7 の分解が直和分解であることもわかり，$Q_+ = \bigsqcup_{m=1}^\infty Q_m$, $Q_- = \bigsqcup_{m=1}^\infty (-Q_m)$ とおくと，

$$\widetilde{\mathfrak{n}}^+ = \bigoplus_{\lambda \in Q_+} \widetilde{\mathfrak{g}}(\widetilde{\mathfrak{h}}, \lambda), \quad \widetilde{\mathfrak{n}}^- = \bigoplus_{\lambda \in Q_-} \widetilde{\mathfrak{g}}(\widetilde{\mathfrak{h}}, \lambda)$$

である．

A.2.4 $\widetilde{\pi}(\mathcal{I})$ の構造

(A.5), (A.6) により，$\widetilde{\mathfrak{g}}$ のイデアル $\widetilde{\pi}(\mathcal{I})$ は次の元で生成される．

$$\widetilde{Z}_{\alpha,\beta}^+ = \text{ad}(\widetilde{X}_\alpha)^{-n(\alpha,\beta)+1} \widetilde{X}_\beta,$$

$$\widetilde{Z}^-_{\alpha,\beta} = \mathrm{ad}(\widetilde{X}_{-\alpha})^{-n(\alpha,\beta)+1}\widetilde{X}_{-\beta} \quad (\alpha,\beta \in \Psi,\ \alpha \neq \beta)$$

次の補題の証明は命題 2.11（ⅰ）と全く同じである．

補題 A.8 $X \in \widetilde{\mathfrak{g}}(\widetilde{\mathfrak{h}},\lambda)$ について，$[\widetilde{X}_{-\alpha}, X] = 0$, $\lambda(\widetilde{Y}_\alpha) = -m$ とするとき，$k = 0, 1, 2, \ldots$ に対し，

$$\mathrm{ad}(\widetilde{X}_{-\alpha})\mathrm{ad}(\widetilde{X}_\alpha)^k X = k(-m-1+k)\mathrm{ad}(\widetilde{X}_\alpha)^{k-1} X$$

補題 A.9 任意の $\gamma \in \Psi$ に対し，$\mathrm{ad}(\widetilde{X}_{-\gamma})\widetilde{Z}^+_{\alpha,\beta} = 0$

証明 $\gamma \neq \alpha, \beta$ のときは，(A.10) により容易に示せる．
$\gamma = \alpha$ のときは，補題 A.8 により成り立つ．
$\gamma = \beta$ のとき，(A.10) により

$$\mathrm{ad}(\widetilde{X}_{-\beta})\widetilde{Z}^+_{\alpha,\beta} = \mathrm{ad}(\widetilde{X}_\alpha)^{-n(\alpha,\beta)+1}\mathrm{ad}(\widetilde{X}_{-\beta})\widetilde{X}_\beta = \mathrm{ad}(\widetilde{X}_\alpha)^{-n(\alpha,\beta)+1}\widetilde{Y}_\beta$$

であるが，$n(\alpha,\beta) \leq -1$ のときは

$$\mathrm{ad}(\widetilde{X}_\alpha)^2 \widetilde{Y}_\beta = [\widetilde{X}_\alpha, -n(\beta,\alpha)\widetilde{X}_\alpha] = 0$$

により，これは 0 になる．$n(\alpha,\beta) = 0$ のときは

$$n(\alpha,\beta) = \frac{(\alpha,\beta)}{(\alpha,\alpha)}, \quad n(\beta,\alpha) = \frac{(\beta,\alpha)}{(\beta,\beta)}$$

だから，$n(\beta,\alpha) = 0$ となり，

$$与式 = \mathrm{ad}(\widetilde{X}_\alpha)\widetilde{Y}_\beta = -n(\beta,\alpha)\widetilde{X}_\alpha = 0 \qquad \square$$

$m = 0, 1, 2, \ldots$ に対し，

$$\mathrm{ad}(\widetilde{X}_{\alpha_k})\cdots\mathrm{ad}(\widetilde{X}_{\alpha_1})\widetilde{Z}^+_{\alpha,\beta} \quad (k = 0, \ldots, m,\ \alpha_1, \ldots, \alpha_k \in \Psi)$$

の形の元の 1 次結合のなす $\widetilde{\mathfrak{n}}^+$ の部分空間を $V_m(\widetilde{Z}^+_{\alpha,\beta})$ とし，

$$V(\widetilde{Z}^+_{\alpha,\beta}) = \bigoplus_{m=0}^\infty V_m(\widetilde{Z}^+_{\alpha,\beta})$$

とおく．

補題 A.10 任意の $X \in \widetilde{\mathfrak{n}}^- \oplus \widetilde{\mathfrak{h}}$ と $m = 0, 1, 2, \ldots$ に対し,

$$\mathrm{ad}(X)V_m(\widetilde{Z}_{\alpha,\beta}^+) \subset V(\widetilde{Z}_{\alpha,\beta}^+)$$

証明 $X \in \widetilde{\mathfrak{g}}(\widetilde{\mathfrak{h}}, \lambda)$ ($\lambda \in \{0\} \sqcup Q_-$) としてよい. m に関する帰納法で証明する. $m = 0$ のときは, 補題 A.9 および

$$\widetilde{Z}_{\alpha,\beta}^+ \in \widetilde{\mathfrak{g}}(\widetilde{\mathfrak{h}}, \beta + (-n(\alpha,\beta) + 1)\alpha)$$

により, 成り立つ. $\mathrm{ad}(X)V_{m-1}(\widetilde{Z}_{\alpha,\beta}^+) \subset V(\widetilde{Z}_{\alpha,\beta}^+)$ を仮定する. $Z = \mathrm{ad}(\widetilde{X}_{\alpha_m})\cdots\mathrm{ad}(\widetilde{X}_{\alpha_1})\widetilde{Z}_{\alpha,\beta}^+ \in V_m(\widetilde{Z}_{\alpha,\beta}^+)$ について $Z' = \mathrm{ad}(\widetilde{X}_{\alpha_{m-1}})\cdots\mathrm{ad}(\widetilde{X}_{\alpha_1})\widetilde{Z}_{\alpha,\beta}^+ \in V_{m-1}(\widetilde{Z}_{\alpha,\beta}^+)$ とおくとき,

$$\mathrm{ad}(X)Z = \mathrm{ad}(X)\mathrm{ad}(\widetilde{X}_{\alpha_m})Z' = \mathrm{ad}(\widetilde{X}_{\alpha_m})\mathrm{ad}(X)Z' + \mathrm{ad}([X, \widetilde{X}_{\alpha_m}])Z'$$

であるが, 帰納法の仮定により $\mathrm{ad}(X)Z' \in V(\widetilde{Z}_{\alpha,\beta}^+)$ であるので, $\mathrm{ad}(\widetilde{X}_{\alpha_m})\mathrm{ad}(X)Z' \in V(\widetilde{Z}_{\alpha,\beta}^+)$ である. また (A.14) により

$$[X, \widetilde{X}_{\alpha_m}] \in \widetilde{\mathfrak{g}}(\widetilde{\mathfrak{h}}, \lambda + \alpha_m)$$

は $\widetilde{\mathfrak{n}}^-, \widetilde{\mathfrak{h}}, \widetilde{\mathfrak{n}}_1^+$ のいずれかに含まれる. $\widetilde{\mathfrak{n}}^-, \widetilde{\mathfrak{h}}$ に含まれるときは, 帰納法の仮定により

$$\mathrm{ad}([X, \widetilde{X}_{\alpha_m}])Z' \in V(\widetilde{Z}_{\alpha,\beta}^+)$$

であり, $[X, \widetilde{X}_{\alpha_m}] \in \widetilde{\mathfrak{n}}_1^+ = \bigoplus_{\alpha \in \Psi} \mathbb{C}\widetilde{X}_\alpha$ のときは, 定義により

$$\mathrm{ad}([X, \widetilde{X}_{\alpha_m}])Z' \in V_m(\widetilde{Z}_{\alpha,\beta}^+) \subset V(\widetilde{Z}_{\alpha,\beta}^+)$$

である. よって $\mathrm{ad}(X)Z \in V(\widetilde{Z}_{\alpha,\beta}^+)$ が示された. □

系 A.11 (ⅰ) $V(\widetilde{Z}_{\alpha,\beta}^+)$ は $\widetilde{Z}_{\alpha,\beta}^+$ で生成される $\widetilde{\mathfrak{g}}$ のイデアルである.
(ⅱ) $V(\widetilde{Z}_{\alpha,\beta}^+) = \bigoplus_{\lambda \in Q_+} V(\widetilde{Z}_{\alpha,\beta}^+)(\widetilde{\mathfrak{h}}, \lambda)$
(ⅲ) $V(\widetilde{Z}_{\alpha,\beta}^+)(\widetilde{\mathfrak{h}}, \lambda) \neq \{0\} \Longrightarrow \lambda \in Q_m$ for some $m \geq -n(\alpha, \beta) + 2$

証明 (ⅰ) 補題 A.10 による.
(ⅱ) $X = \mathrm{ad}(\widetilde{X}_{\alpha_k})\cdots\mathrm{ad}(\widetilde{X}_{\alpha_1})\widetilde{Z}_{\alpha,\beta}^+$ に対し,

$$\mathrm{ad}(\widetilde{Y}_\alpha)X = (\alpha_1 + \cdots + \alpha_k + (-n(\alpha,\beta)+1)\alpha + \beta)(\widetilde{Y}_\alpha)X$$

だから成り立つ．(iii) も示された． □

$\widetilde{Z}^-_{\alpha,\beta}$ に関しても，同様に

$$\mathrm{ad}(\widetilde{X}_{-\alpha_k})\cdots\mathrm{ad}(\widetilde{X}_{-\alpha_1})\widetilde{Z}^-_{\alpha,\beta} \quad (k=0,\ldots,m,\ \alpha_1,\ldots,\alpha_k \in \Psi)$$

の形の元の 1 次結合のなす $\widetilde{\mathfrak{n}}^-$ の部分空間を $V_m(\widetilde{Z}^-_{\alpha,\beta})$ とし，

$$V(\widetilde{Z}^-_{\alpha,\beta}) = \bigoplus_{m=0}^\infty V_m(\widetilde{Z}^-_{\alpha,\beta})$$

とおくとき，次が成り立つ．

系 A.12 (i) $V(\widetilde{Z}^-_{\alpha,\beta})$ は $\widetilde{Z}^-_{\alpha,\beta}$ で生成される $\widetilde{\mathfrak{g}}$ のイデアルである．

(ii) $V(\widetilde{Z}^-_{\alpha,\beta}) = \bigoplus_{\lambda \in Q_-} V(\widetilde{Z}^-_{\alpha,\beta})(\widetilde{\mathfrak{h}},\lambda)$

(iii) $V(\widetilde{Z}^-_{\alpha,\beta})(\widetilde{\mathfrak{h}},\lambda) \neq \{0\} \Longrightarrow \lambda \in Q_m$ for some $m \leq n(\alpha,\beta) - 2$

$\widetilde{\pi}(\mathcal{I})$ は $\widetilde{Z}^+_{\alpha,\beta}$, $\widetilde{Z}^-_{\alpha,\beta}$ ($\alpha,\beta \in \Psi$, $\alpha \neq \beta$) で生成されるので，

$$\widetilde{\pi}(\mathcal{I}) = (\sum_{\alpha,\beta} V(\widetilde{Z}^+_{\alpha,\beta})) \oplus (\sum_{\alpha,\beta} V(\widetilde{Z}^-_{\alpha,\beta}))$$

と書ける．よって，系 A.11, A.12 により $\mathfrak{g} = \widetilde{\mathfrak{g}}/\widetilde{\pi}(\mathcal{I})$ についてもルート空間分解

$$\mathfrak{g} = \bigoplus_{\lambda \in Q \sqcup \{0\}} \mathfrak{g}(\mathfrak{h},\lambda)$$

が成り立つ．

$$\widetilde{\pi}(\mathcal{I}) \cap (\widetilde{\mathfrak{n}}^-_1 \oplus \widetilde{\mathfrak{h}} \oplus \widetilde{\mathfrak{n}}^+_1) = \{0\} \tag{A.15}$$

であるので，$3|\Psi|$ 個の $\mathfrak{g}$ の元

$$X_{-\alpha},\ Y_\alpha,\ X_\alpha\ (\alpha \in \Psi)$$

は 1 次独立である．

A.2.5　$\mathfrak{g}$ の構造

$\lambda \in Q \sqcup \{0\}$, $\alpha \in \Psi$ に対して，$\mathfrak{g}$ の部分空間 $V = V_{\lambda,\alpha}$ を

$$V = (\bigoplus_{k \geq 1} \mathrm{ad}(X_{-\alpha})^k \mathfrak{g}(\mathfrak{h}, \lambda)) \oplus \mathfrak{g}(\mathfrak{h}, \lambda) \oplus (\bigoplus_{\ell \geq 1} \mathrm{ad}(X_\alpha)^\ell \mathfrak{g}(\mathfrak{h}, \lambda))$$

で定義する．

補題 A.13 （ⅰ）$k \geq 1$ に対し，$\mathrm{ad}(\widetilde{X}_{-\alpha}) \mathrm{ad}(\widetilde{X}_\alpha)^k \widetilde{\mathfrak{g}}(\widetilde{\mathfrak{h}}, \lambda) \subset \mathrm{ad}(\widetilde{X}_\alpha)^{k-1} \widetilde{\mathfrak{g}}(\widetilde{\mathfrak{h}}, \lambda)$
（ⅱ）$k \geq 1$ に対し，$\mathrm{ad}(\widetilde{X}_\alpha) \mathrm{ad}(\widetilde{X}_{-\alpha})^k \widetilde{\mathfrak{g}}(\widetilde{\mathfrak{h}}, \lambda) \subset \mathrm{ad}(\widetilde{X}_{-\alpha})^{k-1} \widetilde{\mathfrak{g}}(\widetilde{\mathfrak{h}}, \lambda)$
（ⅲ）十分大きな k に対し，$\mathrm{ad}(\widetilde{X}_\alpha)^k \widetilde{\mathfrak{g}}(\widetilde{\mathfrak{h}}, \lambda) \subset \widetilde{\pi}(\mathcal{I})$
（ⅳ）十分大きな k に対し，$\mathrm{ad}(\widetilde{X}_{-\alpha})^k \widetilde{\mathfrak{g}}(\widetilde{\mathfrak{h}}, \lambda) \subset \widetilde{\pi}(\mathcal{I})$
（ⅴ）$V = V_{\lambda, \alpha}$ は有限次元であって，

$$\mathrm{ad}(X_{-\alpha})V \subset V, \quad \mathrm{ad}(X_\alpha)V \subset V$$

証明 （ⅰ）k についての数学的帰納法で証明する．$k = 1$ のときは明らかである．$k \geq 2$ とし，

$$\mathrm{ad}(\widetilde{X}_{-\alpha}) \mathrm{ad}(\widetilde{X}_\alpha)^{k-1} \widetilde{\mathfrak{g}}(\widetilde{\mathfrak{h}}, \lambda) \subset \mathrm{ad}(\widetilde{X}_\alpha)^{k-2} \widetilde{\mathfrak{g}}(\widetilde{\mathfrak{h}}, \lambda)$$

を仮定すると，

$$\begin{aligned}
& \mathrm{ad}(\widetilde{X}_{-\alpha}) \mathrm{ad}(\widetilde{X}_\alpha)^k \widetilde{\mathfrak{g}}(\widetilde{\mathfrak{h}}, \lambda) \\
&= (\mathrm{ad}(\widetilde{X}_\alpha) \mathrm{ad}(\widetilde{X}_{-\alpha}) \mathrm{ad}(\widetilde{X}_\alpha)^{k-1} + \mathrm{ad}(\widetilde{Y}_\alpha) \mathrm{ad}(\widetilde{X}_\alpha)^{k-1}) \widetilde{\mathfrak{g}}(\widetilde{\mathfrak{h}}, \lambda) \\
&\subset \mathrm{ad}(\widetilde{X}_\alpha) \mathrm{ad}(\widetilde{X}_\alpha)^{k-2} \widetilde{\mathfrak{g}}(\widetilde{\mathfrak{h}}, \lambda) + \mathrm{ad}(\widetilde{X}_\alpha)^{k-1} \widetilde{\mathfrak{g}}(\widetilde{\mathfrak{h}}, \lambda) \\
&= \mathrm{ad}(\widetilde{X}_\alpha)^{k-1} \widetilde{\mathfrak{g}}(\widetilde{\mathfrak{h}}, \lambda)
\end{aligned}$$

（ⅱ）（ⅰ）と同様である．
（ⅲ）$\lambda \in Q_- \sqcup \{0\}$ のときは十分大きな k に対し，

$$\mathrm{ad}(\widetilde{X}_\alpha)^k \widetilde{\mathfrak{g}}(\widetilde{\mathfrak{h}}, \lambda) = \{0\}$$

であるので，$\lambda \in Q_+$ のときを考えればよい．**ライプニッツの法則** (Leibniz's rule)

$$\mathrm{ad}(\widetilde{X}_\alpha)^m [X, Y] = \sum_{k=0}^m \binom{m}{k} [\mathrm{ad}(\widetilde{X}_\alpha)^{m-k} X, \mathrm{ad}(\widetilde{X}_\alpha)^k Y] \quad \text{for } X, Y \in \widetilde{\mathfrak{g}}$$

が成り立ち，$\beta \in \Psi$ に対し，$\mathrm{ad}(\widetilde{X}_\alpha)^{-n(\alpha, \beta)+1} \widetilde{X}_\beta \in \widetilde{\pi}(\mathcal{I})$ であるので，$\widetilde{\mathfrak{g}}(\widetilde{\mathfrak{h}}, \lambda)$ の生成元

$$X = \mathrm{ad}(\widetilde{X}_{\alpha_\ell}) \cdots \mathrm{ad}(\widetilde{X}_{\alpha_2}) \widetilde{X}_{\alpha_1} \quad (\alpha_1, \ldots, \alpha_\ell \in \Psi,\ \alpha_1 + \cdots + \alpha_\ell = \lambda)$$

に対し，十分大きな k を取れば

$$\mathrm{ad}(\widetilde{X}_\alpha)^k X \in \widetilde{\pi}(\mathcal{I})$$

である．

(iv) (iii) と同様である．

(ⅴ) (iii) と (iv) により，V は有限次元である．(ⅰ) により $\mathrm{ad}(X_{-\alpha})V \subset V$ であり，(ⅱ) により $\mathrm{ad}(X_\alpha)V \subset V$ である． □

$\lambda \in Q - \{\pm\alpha\}$ とし，$\mathfrak{h}_\alpha = \mathfrak{h} \oplus \mathbb{C}X_\alpha \oplus \mathbb{C}X_{-\alpha}$ とおく．$\mathfrak{g}$ の有限次元部分空間

$$V' = V'_{\lambda,\alpha} = V_{\lambda,\alpha} \oplus \mathfrak{h}_\alpha$$

上の全単射 $\widetilde{w}_\alpha$ を命題 2.10 と同様に

$$\widetilde{w}_\alpha = \exp \frac{\pi}{2} \mathrm{ad}(X_\alpha + X_{-\alpha})$$

で定義する[2]．$Y \in \mathfrak{h}$, $X \in V'$ に対し，

$$\widetilde{w}_\alpha([Y,X]) = [\widetilde{w}_\alpha(Y), \widetilde{w}_\alpha(X)]$$

であり，$\widetilde{w}_\alpha(Y) = w_\alpha(Y)$ であるので，

$$\widetilde{w}_\alpha \mathfrak{g}(\mathfrak{h}, \lambda) \subset \mathfrak{g}(\mathfrak{h}, w_\alpha \lambda)$$

が成り立つ[3]．一方，$w_\alpha \lambda \in Q\ (\in \mathfrak{h}^*)$ に対して同じことをすれば，

$$\widetilde{w}_\alpha \mathfrak{g}(\mathfrak{h}, w_\alpha \lambda) \subset \mathfrak{g}(\mathfrak{h}, \lambda)$$

も成り立つ．

系 A.14 任意の $\alpha \in \Psi$ と $\lambda \in \mathfrak{h}^*$ に対し，$\dim \mathfrak{g}(\mathfrak{h}, w_\alpha \lambda) = \dim \mathfrak{g}(\mathfrak{h}, \lambda)$

補題 A.15 $\alpha \in \Psi$ と整数 m に対して，$\mathfrak{g}(\mathfrak{h}, m\alpha) \neq \{0\} \implies |m| \leq 1$

---

[2] $\mathfrak{g}$ の有限次元性はまだ示されていない．無限次元空間上の線形写像に対して指数写像 exp を考えるのはやめておこう．

[3] $w_\alpha \lambda \notin Q$ となることもある．$\lambda \in \mathfrak{h}^*$ について，$\lambda \notin Q$ のときは $\mathfrak{g}(\mathfrak{h}, \lambda) = \{0\}$ と定義しておけばよい．

証明 $m \geq 2$ のとき, $\widetilde{\mathfrak{g}}(\widetilde{\mathfrak{h}}, m\alpha)$ は $\widetilde{\mathfrak{n}}_m^+$ に含まれるので,

$$X = \mathrm{ad}(\widetilde{X}_{\alpha_m}) \cdots \mathrm{ad}(\widetilde{X}_{\alpha_2})\widetilde{X}_{\alpha_1} \quad (\alpha_1, \ldots, \alpha_m \in \Psi, \alpha_1 + \cdots + \alpha_m = m\alpha)$$

の形の元で張られるが, $\alpha_j \neq \alpha \Longrightarrow (\alpha, \alpha_j) \leq 0$ なので

$$m(\alpha, \alpha) = (\alpha, m\alpha) = (\alpha, \alpha_1 + \cdots + \alpha_m) = (\alpha, \alpha_1) + \cdots + (\alpha, \alpha_m)$$

となるのは $\alpha_1 = \ldots = \alpha_m = \alpha$ のときだけであり, また, このとき

$$X = \mathrm{ad}(\widetilde{X}_{\alpha_m}) \cdots \mathrm{ad}(\widetilde{X}_{\alpha_2})\widetilde{X}_{\alpha_1} = \mathrm{ad}(\widetilde{X}_\alpha)^{m-1}\widetilde{X}_\alpha = 0$$

であるので,

$$\widetilde{\mathfrak{g}}(\widetilde{\mathfrak{h}}, m\alpha) = \{0\}$$

である. よって $\mathfrak{g}(\mathfrak{h}, m\alpha) = \{0\}$ である. $m \leq -2$ のときも同様. □

定理 A.2 の証明 （ⅰ）およびルート空間分解

$$\mathfrak{g} = \mathfrak{h} \oplus \bigoplus_{\lambda \in Q} \mathfrak{g}(\mathfrak{h}, \lambda)$$

はすでに示されているので,

$$\lambda \in Q, \ \mathfrak{g}(\mathfrak{h}, \lambda) \neq \{0\} \Longrightarrow \lambda \in \Delta, \ \dim \mathfrak{g}(\mathfrak{h}, \lambda) = 1$$

を示せばよい.

まず, $\lambda \in Q$ が Δ の元の定数倍でないとする. このとき, $\mathfrak{h}_\mathbb{R} = \bigoplus_{\alpha \in \Psi} \mathbb{R} Y_\alpha$ の超平面

$$H_\lambda : \lambda(Y) = 0$$

は $\bigcup_{\beta \in \Delta} H_\beta$ に含まれないので, Δ に関する $\mathfrak{h}_\mathbb{R}$ の正則元 Y であって

$$\lambda(Y) = 0$$

となるものが存在する. ワイル群 W の元 w であって, Y を Ψ に関する正のワイル領域に移すものを取る. すなわち

$$\alpha(wY) > 0 \quad \text{for all } \alpha \in \Psi$$

とする. W は $\{w_\alpha \mid \alpha \in \Psi\}$ で生成されるので, 系 A.14 により

$$\mathfrak{g}(\mathfrak{h}, w\lambda) \neq \{0\}$$

であり，したがって $w\lambda \in Q$ である．$w\lambda(wY) = 0$ であるが，$w\lambda \in Q_m$ とすると

$$w\lambda = \alpha_1 + \cdots + \alpha_m \quad (\alpha_1, \ldots, \alpha_m \in \Psi)$$

と書けるので

$$w\lambda(wY) = \alpha_1(wY) + \cdots + \alpha_m(wY) > 0$$

となり，矛盾する．$w\lambda \in -Q_m$ としても同様に矛盾する．

よって，$\lambda = c\beta$ for some $\beta \in \Delta$, $c \in \mathbb{R}$ のときに示せばよい．$w\beta = \alpha \in \Psi$ となる $w \in W$, $\alpha \in \Psi$ が存在するので，系 A.14 により

$$\dim \mathfrak{g}(\mathfrak{h}, c\alpha) = \dim \mathfrak{g}(\mathfrak{h}, c\beta) = \dim \mathfrak{g}(\mathfrak{h}, \lambda) > 0$$

である．$c \notin \mathbb{Z}$ のときは $c\alpha \notin Q$ であるので，補題 A.15 により $c = \pm 1$ である．よって $\lambda = \pm\beta \in \Delta$ が示された．さらに $\dim \mathfrak{g}(\mathfrak{h}, \pm\alpha) = 1$ により

$$\dim \mathfrak{g}(\mathfrak{h}, \lambda) = 1$$

である． □

A.2.6 定理 3.13 と定理 3.14 の証明

$L(I)_\mathbb{R}$ を $I = \{x_\alpha \mid \alpha \in \Psi\} \sqcup \{x_{-\alpha} \mid \alpha \in \Psi\}$ で生成される $L(I)$ の実部分リー環とする．$\mathcal{I}$ の生成元 (A.2)〜(A.6) は $L(I)_\mathbb{R}$ の元なので，$\{X_\alpha \mid \alpha \in \Psi\} \sqcup \{X_{-\alpha} \mid \alpha \in \Psi\}$ で生成される $\mathfrak{g}$ の実部分リー環 $\mathfrak{g}_\mathbb{R}$ は $\mathfrak{g}$ の実型であり，ルート空間分解

$$\mathfrak{g}_\mathbb{R} = \mathfrak{h}_\mathbb{R} \oplus \bigoplus_{\alpha \in \Delta} \mathfrak{g}_\mathbb{R}(\mathfrak{h}_\mathbb{R}, \alpha) \quad (\dim_\mathbb{R} \mathfrak{g}_\mathbb{R}(\mathfrak{h}_\mathbb{R}, \alpha) = 1)$$

が成り立つ[4]．

$L(I)$ の対合 (位数 2 の自己同型) θ を

$$\theta(x_\alpha) = x_{-\alpha}, \quad \theta(x_{-\alpha}) = x_\alpha \quad (\alpha \in \Psi)$$

によって定義する．(A.2)〜(A.6) を見れば，$\mathcal{I}$ は θ-不変であることがわかるので，θ は $\mathfrak{g} = L(I)/\mathcal{I}$ の対合を定義する．これも同じ記号 θ で表わそう．$\theta\mathfrak{g}_\mathbb{R} = \mathfrak{g}_\mathbb{R}$ もわかる．

---

[4] すなわち，$\mathfrak{g}_\mathbb{R}$ は $\mathfrak{g}$ の正規実型である（第 7 章）．

命題 A.16 $\mathfrak{g}_{\mathbb{R}}$ 上の対称双線形形式 $B_\theta(X,Y) = B(\theta(X),Y)$ は負定値すなわち $0 \neq X \in \mathfrak{g}_{\mathbb{R}} \Longrightarrow B_\theta(X,X) < 0$ である．（第 7 章で定義したようにこのような $\mathfrak{g}_{\mathbb{R}}$ の対合 θ はカルタン対合と呼ばれる．）

証明 θ の定義により，任意の $\alpha \in \Delta \sqcup \{0\}$ に対し

$$\theta \mathfrak{g}_{\mathbb{R}}(\mathfrak{h}_{\mathbb{R}}, \alpha) = \mathfrak{g}_{\mathbb{R}}(\mathfrak{h}_{\mathbb{R}}, -\alpha)$$

であり，補題 3.11 により

$$\alpha, \beta \in \Delta \sqcup \{0\},\ \alpha + \beta \neq 0 \Longrightarrow B(\mathfrak{g}_{\mathbb{R}}(\mathfrak{h}_{\mathbb{R}}, \alpha), \mathfrak{g}_{\mathbb{R}}(\mathfrak{h}_{\mathbb{R}}, \beta)) = \{0\}$$

であるから，$\alpha \neq \beta$ のとき $\mathfrak{g}_{\mathbb{R}}(\mathfrak{h}_{\mathbb{R}}, \alpha)$ と $\mathfrak{g}_{\mathbb{R}}(\mathfrak{h}_{\mathbb{R}}, \beta)$ は B_θ に関して直交する．よって，すべての $\alpha \in \Delta \sqcup \{0\}$ について B_θ が $\mathfrak{g}_{\mathbb{R}}(\mathfrak{h}_{\mathbb{R}}, \alpha)$ 上で負定値であることを示せばよい．

まず，$\alpha \in \Psi$ のとき，$B_\theta(X_\alpha, X_\alpha) = B(X_{-\alpha}, X_\alpha) < 0$ を示そう．$0 \neq X \in \mathfrak{g}_{\mathbb{R}}(\mathfrak{h}_{\mathbb{R}}, \gamma)$ ($\gamma \in \Delta \sqcup \{0\}$) について，$\operatorname{ad}(X_{-\alpha})X = 0$ とし，

$$\gamma(Y_\alpha) = -m$$

とするとき，補題 A.8 により，$k = 0, 1, 2, \ldots$ に対し

$$\operatorname{ad}(X_{-\alpha})\operatorname{ad}(X_\alpha)^k X = k(-m - 1 + k)\operatorname{ad}(X_\alpha)^{k-1} X$$

が成り立つ．よって，$X_\beta = \operatorname{ad}(X_\alpha)^{k-1}X \in \mathfrak{g}_{\mathbb{R}}(\mathfrak{h}_{\mathbb{R}}, \beta)$ ($k = 1, 2, \ldots, m+1$, $\beta = \gamma + (k-1)\alpha$) に対し，

$$\operatorname{ad}(X_{-\alpha})\operatorname{ad}(X_\alpha)X_\beta = c_\beta X_\beta, \quad c_\beta = k(-m - 1 + k) \leq 0$$

である．$\mathfrak{g}_{\mathbb{R}}$ の基底として X_β の形のものが取れ，特に，

$$\operatorname{ad}(X_{-\alpha})\operatorname{ad}(X_\alpha)X_{-\alpha} = -2X_{-\alpha},\ \operatorname{ad}(X_{-\alpha})\operatorname{ad}(X_\alpha)Y_\alpha = -2Y_\alpha,$$

$$\operatorname{ad}(X_{-\alpha})\operatorname{ad}(X_\alpha)X_\alpha = 0$$

であるので，

$$B_\theta(X_\alpha, X_\alpha) = \operatorname{tr}(\operatorname{ad}(X_{-\alpha})\operatorname{ad}(X_\alpha)) \leq -4 \tag{A.16}$$

である．

次に，一般の $\beta \in \Delta$, $0 \neq X_\beta \in \mathfrak{g}_{\mathbb{R}}(\mathfrak{h}_{\mathbb{R}}, \beta)$ に対して

$$B(\theta(X_\beta), X_\beta) < 0$$

を示そう. $w^{-1}\beta = \alpha \in \Psi$ となる $w \in W$ を取り, 3.1 節と同様に $w = w_{\alpha_\ell} \cdots w_{\alpha_1}$ $(\alpha_1, \ldots, \alpha_\ell \in \Psi)$ と単純鏡映の積で表わす. $X_\beta = \widetilde{w}_{\alpha_\ell} \cdots \widetilde{w}_{\alpha_1}(X_\alpha) \in \mathfrak{g}_\mathbb{R}(\mathfrak{h}_\mathbb{R}, \beta)$ とおくとき,

$$B(\theta(X_\beta), X_\beta) = B(\theta(X_\alpha), X_\alpha)$$

を示せばよい. ただし,

$$\widetilde{w}_{\alpha_k} = \exp \operatorname{ad} \frac{\pi}{2}(X_{\alpha_k} + X_{-\alpha_k})$$

とする.

$k = 0, 1, \ldots, \ell$ に対し, $X_k = \widetilde{w}_{\alpha_k} \cdots \widetilde{w}_{\alpha_1}(X_\alpha)$ とおき,

$$B(\theta(X_k), X_k) = B(\theta(X_{k-1}), X_{k-1}) \quad \text{for } k = 1, \ldots, \ell$$

を示そう. $B(\theta(X_k), X_k) = B(\theta(\widetilde{w}_{\alpha_k}(X_{k-1})), \widetilde{w}_{\alpha_k}(X_{k-1}))$ であるが,

$$\theta(\widetilde{w}_{\alpha_k}(X_{k-1})) = \exp \operatorname{ad} \frac{\pi}{2} \theta(X_{\alpha_k} + X_{-\alpha_k}) \theta(X_{k-1})$$

$$= \exp \operatorname{ad} \frac{\pi}{2}(X_{\alpha_k} + X_{-\alpha_k}) \theta(X_{k-1}) = \widetilde{w}_{\alpha_k} \theta(X_{k-1})$$

であるので, $\mathfrak{g}_\mathbb{R}$ の自己同型 $\widetilde{w}_{\alpha_k}$ に関するキリング形式の不変性により

$$B(\theta(X_k), X_k) = B(\widetilde{w}_{\alpha_k}(\theta(X_{k-1})), \widetilde{w}_{\alpha_k}(X_{k-1})) = B(\theta(X_{k-1}), X_{k-1})$$

である.

最後に, 任意の 0 でない $Y \in \mathfrak{h}_\mathbb{R}$ に対して

$$B(\theta(Y), Y) < 0$$

を示そう. $\mathfrak{h}_\mathbb{R}$ は Y_α $(\alpha \in \Psi)$ で張られ,

$$\theta(Y_\alpha) = \theta([X_{-\alpha}, X_\alpha]) = [X_\alpha, X_{-\alpha}] = -Y_\alpha$$

であるので, $B(\theta(Y), Y) = -B(Y, Y)$ である. 任意の $\beta \in \Delta$ に対し,

$$\operatorname{ad}(Y)^2 X_\beta = \beta(Y)^2 X_\beta$$

であり, $\beta(Y)$ は実数であって, $\beta(Y) \neq 0$ となる $\beta \in \Psi$ が存在する. また, $Z \in \mathfrak{h}_\mathbb{R}$ に対しては

$$\operatorname{ad}(Y)^2 Z = 0$$

である. よって $B(Y, Y) = \operatorname{tr}(\operatorname{ad}(Y)^2) > 0$ が成り立つ. $\square$

$\mathfrak{g}$ の $\mathfrak{g}_{\mathbb{R}}$ に関する共役を σ とする. すなわち $X = X_1 + iX_2$ $X_1, X_2 \in \mathfrak{g}_{\mathbb{R}}$ のとき $\sigma(X) = X_1 - iX_2$ とする.

系 A.17 $\mathfrak{g}$ 上のエルミート形式 $B(\sigma\theta(X), Y)$ は負定値である.

証明 $0 \neq X = X_1 + iX_2$ $(X_1, X_2 \in \mathfrak{g}_{\mathbb{R}})$ に対して, 命題 A.16 により

$$B(\sigma\theta(X), X) = B(\theta(X_1), X_1) + B(\theta(X_2), X_2) < 0$$

となる. □

系 A.17 により, $B(\ ,\ )$ は $\mathfrak{g}$ 上非退化であるので, $\mathfrak{g}$ は半単純である. また, $\mathfrak{u} = \{X \in \mathfrak{g} \mid \sigma\theta(X) = X\}$ は $\mathfrak{g}$ の実型であって, $\mathfrak{u}$ 上に不変正定値内積 $-B(\ ,\ )$ が存在するので, コンパクトリー環である. 以上により定理 3.13 が証明された.

$\mathfrak{g}'$ を複素半単純リー環とし, $\mathfrak{h}'$ をそのカルタン部分環とする. ルート系 $\Delta' = \Delta(\mathfrak{g}', \mathfrak{h}')$ が Δ と相似変換 $\iota : \Delta \to \Delta'$ によって同型であるとき, 次のようにしてリー環の同型写像 $f : \mathfrak{g} \to \mathfrak{g}'$ が構成できる. Δ' の基本系 $\Psi' = \iota(\Psi)$ のすべてのルート α' に対して, ルート空間 $\mathfrak{g}'(\mathfrak{h}', \alpha')$ の元 $X_{\alpha'} \neq 0$ を取り, さらに補題 3.12 により

$$\alpha'([X_{-\alpha'}, X_{\alpha'}]) = 2$$

を満たす $\mathfrak{g}'(\mathfrak{h}', -\alpha')$ の元 $X_{-\alpha'}$ を取る. このとき, ルート系 Δ' が Δ と同型であることから, 次の関係式が成り立つ.

$$[X_{-\iota(\alpha)}, X_{\iota(\beta)}] = 0 \qquad \text{for } \alpha, \beta \in \Psi, \alpha \neq \beta$$

$$[[X_{-\iota(\alpha)}, X_{\iota(\alpha)}], X_{\iota(\beta)}] = n(\alpha, \beta) X_{\iota(\beta)} \qquad \text{for } \alpha, \beta \in \Psi$$

$$[[X_{-\iota(\alpha)}, X_{\iota(\alpha)}], X_{-\iota(\beta)}] = -n(\alpha, \beta) X_{-\iota(\beta)} \qquad \text{for } \alpha, \beta \in \Psi$$

$$\text{ad}(X_{\iota(\alpha)})^{-n(\alpha,\beta)+1} X_{\iota(\beta)} = 0 \qquad \text{for } \alpha, \beta \in \Psi, \alpha \neq \beta$$

$$\text{ad}(X_{-\iota(\alpha)})^{-n(\alpha,\beta)+1} X_{-\iota(\beta)} = 0 \qquad \text{for } \alpha, \beta \in \Psi, \alpha \neq \beta$$

よって, $I = \{x_\alpha \mid \alpha \in \Psi\} \cup \{x_{-\alpha} \mid \alpha \in \Psi\}$ で生成される自由リー環 $L(I)$ から $\mathfrak{g}'$ への準同型写像 $\widetilde{f}$ を $x_\alpha \mapsto X_{\iota(\alpha)}$, $x_{-\alpha} \mapsto X_{-\iota(\alpha)}$ for $\alpha \in \Psi$ によって定義するとき, $\widetilde{f}$ はイデアル $\mathcal{I}$ を $\{0\}$ に移すので, 準同型写像

$$f : \mathfrak{g} \to \mathfrak{g}'$$

が定義される．f は全射であって，$\dim \mathfrak{g} = \dim \mathfrak{g}'$ であるので，同型写像である．

$\mathfrak{u}'$ をコンパクトリー環とし，$\mathfrak{t}'$ をその極大トーラスとする．$\mathfrak{g}' = \mathfrak{u}'_{\mathbb{C}}$, $\mathfrak{h}' = \mathfrak{t}'_{\mathbb{C}}$ とし，$\Delta' = \Delta(\mathfrak{g}', \mathfrak{h}')$ が Δ と相似変換 $\iota : \Delta \to \Delta'$ によって同型であるとする．$\Psi' = \iota(\Psi)$ とし，各 $\alpha' \in \Psi'$ に対し $X_{\alpha'} \in \mathfrak{g}'(\mathfrak{h}', \alpha')$ を 2.3 節のように

$$\alpha'([\tau'(X_{\alpha'}), X_{\alpha'}]) = 2$$

が成り立つように取る．ここで，$\tau'(X_{\alpha'}) \in \mathfrak{g}'(\mathfrak{h}', -\alpha')$ は $X_{\alpha'}$ の $\mathfrak{u}'$ に関する共役である．先程と同様に $\widetilde{f} : L(I) \to \mathfrak{g}'$ を $x_\alpha \mapsto X_{\iota(\alpha)}$, $x_{-\alpha} \mapsto \tau'(X_{\iota(\alpha)})$ for $\alpha \in \Psi$ によって定義すれば，$\widetilde{f}$ は同型 $f : \mathfrak{g} \to \mathfrak{g}'$ を導き，

$$f(\mathfrak{u}) = \mathfrak{u}'$$

であることがわかる．以上により定理 3.14 が証明された．

文 献

[1] S. Araki, On root systems and an infinitesimal classification of irreducible symmetric spaces, J. Math. Osaka City Univ. **13** (1962) 1–34.

[2] A. Borel, Sous-groupes commutatifs et torsion des groupes de Lie compacts connexes, Tôhoku Math. J., **13** (1961), 216–240.

[3] A. Borel and J. De Siebenthal, Les sous-groupes fermés de rang maximum des groupes de Lie clos, Comment. Math. Helv. **23** (1949) 200–221.

[4] ブルバキ, 数学原論 リー群とリー環 1, 東京図書, 1968.

[5] E. Cartan, Sur la structure des groupes de transformations finis et continus, Thèse, Paris, 1894; 2d éd., Paris, Vuibert, 1933.

[6] E. Cartan, Les groupes réels simples finis et continus, Ann. Sci. École Norm. Sup. **31** (1914), 263–355.

[7] E. Cartan, Sur une classe remarquable d'espaces de Riemann, Bull. Soc. Math. France **54** (1926) 214–264; **55** (1927) 114–134.

[8] E. Cartan, La géométrie des groupes simples, Ann. di Mat. **4** (1927) 209–256.

[9] E. Cartan, Sur certaines formes riemanniennes remarquables des géométrie a groupe fondamental simple, Ann. Sci. École Norm. Sup. **44** (1927), 345–467.

[10] C. Chevalley, Sur la classification des algèbres de Lie simples et de leurs représentations, C. R. Acad. Sci. Paris **227** (1948) 1136–1138.

[11] J. de Siebenthal, Sur les groupes de Lie compacts non connexes, Comm. Math. Helv. **31** (1956), 41–89.

[12] F. Gantmacher, Canonical representation of automorphisms of a complex semi-simple Lie group, Mat. Sb. **5** (1939) 101–146.

[13] F. Gantmacher, On the classification of real simple Lie groups, Mat. Sb. **5** (1939) 217–250.

[14] Harish-Chandra, On some applications of the universal enveloping algebra of a semisimple Lie algebra, Trans. Amer. Math. Soc. **70** (1951). 28–96.

[15] S. Helgason, Differential geometry and symmetric spaces, Academic Press,

1962.

[16] J. E. Humphreys, Reflection groups and Coxeter groups, Cambridge University Press, 1990.

[17] N. Jacobson, Lie algebras, Interscience, 1962.

[18] V. G. Kac, Infinite-dimensional Lie algebras. 3rd edition, Cambridge Univ. Press, 1990.

[19] W. Killing, Die Zusammensetzung der stetigen endlichen Transformationsgruppen, I, II, III, IV, Math. Ann. **31** (1888) 252-290; **33** (1888) 1-48; **34** (1889) 57-122; **36** (1890) 161-189.

[20] 小林俊行・大島利雄, リー群と表現論, 岩波書店, 2005. (Lie 群と Lie 環 1, 2, 1999)

[21] B. Kostant, On the conjugacy of real Cartan subalgebras. I, Proc. Nat. Acad. Sci. U.S.A. **41** (1955) 967–970.

[22] 松木敏彦, リー群入門, 日本評論社, 2005.

[23] T. Matsuki, Double coset decompositions of reductive Lie groups arising from two involutions, J. of Algebra, **197** (1997), 49–91.

[24] 松島与三, 多様体入門, 裳華房, 1965.

[25] D. Montgomery and L. Zippin, Topological transformation groups, Interscience, 1955.

[26] S. Murakami, Sur la classification des algèbres de Lie réelles et simples, Osaka J. Math. **2** (1965) 291–307.

[27] 村上信吾, 連続群論の基礎, 朝倉書店, 1973.

[28] I. Satake, On representations and compactifications of symmetric Riemannian spaces, Ann. of Math. (2) **71** (1960) 77–110.

[29] M. Sugiura, Conjugate classes of Cartan subalgebras in real semi-simple Lie algebras, J. Math. Soc. Japan **11** (1959) 374–434.

[30] M. Sugiura, Correction to my paper: "Conjugate classes of Cartan subalgebras in real semisimple Lie algebras", J. Math. Soc. Japan **23** (1971) 379–383.

[31] 杉浦光夫, リー群論, 共立出版, 2000.

[32] 谷崎俊之, リー代数と量子群, 共立出版, 2002.

[33] N. R. Wallach, A classification of real simple Lie algebras, Thesis, Washington University in St. Louis 1966.

[34] H. Weyl, Theorie der Darstellung kontinuierlicher halb-einfacher Gruppen durch lineare Transformationen I, II, III, Math. Z. **23** (1925) 271–309; **24** (1926) 328–376; **24** (1926) 377–395.

索引

英数字

1-parameter subgroup　12
1 径数部分群　12
adjoint action　8
affine symmetric space　151
affine Weyl group　77
analytic subgroup　14
bracket　8
Cartan decomposition　196
Cartan integer　214
Cartan involution　196
Cartan matrix　214
Cartan subalgebra　59
cell　44
Chevalley 型　201
closed subgroup　14
compact Lie algebra　42
compact Lie group　18
compact root　166
completely reducible　16
complex general linear group　7
complex Lie algebra　16
complexification　17
coroot　28
coroot lattice　74
coroot system　49
derivation　98
derived ideal　38
dimension　10
Dynkin diagram　51
exponential map　13
extended Dynkin diagram　62

free algebra　213
free Lie algebra　214
fundamental cell　78
fundamental system　50
homomorphism　10
ideal　16
inner automorphism　93
inner derivation　98
inner type　101
involution　100, 151
irreducible　16, 41
isomorphism　11
Jacobi identity　9
Killing form　58
lattice　74
Lie algebra　9
Lie subalgebra　14
Lie subgroup　14
maximal root　62
maximal torus　30, 153
noncompact root　166
normal real form　201
outer automorphism　93
outer type　101
positive root system　49
rank　32
real form　17
real general linear group　7
reduced　48
reflection　27
reflection group　44
regular　24

restriction   21
Riemannian symmetric space   152
Riemannian symmetric space of noncompact type   210
root space   20
root space decomposition   20
root system   19
semisimple Lie algebra   16
semisimple part   42
simple Lie algebra   16
simple reflection   44
simple root   49
singular element   32
special automorphism   94
spinor group   84
strongly orthogonal system   166
symmetric pair   151
symmetric space   151
symmetric subalgebra   101
symmetric subgroup   151
universal covering group   12
Weyl chamber   44
Weyl group   24

あ行

アフィン対称空間   151
アフィンワイル群   77
イデアル   16

か行

階数   32
解析的部分群   14
外部型   101
外部自己同型   93
可換   16
拡大ディンキン図形   62
括弧積   8

カルタン行列   214
カルタン整数   214
カルタン対合   196, 209
カルタン部分環   59
カルタン分解   196
完全可約   16
基本系   50
基本胞体   78
基本胞体（σ-共役類に関する）   138
既約   16, 41
既約（対称対の）   152
鏡映   27
鏡映群   44
強直交系   166
極大トーラス   30
極大トーラス（対称対の）   153
キリング形式   58
格子   74
古典型   53
コルート   28
コルート系   49
コルート格子   74
コンパクトリー環   42
コンパクトリー群   18
コンパクトルート   166

さ行

最高ルート   62
最短表示   46
σ-共役   124
σ-捩れ共役   124
次元   10
指数写像   10, 13
実一般線形リー群   7
実型   17
実特殊線形群   15
自由代数   213

自由リー環　214
準同型　10
随伴作用　8
スピノル群　84
正規型　162
正規実型　201
制限　21
正則　24
正則元　32
正のルート系　49

　　　た　行

対称空間　151
対称対　151
対称部分環　101
対称部分群　151
単純鏡映　44
単純リー環　16
単純リー群　16
単純ルート　49
直和　40
直交群　14
対合　100, 151
ディンキン図形　51
同型写像　11
導来イデアル　38
特異元　32
特殊自己同型　94
特殊直交群　15
特殊ユニタリ群　15

　　　な　行

内部型　101
内部自己同型　93
内部自己同型群　93
内部微分　98
ノンコンパクト型リーマン対称空間　210
ノンコンパクトルート　166

　　　は　行

半単純部分　42
半単純リー環　16
半単純リー群　16
微分　98
被約　48
複素一般線形リー群　7
複素化　17
複素シンプレクティック群　15
複素特殊線形群　15
複素リー環　16
部分リー環　14
部分リー群　14
普遍被覆群　12
閉部分群　14
胞　44

　　　や　行

ヤコビ恒等式　9
ユニタリ群　15

　　　ら　行

リー環　9
リー群　8
リーマン対称空間　152
ルート空間　20
ルート空間分解　20
ルート系　19, 48
ルート系の公理　48
例外型　53

　　　わ　行

ワイル群　24, 48
ワイル領域　44

松木敏彦
まつき・としひこ

略 歴
1954年　大阪府生まれ
1976年　京都大学理学部卒業
1982年　広島大学大学院博士課程後期修了
　　　　鳥取大学講師・助教授，京都大学助教授・教授を経て
現　在　龍谷大学文学部教授
　　　　理学博士
著　書　『リー群入門』(日本評論社)
　　　　『理工系微分積分』(学術図書)

数学の杜 6
コンパクトリー群と対称空間

2018年 11 月 10 日　第 1 版第 1 刷発行

著者　　松木 敏彦
発行者　横山 伸
発行　　有限会社　数学書房
　　　　〒 101-0051　東京都千代田区神田神保町 1-32-2
　　　　TEL　03-5281-1777
　　　　FAX　03-5281-1778
　　　　mathmath@sugakushobo.co.jp
　　　　振替口座　00100-0-372475

印刷
製本　　精文堂印刷(株)
組版　　アベリー
装幀　　岩崎寿文

ⓒToshihiko Matsuki 2018　Printed in Japan
ISBN 978-4-903342-56-6

数学の杜 関口次郎・西山 享・山下 博 編集

1. 藤原英徳 ◆ 著　指数型可解リー群のユニタリ表現
   ──軌道の方法──

2. 髙瀬幸一 ◆ 著　保型形式とユニタリ表現

3. 太田琢也 ◆ 著　代数群と軌道
   西山 享 ◆ 著

4. 洞 彰人 ◆ 著　対称群の表現と
   ヤング図形集団の解析学
   ──漸近的表現論序説──

5. 平井 武 ◆ 著　群のスピン表現入門
   ──初歩から対称群のスピン表現(射影表現)を越えて──

6. 松木敏彦 ◆ 著　コンパクトリー群と対称空間

以下続巻

阿部拓郎 ◆ 著　超平面配置の数学
吉永正彦 ◆ 著

有木 進 ◆ 著　有限体上の一般線形群の
非等標数モジュラー表現論

金行壮二 ◆ 著　等質空間の幾何学

今野拓也 ◆ 著　p進簡約群の表現論入門

関口次郎 ◆ 著　冪零行列の幾何学

松本久義 ◆ 著　ルート系とワイル群
──半単純Lie代数の表現論入門──